智能科学技术著作丛书

智能博弈对抗方法与实践

张万鹏　罗俊仁　袁唯淋　编著

科学出版社

北　京

内 容 简 介

本书以智能博弈对抗为主线,聚焦技术进展、紧盯研究前沿,分为理论方法、应用实践、前沿展望三大部分。理论方法着重介绍智能博弈对抗的理论、相关基础方法;应用实践针对当前三类典型智能博弈对抗系统平台,提出人工智能程序设计思路并进行设计实现;前沿展望分析当前智能博弈对抗领域的前沿元理论,探讨智能博弈对抗的典型应用场景。

本书可作为高等院校本科生、研究生的人工智能、智能博弈等课程的参考教材,也可为智能博弈对抗人工智能程序设计开发人员提供参考,并可供人工智能、智能博弈和决策规划等相关领域的科研人员阅读。

图书在版编目(CIP)数据

智能博弈对抗方法与实践/ 张万鹏,罗俊仁,袁唯淋编著. —北京:科学出版社,2023.7

(智能科学技术著作丛书)

ISBN 978-7-03-070096-4

Ⅰ. ①智… Ⅱ. ①张… ②罗… ③袁… Ⅲ. ①人工智能-研究 Ⅳ. ①TP18

中国版本图书馆CIP数据核字(2021)第210087号

责任编辑:张海娜 赵微微/责任校对:崔向琳
责任印制:赵 博/封面设计:十样花

科 学 出 版 社 出版
北京东黄城根北街 16 号
邮政编码:100717
http://www.sciencep.com
北京富资园科技发展有限公司印刷
科学出版社发行 各地新华书店经销
*
2023 年 7 月第 一 版 开本:720×1000 1/16
2024 年 9 月第三次印刷 印张:16
字数:318 000
定价:118.00 元
(如有印装质量问题,我社负责调换)

"智能科学技术著作丛书"序

"智能"是"信息"的精彩结晶，"智能科学技术"是"信息科学技术"的辉煌篇章，"智能化"是"信息化"发展的新动向、新阶段。

"智能科学技术"（intelligence science & technology, IST）是关于"广义智能"的理论算法和应用技术的综合性科学技术领域，其研究对象包括：

·"自然智能"（natural intelligence, NI），包括"人的智能"（human intelligence, HI）及其他"生物智能"（biological intelligence, BI）。

·"人工智能"（artificial intelligence, AI），包括"机器智能"（machine intelligence, MI）与"智能机器"（intelligent machine, IM）。

·"集成智能"（integrated intelligence, II），即"人的智能"与"机器智能"人机互补的集成智能。

·"协同智能"（cooperative intelligence, CI），指"个体智能"相互协调共生的群体协同智能。

·"分布智能"（distributed intelligence, DI），如广域信息网、分散大系统的分布式智能。

"人工智能"学科自 1956 年诞生以来，在起伏、曲折的科学征途上不断前进、发展，从狭义人工智能走向广义人工智能，从个体人工智能到群体人工智能，从集中式人工智能到分布式人工智能，在理论算法研究和应用技术开发方面都取得了重大进展。如果说当年"人工智能"学科的诞生是生物科学技术与信息科学技术、系统科学技术的一次成功的结合，那么可以认为，现在"智能科学技术"领域的兴起是在信息化、网络化时代又一次新的多学科交融。

1981 年，中国人工智能学会（Chinese Association for Artificial Intelligence, CAAI）正式成立，25 年来，从艰苦创业到成长壮大，从学习跟踪到自主研发，团结我国广大学者，在"人工智能"的研究开发及应用方面取得了显著的进展，促进了"智能科学技术"的发展。在华夏文化与东方哲学影响下，我国智能科学技术的研究、开发及应用，在学术思想与科学算法上，具有综合性、整体性、协调性的特色，在理论算法研究与应用技术开发方面，取得了具有创新性、开拓性的成果。"智能化"已成为当前新技术、新产品的发展方向和显著标志。

为了适时总结、交流、宣传我国学者在"智能科学技术"领域的研究开发及应用成果，中国人工智能学会与科学出版社合作编辑出版"智能科学技术著作丛书"。

需要强调的是，这套丛书将优先出版那些有助于将科学技术转化为生产力以及对社会和国民经济建设有重大作用和应用前景的著作。

我们相信，有广大智能科学技术工作者的积极参与和大力支持，以及编委们的共同努力，"智能科学技术著作丛书"将为繁荣我国智能科学技术事业、增强自主创新能力、建设创新型国家做出应有的贡献。

祝"智能科学技术著作丛书"出版，特赋贺诗一首：

智能科技领域广

人机集成智能强

群体智能协同好

智能创新更辉煌

涂序彦

中国人工智能学会荣誉理事长

2005 年 12 月 18 日

前　言

人类社会的经济、政治、金融和生活中存在着各种形式的对抗、竞争和合作，其中对抗一直是人类文明发展的最强劲推动力。个体与个体、个体与群体、群体与群体之间复杂的动态对抗演化，不断促进人类智能的升级换代。对抗是人类社会发展与演进的主旋律，广泛存在于人与自然、人与人、人与机器之间，是人类思维活动特别是人类智能的重要体现。

人工智能(AI)技术的发展经历了计算智能、感知智能阶段，云计算、大数据、互联网等技术的发展正助力认知智能的飞跃发展。特别是近年来，以 AlphaGo (围棋 AI 程序)、Pluribus(德州扑克 AI 程序)、AlphaStar(《星际争霸》AI 程序)、Suphx(麻将 AI 程序)等为代表的人工智能技术在人机对抗比赛中已经战胜了人类顶级职业选手，这类对抗人类认知决策智能的智能博弈对抗技术为人工智能由计算智能、感知智能研究迈向认知智能研究提供了新范式。

未来军事领域的对抗需要面对高复杂环境、不完全信息、强对抗博弈、高动态响应、自主无人化等众多新课题。多域、跨域强对抗环境给智能认知与决策带来了新挑战。人工智能支撑的智能化作战体系将具备自适应、自学习、自对抗、自修复、自演进等能力，在认知对抗辅助决策导引下的智能无人集群自主对抗能力更强。各国军方都在加快军事智能化建设，亟须将最新的理论、方法和技术应用于军事对抗领域，这种需求极大地促进了人工智能技术的快速发展。将智能博弈对抗技术集成到智能化指挥控制系统中，并通过不断进化升级最终超越人类决策水平，正成为验证人工智能技术军事应用潜力的重要突破方向。

本书共 10 章，主要内容介绍如下。

第 1 章介绍智能博弈对抗的基本概念，重点讨论智能博弈对抗的内涵、意义，从即时策略类对抗、序贯策略类对抗和军事仿真类对抗三个方面认真梳理智能博弈对抗相关的研究应用。

第 2 章~第 4 章是理论方法，主要介绍智能博弈对抗的理论及相关基础方法。第 2 章基于博弈论相关基础知识介绍多智能体学习方法。第 3 章首先简要介绍马尔可夫决策过程，其次基于马尔可夫决策过程分别介绍强化学习方法、深度强化学习方法、分层强化学习方法，最后简要介绍三种分布式强化学习框架。第 4 章首先对对手建模方法展开介绍，分析对手建模面临的挑战，对两大类对手建模方法(显式和隐式)进行简要细分类；其次围绕即时策略类对抗中的对抗规划问题进行梳理，指出未来研究重点；最后围绕序贯策略类对抗中的对手剥削方法进行梳理，指出未来研究重点。

第 5 章～第 8 章是应用实践，为三大类智能博弈对抗系统平台提出智能体设计思路及实践。第 5 章以《星际争霸》游戏为研究对象，首先将《星际争霸》问题抽象成即时策略对抗问题，分析其问题状态空间复杂度，总结该问题的研究挑战，有针对性地总结应对这些挑战的关键技术；其次介绍《星际争霸》的 AI 构建工作，包括《星际争霸》AI 研究历程、AI 环境；最后基于《星际争霸》多智能体挑战平台开展实验验证。第 6 章以德州扑克为研究对象，首先介绍德州扑克基础知识，分析德州扑克问题复杂度，剖析关键技术；其次总结德州扑克 AI 研究历程，介绍德州扑克智能博弈系统；最后围绕两人无限注和多人无限注德州扑克开展智能体实验验证。第 7 章将分别以斗地主和桥牌为例，首先介绍游戏规则，分析问题复杂度以及关键技术；其次分析各类智能体的研究历程；最后在斗地主和桥牌游戏平台上开展智能体实验验证。第 8 章首先介绍兵棋基础，分析兵棋问题的复杂度，介绍解决兵棋问题的关键技术；其次介绍兵棋 AI 研究历程和兵棋智能博弈系统的构成；最后利用墨子兵棋推演系统演示兵棋 AI 开发过程。

第 9 章和第 10 章是前沿展望，紧跟智能博弈新方向，介绍智能博弈对抗的相关元理论和典型前沿应用。第 9 章简要介绍元宇宙、元博弈、元认知及元学习等最新前沿博弈对抗相关理论。第 10 章从三种博弈模型（微分博弈、攻防博弈和平均场博弈）出发，分析视觉欺骗目标检测、复杂网络攻防和无人机集群对抗三个典型应用场景。

本书各章节独立性较强，读者可阅读自己感兴趣的章节，并可查询相关参考文献获取前沿研究内容。

本书的编撰过程中参考了很多国内外论文、论著和资料，书中的插图有一些来源于相关论文，感谢这些文献作者的优秀研究成果。正是无数科研工作者日日夜夜奋斗的成果，为我们指明了道路，在此对这些文献作者表示诚挚的谢意。同时感谢陆丽娜、魏婷婷、李阳阳、陈诗凯、詹俊、姚缤、王尧等在资料收集、文字处理、格式排版和文稿校对等方面给予的支持。

感谢国家自然科学基金(61806212)、湖南省研究生科研创新项目(CX20210011)对本书的资助。

由于作者水平有限，书中难免存在不妥之处，敬请各位专家、读者批评指正。

作　者

2023 年 1 月于长沙

目　　录

第 1 章 绪 论

1.1 引 言

在人类社会的经济、政治、金融和生活等民用领域，不同形式的对抗、竞争和合作广泛存在。其中，对抗是人类文明发展的最强劲推动力——个体与个体、个体与群体、群体与群体之间复杂的动态对抗演化，不断促进人类智能升级换代。尤其在军事领域，对抗的主题更加鲜明突出。军事对抗中的智能认知与决策问题需要面对"高复杂环境、不完全信息、强对抗博弈、高动态响应、自主无人化、多域跨域"等众多挑战。各国军方都在加快军事智能化建设，急需将最新的理论、方法和技术应用于军事对抗领域，这种需求极大地促进了人工智能技术的快速发展。人工智能支撑的智能化作战体系将具备自适应、自学习、自对抗、自修复、自演进等能力，认知对抗辅助决策导引下的智能无人集群自主对抗能力将大幅度提升。这类智能博弈对抗技术"集成到智能化指挥控制系统中与人类进行对抗，并通过不断进化升级最终超越人类决策水平"，正成为验证人工智能技术军事应用潜力的重要突破方向。

人工智能技术的发展经历了计算智能、感知智能两个阶段，当前，云计算、大数据、互联网等技术的发展正助力人工智能技术第三阶段"认知智能"的飞跃发展。近年来，以非完全信息动态博弈和多智能体深度强化学习为代表的认知决策技术取得了很大的突破，以围棋 AI 程序 AlphaGo、德州扑克 AI 程序 Pluribus、《星际争霸》AI 程序 AlphaStar 等为代表的人工智能程序在人机对抗比赛中战胜了人类顶级职业选手。这类智能博弈对抗技术为人工智能由计算智能、感知智能研究迈向认知智能研究提供了新范式。认知智能面向的理解、推理、思考和决策等主要任务，主要表现为会进行自主态势理解、理性做出深度慎思决策，是未来强人工智能的必经之路，此类瞄准超越人类智能水平的技术应用前景广阔，影响深远。

本书以智能博弈对抗理论为基础，探寻博弈强对抗环境中不完全信息动态博弈面临的各类问题及求解方法，为目前各类智能博弈对抗技术应用于 AI 开发设计提供实践指导。

1.2　智能博弈对抗内涵与意义

1.2.1　智能博弈对抗

广义上的智能概念涵盖了人工智能、机器智能、混合智能和群体智能。本节的智能概念特指认知智能中机器的自主决策能力，即机器智能，表现为机器模拟人类的行为、思考方式，通过摄像头、话筒等传感器接收外界数据，与存储器里的数据对比、识别，从而进行判断、分析、推理、决策。机器智能的智能水平可分为若干层次，从最简单的应激反射算法，到较为基础的控制模式生成算法，再到复杂神经网络和深度学习算法。博弈与对抗是人类演化进程中的重要交互活动，是人类智能和人类思维方式的重要体现。这种交互活动广泛存在于个体与个体、个体与群体、群体与群体之间。

智能博弈对抗主要围绕"如何使用新的人工智能范式设计先进智能体"，并通过人机对抗、机机对抗和人机协同对抗等方式研究计算机博弈领域的相关问题。其本质就是通过博弈学习方法探索人类认知决策智能形成过程，研究人工智能程序升级进化并战胜人类智能的内在生成机理和技术途径，为类人智能研究走上强人工智能之路提供支撑。

智能博弈对抗问题的研究包含"环境、人、人工智能程序"三要素。其中，"环境"，即博弈对抗空间，具有巨复杂、高动态、不确定、强对抗等特性。"人"是人类智能的载体，以人机对抗等形式直观地衡量人工智能程序的智能水平，在人工智能程序学习中也起到"引导"的作用。"人工智能程序"是机器智能的载体，人工智能程序在初级阶段通过与人交互，学习人类认知决策方法，模仿人类智能，并战胜人类玩家；中级阶段通过种群进化成更加鲁棒的人工智能程序并战胜群体获得高阶段位；最终阶段是获得类人智能走上强人工智能之路，走上人机协同、人机融合和人机共生的道路，为提升人类认知决策服务。总之，智能博弈对抗是以智能体对抗为基本途径，以多智能体动态博弈学习为核心技术，实现人工智能程序迅速进化、提升认知决策智能的研究过程，为实现强人工智能提供重要支撑。

智能博弈对抗逐渐成为研究认知智能的一种新范式，智能博弈对抗系统为探索人工智能程序认知决策能力提供了有效的验证环境，基于深度强化学习和计算博弈理论的多智能体学习方法为智能博弈对抗提供了关键技术支撑。得益于云计算、大数据及多智能体学习等关键技术的助力，智能博弈对抗更具通用性。

1.2.2　相关概念

智能博弈对抗与计算机博弈、人机对抗等概念，在研究内容上有交叉点。本节将通过对比三个不同的概念，突出本书所研究的智能博弈对抗问题的特性。

1. 计算机博弈

相对于真实世界问题，游戏世界的问题更易于形式化表达，因此便于进行相关人工智能技术的研究。DeepMind 公司创始人 Hassabis 曾言："游戏是测试人工智能的完美平台。"计算机博弈译自英文"computer games"，也称机器博弈[1]，起初的计算机博弈研究只包括棋牌类游戏，从事计算机棋牌竞技研究的学者最早将计算机博弈定义为让计算机能够像人一样思考和决策，能够自主下棋或出牌。近年来的一些视频游戏、即时策略游戏的研究也被纳入计算机博弈的范畴。计算机博弈是人工智能领域的一个重要研究方向，被誉为人工智能学科的"果蝇"[2]，是开展机器智能、兵棋推演、智能决策系统等人工智能领域课题研究的重要科研基础，近年来已经取得了长足的进步。计算机博弈通过人工智能程序的博弈对抗过程来理解智能的实质，是认知对抗决策智能的前沿研究着力点，是研究人类思维和实现机器思维最好的实验载体。近年来，人们对计算机博弈的研究衍生了大量的研究成果，这些成果(图 1.1)在人工智能领域产生了广泛的影响。

计算机博弈技术的研究早期开始于跳棋，然后到国际象棋，在初期的探索中都取得了一定的成果。1982 年，日本开始了为期 10 年的"第五代计算机的研制计划"，即"知识信息处理计算机系统"，总共投资 4.5 亿美元，推动了世界各国的追赶浪潮。然而，这些大型计划执行到 20 世纪 80 年代中期就开始面临重重困难，人工智能的一些根本性问题很难得到解决。于是人们转向了人工智能基础问题的研究。1997 年，人工智能在棋类研究中发生了一件具有标志性意义的事件——国际商业机器公司(International Business Machines Corporation, IBM)的"深蓝"在国际象棋中战胜了世界冠军。之后，人工智能持续推进。2016 年，基于深度学习技术的 AlphaGo 在围棋比赛中正式战胜了人类冠军。2017 年，一对一无限注德州扑克中的 DeepStack、Libratus 等人工智能程序在对战中完胜人类高手。与围棋不同，德州扑克体现了"非完整信息博弈"的场景，这些技术对于处理真实场景中的"战争迷雾"具有十分重要的意义。2019 年，由卡内基梅隆大学开发的德州扑克 AI Pluribus 在多人德州扑克比赛中获胜，相关研究成果发表在 *Science* 杂志上，虽然在技术上解决了多人德州扑克对应的决策问题，但理论上缺乏证明。之后，《星际争霸》和麻将等即时策略游戏 AI 相继出现，不断战胜人类玩家，计算机博弈研究成果丰硕。

2. 人机对抗

人机对抗[3]是指在强对抗博弈环境中，研究和探寻机器博弈问题中人工智能程序战胜人类玩家的方法。人机对抗(图 1.2)是人工智能的炼金石，从图灵测试开始，

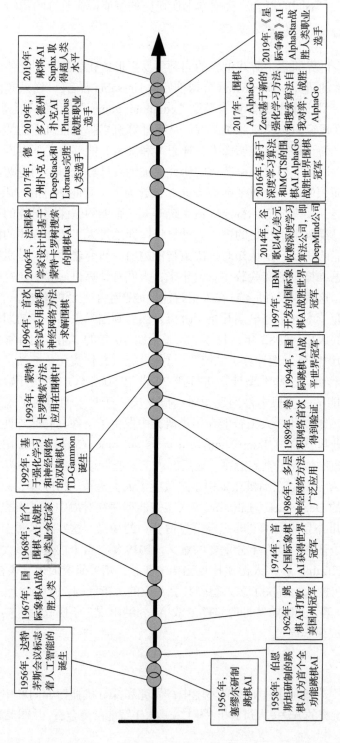

图 1.1 计算机博弈技术发展历程图

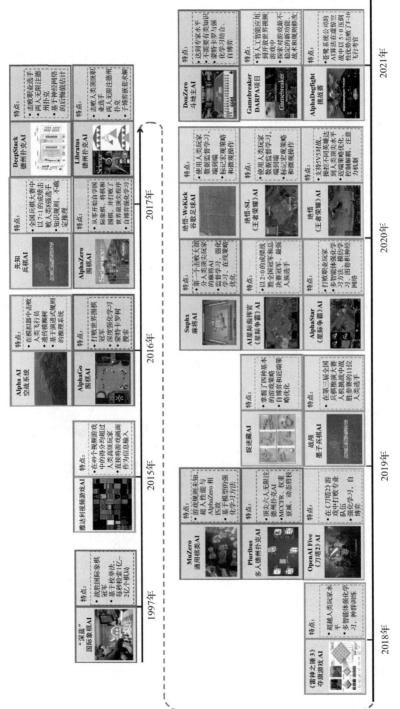

图 1.2 人机对抗的发展历程

对抗人类智能一直是人工智能程序智能发展水平的衡量标准,其核心是以人机对抗的方式研究机器认知智能战胜人类智能的内在智能生成机理和技术支撑原理,这必将成为认知智能研究的核心方向。就如人与自然环境的协同进化,人工智能程序与人的对抗也将使得人工智能程序的智能水平不断发展进化,但人机对抗仅仅是智能博弈对抗的一种表现形式,当前智能博弈对抗领域人工智能程序智能水平的提升已经完全突破了原始的人机对抗模式,机机对抗、人机协同对抗为人工智能程序智能水平进化提供了途径。

3. 智能博弈对抗

本书研究的智能博弈对抗问题是更为广泛的计算机博弈对抗问题,其主要对抗形式包括人机对抗、机机对抗、人机协同对抗等(图 1.3),其目的是为认知决策智能走上强人工智能之路找到新方法途径。智能博弈对抗最初的表现形式是利用博弈学习技术学习人、智能体和环境之间的交互过程,并积累知识,通过种群自博弈等方式进化升级,试图在某一特定领域战胜人类高段位选手(或顶级人机混合团队),确保受控于人类,并运用于人机协同、人机融合乃至人机共生等场景中。智能博弈对抗的新型研究模式必将以计算机博弈问题为导向,充分利用新的多智能体学习范式,将人工智能程序的技能水平从陀螺状策略空间①的底部提升至顶部。

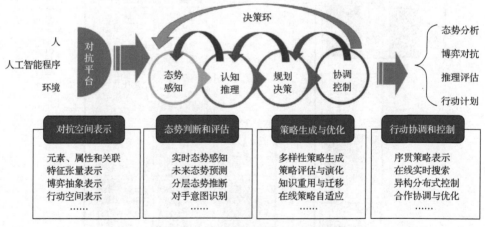

图 1.3　智能博弈过程建模和关键技术[3]

1.2.3　研究的意义

智能博弈对抗是人工智能领域中的一个重要研究分支,研究方法涵盖博弈论、强化学习、机器学习等多种理论,研究人员分布于国土安防、网络安全、机器人

---

① 策略提升时,策略进化的方向(将在本书第 2 章介绍)。

等各个领域。智能博弈对抗理论主要是以多智能体学习理论为基础,包括非完全信息动态博弈(可用于序贯交互式多方博弈过程的建模)和多智能体马尔可夫博弈(可用于同时行动多智能体协同对抗过程的建模)。

在理论研究上,智能博弈对抗技术在围棋、德州扑克、《星际争霸》等博弈问题上取得巨大突破,颠覆了传统博弈论对于均衡的过分关注。人工智能技术的飞速发展使博弈论如虎添翼,早期被认为难以求解的大量复杂博弈问题正逐渐被层出不穷的新方法攻克。强化学习、元学习、集成学习、迁移学习等新方法的引入,高效搜索、安全剪枝、并行优化、子博弈求解、自博弈等技术的发展,为解决复杂环境、超大规模、不完全不确定条件下的智能决策问题提供了有力的支撑。

在实际应用上,智能博弈对抗技术目前已涉足民用领域中的自动驾驶、芯片设计、电子商务、内容推送、金融风控、广告竞价和机器人控制等,以及军用领域的智能态势感知、战术辅助决策和训练分析系统。在经济社会领域,智能博弈对抗在处理社会治理安全、数字金融、拍卖机制设计等子领域提供解决方案。在军事作战领域,智能博弈对抗是通过模拟战场环境进行战争推演、战争预测和战争学习的重要方法,可为指挥控制智能化设计、跨域无人集群协同对抗、多域协同防空、海上舰船对抗等问题提供解决方案。

1.3　智能博弈对抗相关研究应用

随着第三次人工智能浪潮的到来,智能博弈对抗方法的研究已然成为各院校、研究机构的重点方向。国外的阿尔伯塔大学、卡内基梅隆大学、美国国防部高级研究计划局(Defense Advanced Research Projects Agency, DARPA)、纽约大学、伦敦大学、DeepMind、OpenAI、Facebook 等研究单位已开展了深入研究。国内的清华大学、北京大学、阿里巴巴、腾讯、南京大学、中国科学院自动化研究所、国防科技大学、哈尔滨工业大学等也各自从不同的角度进行了探索。典型的智能博弈对抗相关研究应用包括即时策略类对抗、序贯策略类对抗、军事仿真类对抗三大类。

1.3.1　即时策略类对抗

1.《星际争霸》

《星际争霸》(图 1.4)是由暴雪娱乐公司推出的一款以星际战争为题材的即时战略博弈游戏,具备策略性、竞争性等特性,一度风靡全球,并且每年都会举办大量的比赛,有着海量的玩家基础。在《星际争霸》中,有人族、虫族和神族三种角色,每个种族对应多种作战单元、战斗装备和功能建筑,玩家在博弈过程中通过生产升级兵力、部署安排兵力、操控单兵行为三层操作,力争在对战中短时间内消灭敌方作战力量来赢得胜利。

图 1.4　《星际争霸》游戏画面

　　在设计人工智能程序方面,《星际争霸》具有很大的观察空间、巨大的动作空间、局部观察、多玩家同时博弈、长期决策等特点。如果采用自博弈方法来学习对抗策略,随着学习的进行,可能会出现循环压制策略。例如,学习到的策略 B 打败了之前的策略 A,接下来学习到的策略 C 打败了策略 B,最后又重新学习到了策略 A 发现它能打败策略 C。如果仅仅采用自博弈来学习,学习到的策略可能无法有效对抗人类策略。2018 年,DeepMind 开发了《星际争霸》AI 程序 AlphaStar[4],技术成果发表在 Nature 杂志上。AlphaStar 使用神族,以 5∶0 战绩打败了《星际争霸 2》职业选手,经过更多训练后,再次以 5∶0 的战绩完胜来自同一个战队的另一名职业选手。AlphaStar 在比赛中展现出了职业选手般成熟的比赛策略,以及超越职业选手水平的微操,甚至可以在地图上多个地点同时展开战斗。

　　2. 《刀塔》

　　《刀塔》(图 1.5)是一款多人对战博弈,对战发生在一个方形的地图中,两支队伍各自保卫位于对角线上的己方基地。每支队伍的基地都有一个远古遗迹;当某方的远古遗迹被敌方摧毁时,博弈对抗便宣告结束。每支队伍由 5 位玩家组成,每位玩家控制一个英雄单位,每个英雄都有自己独特的技能;游戏开始后,每方都有持续派出的小兵单位,但这些小兵不由玩家控制,它们会按既定的路径向敌方基地前进,并会攻击任何出现在其攻击范围内的敌方单位和建筑;玩家可从小兵收集金币和经验等资源,然后通过购买物品和升级来提升英雄的战斗力。2019 年,DeepMind 基于自博弈强化学习方法,开发出对抗 AI,即 OpenAI Five[5]。

OpenAI Five 训练过程中每天的游戏量相当于人类玩家 180 年的积累，与围棋 AI 一样，它可以从自学中提取经验，OpenAI Five 挑战了冠军 OG 战队，在三局两胜制中以 2:0 获胜，这是人工智能首次战胜世界冠军。

图 1.5　《刀塔 2》及 OpenAI Five 架构

3. 《雷神之锤》

《雷神之锤》是第一人称视角多玩家三维射击博弈游戏，博弈中玩家分为两个阵营，在给定地图上以夺取对方队伍的旗帜为目标，同时保护己方的旗帜。为了获得战术上的优势，玩家可以攻击对方战队的玩家，将其送回复活点。在五分钟的博弈时间内获得旗帜数量最多的队伍将获得胜利。2019 年，DeepMind 开发的《雷神之锤 3》(图 1.6)游戏 AI[6]，在对抗了大约 45 万局后，已然能在博弈中压制人类玩家，而且对于如何和人类玩家及其他机器玩家高效协同作战，它们学会了人类玩家的行为，如跟随队友、在敌方的基地扎营以及保护自己的基地免受攻击等。AI 也拥有了自己的理解和想法。

图 1.6　《雷神之锤 3》游戏界面

4. 《王者荣耀》

《王者荣耀》(图 1.7)是由腾讯游戏旗下的天美工作室群开发并运行的一款多人在线战术竞技游戏类手机游戏，主要模式是通过挑选并控制英雄，打兵线打防御塔，以 5V5 的竞技模式最受欢迎。

图 1.7　《王者荣耀》游戏界面

2019 年 12 月，腾讯人工智能实验室发布他们利用深度强化学习技术训练出一个超强 AI "绝悟"，该 AI 能轻松击败顶尖水平的职业选手。"绝悟"会使用一些个体常用战术，包括"蹲草丛""越塔强杀""技能避伤""技能释放连招"等。不仅如此，"绝悟"还具有团队作战意识，能够进行团队支援，辅助击杀，掌握了"团队控龙""反野"等技能。2020 年 11 月，腾讯人工智能实验室研发的策略协作型 AI "绝悟"推出升级版本[7]。该升级版本可突破英雄限制(英雄池数量从 40 增至 100)，让 AI 完全掌握所有英雄的所有技能，能应对高达 10^{15} 个英雄组合数变化。2020 年 12 月，"绝悟"技术被迁移到谷歌足球，"绝悟"的 WeKick 版本获首届谷歌足球竞赛冠军。

1.3.2　序贯策略类对抗

1. 围棋

围棋(图 1.8)是一种完全信息下的两人动态博弈，也是人工智能领域的典型代表问题。虽然围棋棋盘仅有 $19 \times 19 = 361$ 个交叉的落子点，但其策略空间巨大，以至于无法直接求得必胜策略的解析解。计算机围棋通过遍历搜索博弈树(约含 b^d 个落子情况序列，b 是搜索宽度，d 是搜索深度)上的最优值函数来评估棋局和选择落子位置。与象棋等具有有限搜索空间的棋类不同，围棋的计算复杂度约为 250^{150}。

图 1.8　AlphaGo 对战围棋世界冠军李世石

对于围棋问题，如果使用暴力搜索方式，即使使用现有的算力也无法解决。在早期的研究中，通常采用专家系统和模糊匹配结合，缩小搜索空间，减小计算强度。但受限于当时计算资源和硬件能力，实际效果并不理想。随着计算能力的大幅提升，2016 年，DeepMind 团队利用深度强化学习与蒙特卡罗树搜索（Monte Carlo tree search，MCTS）算法实现了人工智能围棋策略系统 AlphaGo[8]。

AlphaGo 之后，DeepMind 团队相继提出 Alpha 系列技术（图 1.9），包括 AlphaGo Zero、AlphaZero、MuZero，逐步扩展应用至日本将棋和国际象棋中，开始脱离人类知识从零开始学习，学到很多人类围棋选手无法理解的定式，并在人机对抗中取得压倒性的优势。2016 年末，在中国棋类网站上以 Master 为注册账号与中日韩数十位围棋高手进行快棋对决，连续 60 局无一败绩；2017 年 5 月，在中国乌镇·围棋峰会上，Master 与排名世界第一的世界围棋冠军柯洁对战，以 3:0 的总比分获胜。2017 年 10 月，DeepMind 团队公布了最强版 AlphaGo，代号 AlphaGo Zero[9]，其能力有了更大提升。最大的区别是 AlphaGo Zero 不再需要人类数据。也就是说，它一开始就没有接触过人类棋谱。研发团队只是让它自由随意地在棋盘上下棋，然后进行自我博弈。并且，在神经网络的数量上，AlphaGo Zero 仅用了单一的神经网络算法。在此前的版本中，AlphaGo 用到了策略网络来选择下一步棋的走法，以及使用价值网络来预测每一步棋后的赢家。而在新的版本中，这两个神经网络合二为一，从而让它能得到更高效的训练和评估。不同于 AlphaGo 用快速走子方法来预测哪个玩家会从当前的局面中赢得比赛，AlphaGo Zero 并不使用快速、随机的走子方法。相反，AlphaGo Zero 依靠高质量的神经网络来评估下棋的局势。

随后，DeepMind 设计的 AlphaZero 将 AlphGo Zero 的策略从围棋扩展到国际象棋和日本将棋等其他完全信息棋类博弈。2019 年 11 月，DeepMind 团队推出了最后一个版本的围棋 AI MuZero[10]。MuZero 的技术特点在于：在不具备任何规则知识的情况下，也没有尝试为整个环境建模，而只是对 AI 的决策过程重要的方面进行建模。MuZero 虽然无法访问完美的规则集，甚至对规则一无所知，但可以将这个规则集替换成用于搜索树状态转换建模的学习型神经网络。MuZero 强大的学习和规划方法，为应对机器人技术、工业系统以及其他博弈规则尚不为人知的混乱现实环境提供技术支撑。

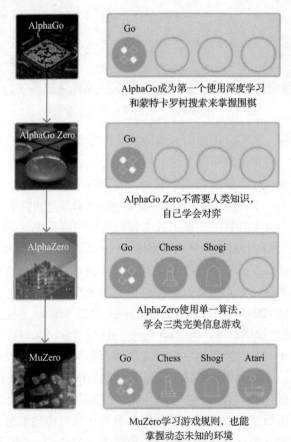

图 1.9　AlphaGo 系列围棋 AI 对比[10]

AlphaGo 系列是目前深度强化学习在解决实际问题时最成功的案例。但 AlphaGo 只是解决了两人零和完全信息博弈的最优决策问题，还有很多其他博弈问题，如两人非零和完全信息博弈问题、多方(多人、多智能体)博弈(包括零和、非零和、完全信息、不完全信息)问题等，都期待着能有突破。

2. 德州扑克

德州扑克(图 1.10)是一种典型的多人不完全信息序贯博弈。每个玩家手中的私有牌对其他玩家不可见，正是这种不完全信息的存在，使得其博弈对抗过程更复杂，博弈策略空间更巨大。阿尔伯塔大学和卡内基梅隆大学的相关团队一直致力于扑克问题的研究，选取德州扑克作为不完全信息动态博弈问题的测试基准，不断探索新的求解范式。

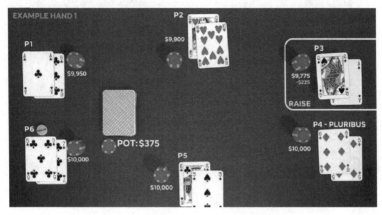

图 1.10　德州扑克 AI 对战游戏界面

2015 年 1 月，Bowling 等[11]开发的程序"仙王座"(Cepheus)首次破解了两人有限注德州扑克的决胜方法，Cepheus 从每一局的概率上来说虽然还是会输，但从长远来看可以取得统计学上显著的胜利。2017 年，阿尔伯塔大学的研究人员设计了一种新型的扑克 AI DeepStack[12]，在两人无限注德州扑克上击败职业选手。与此同时，卡内基梅隆大学团队研发的德州扑克 AI"冷扑大师"(Libratus)也成功地在两人无限注德州扑克中击败人类顶级职业选手。2019 年 7 月，卡内基梅隆大学团队初步攻克多人德州扑克问题，在 *Science* 上发表的最新研究成果备受瞩目——多人无限注德州扑克 AI Pluribus[13]在六人无限注德州扑克中战胜了人类职业选手。其核心是采用自博弈方法不断学习和调整策略，并提高胜率，类似于 AlphaGo Zero，不需要任何的人类先验知识。虽然能够击败人类顶尖玩家，证明了 Pluribus 的实用性，但不同于 Libratus 和 DeepStack，Pluribus 在解决多人博弈问题上仍缺乏理论支撑。

3. 麻将

麻将(图 1.11)是国内流行的牌类游戏，在人工智能领域属于典型的多人不完全信息序贯博弈。麻将一共有 136 张牌，每一位玩家只能看到自己的 13 张手牌和所有人打出来的牌。在打牌的过程中存在大量隐藏信息，具有高度的不确定性，因此，目前仅靠算力无法从根本上解决问题，还需要更强的直觉、预测、推理和模糊决策能力。麻将中的复杂策略和带有随机性的博弈过程更贴近人类真实的生活，麻将问题的突破将有助于解决现实生活中的复杂问题。

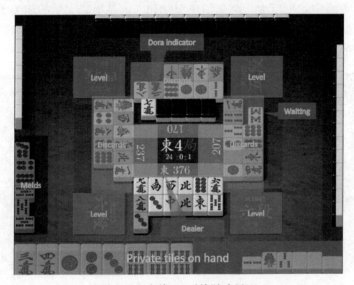

图 1.11　麻将 AI 对战游戏界面

2019 年 8 月，微软在世界人工智能大会上正式宣布由微软亚洲研究院基于深度强化学习技术研发的麻将 AI "天凤"（Suphx）[14]，成为首个在国际知名专业麻将平台上荣升十段的 AI，其实力超越该平台公开房间顶级人类玩家的平均水平。

4. 桥牌

桥牌（图 1.12）博弈对抗分为叫牌阶段和打牌阶段。其技术水平主要体现在叫牌（叫到最准确的定约）和打牌的准确性上（对牌分布的判断以及在给定判断下的最佳打法）。由于桥牌有相对繁复的博弈规则，而逐渐成为人工智能研究者跃跃欲试的对象。桥牌是混合条件下的多人不完全信息博弈，其最大特点是在竞争与合作的混合条件下，敌方与友方的信息都是部分可观的，不仅不知道对手的牌，也不知道对家（友方）的牌。桥牌的难点在于"信息"的传递和对"行为"的分析，拥有更多的"社会性"，更像是在对抗环境下寻求与敌友合作一起对抗敌方。

1997 年，Bridge Baron 赢得了第一届世界计算机桥牌大赛。1998 年，该比赛的冠军被俄勒冈大学开发的 GIB[15]获得，该 AI 被邀请参加了世界桥牌大赛，最终在 35 位参赛者中获得了第 12 名的成绩。在之后的十多年里，基于蒙特卡罗方法的人工智能程序 Jack[16]和 WBridge5[17]轮番取得了该比赛的冠军。2015 年，东京大

学开发出 AI "爆打"。2019 年，田渊栋团队设计的桥牌计算机 AI[18]与 WBridge5
进行了 1000 局比赛，在双明手（double dummy）评估下，性能显著优于之前的最好
算法。

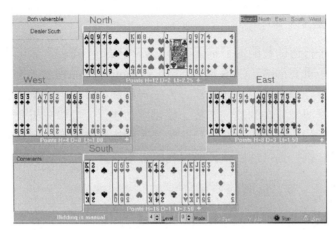

图 1.12　桥牌 AI 对战游戏界面

1.3.3　军事仿真类对抗

　　模拟仿真技术的研究，开始只是为了方法验证，如今可以迁移到现实世界中，
尤其是迁移到具有鲜明对抗特征的军事仿真类对抗场景中。以美国为代表的世界
军事强国提早预见了人工智能技术在军事领域的广阔应用前景，已提前布局了"深
绿"（DeepGreen）、"洞察"（Insight）、可视化数据分析（visual data analysis, XDATA）、
深度学习、文本深度挖掘与过滤（deep exploration and filtering of text, DEFT）、高
级机器学习概率编程（probabilistic programming for advanced machine learning,
PPAML）、"心灵之眼"（Mind's Eye）、指挥官虚拟参谋（commander's virtual staff,
CVS）、"阿尔法"（Alpha）、"狗斗"（Dogfight）、"雅典娜"（Athena）、"指南针"
（COMPASS）等研究计划，力求在智能化上与潜在对手拉开代差。

　　1. "深绿"

　　2007 年，美军启动了一项面向美国陆军、旅级的指挥控制领域的研究计划，
取名"深绿"（源于 IBM 的"深蓝"），旨在运用计算机仿真技术，推演预测未来
态势发展的多种可能，帮助指挥员提前进行思考是否需要调整计划，并协助指挥
员生成新的替代方案。其包括"指挥官助手""闪电战""水晶球"三部分。"指挥
官助手"支持用户以手绘草图结合语音的方式快速制定方案。"闪电战"快速对作
战计划及战场态势进行仿真推演，生成一系列未来可能结果。"水晶球"收集各种
计划方案，更新战场当前态势，控制快速仿真推演。胡晓峰等[19]以"深绿"计划

为例，深入分析作战辅助决策中人工智能的难题和未来可能的解决途径。"深绿"计划可以视为美军发展指挥控制智能化迈出的第一步大胆尝试，可惜由于多方面原因于 2011 年被中止。

2. 指挥官虚拟参谋

美陆军着手打造的智能助手重要项目 CVS[20]是继"深绿"后美军发展指挥控制智能化的又一重要举措。CVS 借鉴 Siri、Watson 等产品理念，扮演类似参谋或助手的角色，旨在综合应用认知计算、人工智能和计算机自动化等智能化技术，来应对海量数据源及复杂的战场态势，提供主动建议、高级分析及针对个人需求和偏好量身剪裁的自然人机交互，从而为陆军指挥官及其参谋制定战术决策提供从规划、准备、执行到行动回顾，全过程的决策支持。

3. "阿尔法"与"狗斗"

2015 年，美国辛辛那提大学和空军实验室合作研发了一款智能空战人工智能程序"阿尔法"（图 1.13）[21]，在空战仿真环境中战胜人类退役的飞行员。在模拟多机空战中，机器(红方)控制 4 架战斗机，与 2 名人类飞行员(蓝方)分别控制的 2 架战斗机之间进行对抗，获得了全胜。蓝方有预警机支持，且在导弹性能和数量上占优。红方则凭借巧妙配合和超过人类 250 倍的反应速度反败为胜。对战中，蓝方施展出了钳形攻击等战术配合，以及在躲避红方导弹的同时抢占有利阵位的技巧。"阿尔法"可以通过类人的模糊逻辑思维，生成超视距空战中主动攻击、机动规避等攻防态势下的飞机航路规划、导弹攻击、武器选择等战术策略。"阿尔法"可以视为战术编队指挥控制，相对简单。但和围棋相比，战斗机控制起来要复杂得多，实时性要求也高得多。项目团队经过了多年研究，尝试了众多方法，迭代了很多版本之后才达到这样的水平，虽然对于实用还有较大距离，但为指挥控制

图 1.13 "阿尔法"

智能化提供了一种实现途径。

2019 年 5 月，DARPA 宣布启动 "空战演进"（Air Combat Evolution, ACE）项目，旨针对人机协同 "狗斗"（Dogfight）[1]挑战展开研究，开发可信、可扩展、人类水平、AI 驱动的空战自主能力。2020 年 8 月，"阿尔法狗斗试验"（Alpha Dogfight trials）开始进行，8 个团队的 AI 在约翰·霍普金斯大学应用物理实验室开发的 1 对 1 空中格斗中驾驶模拟 F-16 战斗机。随后，冠军 AI 在模拟器中与一名经验丰富的 F-16 战斗机飞行员进行了 5 次模拟 "狗斗"，最终以 5:0 击败了人类。

2021 年 3 月 18 日，DARPA 取得若干关键阶段性成果：进行视距内与视距外多飞机场景的人工智能虚拟空中格斗；进行人机共生飞行试验，以观测飞行员生理状况以及对人工智能的信任程度；对首架全尺寸教练机的初步修改，支持项目第三阶段的人工智能 "飞行员" 上机。

4. "雅典娜"

目前美军作战训练数据库中已有的数据并不支持机器学习和其他人工智能方法。美海军陆战队正在研制 "雅典娜"（Athena）[22]，一款专门用于训练、测试未来人工智能应用的推演平台，获取用于测试军事决策的人工智能应用程序的大量数据。它提供了一系列战争游戏，用于收集玩家数据，优化人工智能应用程序。一旦有足够的数据量，"雅典娜" 就可以自行模拟现代军事行动，并提出新型战术。分析认为，博弈实验平台已成为训练和测试人工智能应用程序的一种有效方法途径。正是因为面临缺数据的瓶颈问题，同时看到了这一新途径，美军推出了上述一系列举措。这些举措可以视为美军在为发展指挥控制智能化探路、打基础。

5. "指南针"

2018 年 3 月，DARPA 战略技术办公室发布了一项名为 "指南针"（COMPASS）[23]的项目，旨在帮助作战人员通过衡量对手对各种刺激手段的反应来弄清对手的意图。目前采用的观察—调整—决策—行动（observe-orient-decide-act, OODA）环不适合于 "灰色地带" 作战，因为这种环境中的信息通常不够丰富，无法得出结论，且对手经常故意植入某些信息来掩盖真实目的。该项目试图从两个角度来解决问题：首先试图确定对手的行动和意图，然后确定对手如何执行这些计划，如地点、时机、具体执行人等。但在确定这些之前必须分析数据，了解数据的不同含义，为对手的行动路径建立模型，这就是博弈论的切入点。然后在重复的博弈论过程中使用人工智能技术在对手真实意图的基础上试图确定最有效的行动选项。

---

① 视距内空战。

6. "进攻性集群使能战术"

DARPA 的 "进攻性集群使能战术"（offensive swarm-enabled tactics, OFFSET）
（图 1.14）[24]项目设计有基于战术的游戏模块，用于开发集群战术。城市作战中，
高耸的建筑物、狭窄的空间以及受限的视野形成的 "城市峡谷"，限制了军事移动
和战术实施。无人机和无人车在城市地区的空中侦察和建筑清剿作战中具有明显
优势。为此，DARPA 启动了 OFFSET 项目，旨在利用大规模空中和地面自主机
器人，大幅提升城市作战能力。项目设想利用 250 个以上的无人机或无人车的跨
域集群，在 8 个城市街区自主执行 6h 的区域隔绝任务。

图 1.14 "进攻性集群使能战术"

7. "打破游戏规则"

2020 年 5 月 13 日，DARPA 宣布启动 "打破游戏规则"（Gamebreaker）的人
工智能探索项目（图 1.15）[25]，挑选了苍鹭系统公司、洛克希德·马丁公司在内的

图 1.15 DARPA 的 Gamebreaker 项目

9 个研究团队开展研究。Gamebreaker 项目致力于开发并将人工智能应用到现有的开放世界视频游戏中，以定量评估博弈均衡，确定显著有助于均衡的基本参数，并探索对博弈最不稳定的新功能、战术和规则修改。平衡游戏通常更具娱乐性，而市场压力有助于推动游戏的发展，因此商业游戏业对保持游戏平衡有着长期的兴趣。在未来的冲突中，DARPA 的投资旨在最大化不平衡，以创造优势，或在对手寻求优势时寻求平衡。

Gamebreaker 项目的目标不是从头开始，而是利用游戏行业在这些领域的重要人工智能发展，并在这些领域的基础上为 DARPA 独有的目的而发展。被选中的每个团队都提出了两场他们将试图打破规则的游戏。用来打破第一场游戏规则的人工智能将在第二场游戏中进行测试。

1.4 主要内容及章节安排

本书编撰的目的是帮助智能博弈对抗领域的初学者快速入门并掌握基本方法，为未来的研究和应用夯实基础。本书为深入研究智能博弈对抗问题提供全局视野、基本理论和实践方法，为后续研究奠定良好的基础。

本书按照"理论方法、应用实践、前沿展望"的纵向逻辑进行编撰，整体遵循"是什么"——介绍智能博弈对抗，"为什么"——为什么要研究智能博弈对抗，"怎么办"——如何进行智能博弈对抗研究。其中"是什么"主要瞄准智能博弈对抗理论基础，相关概念是一切研究的前提；"为什么"主要阐述当前研究智能博弈对抗的必要性和紧迫性；"怎么办"是研究重点，占据两大篇章，主要分为理论方法和应用实践，力求最大限度地方便初学者。本书的各章节独立性比较强，因此，初学者不必从头开始阅读，直接阅读自己需要的或者自己感兴趣的部分即可。本书各章节的主要内容如图 1.16 所示。

第 1 章介绍智能博弈对抗的基本概念，重点讨论智能博弈对抗的内涵、意义，从即时策略类对抗、序贯策略类对抗和军事仿真类对抗三个方面认真梳理智能博弈对抗相关研究应用。

第 2 章～第 4 章是理论方法，主要介绍智能博弈对抗的理论、相关基础方法。第 2 章基于博弈论相关基础知识介绍多智能体学习方法。第 3 章首先简要介绍马尔可夫决策过程，其次基于马尔可夫决策理论分别介绍强化学习方法、深度强化学习方法、分层强化学习方法，最后简要介绍满足分布式学习的三种分布式强化学习框架。第 4 章首先对对手建模方法展开介绍，分析对手建模面临的挑战，对两大类对手建模方法(显式和隐式)进行简要细分类；其次围绕即时策略类对抗中对抗规划问题进行梳理，指出未来研究重点；最后围绕序贯策略类对抗中的对手剥削方法进行梳理，指出未来研究重点。

图 1.16　本书各章结构图

　　第 5 章～第 8 章是应用实践，为三大类智能博弈对抗系统平台提出智能体设计思路及实践。第 5 章以《星际争霸》游戏为研究对象，首先将《星际争霸》问题抽象成即时策略对抗问题，分析其问题状态空间复杂度，总结该问题的研究挑战，有针对性地总结应对这些挑战的关键技术；其次介绍《星际争霸》的 AI 构建工作，包括《星际争霸》AI 研究历程、AI 环境；最后基于《星际争霸》多智能体挑战平台开展智能体实验验证。第 6 章以德州扑克为研究对象，首先介绍德州扑克基础知识，分析德州扑克问题复杂度，剖析关键技术；其次总结德州扑克 AI

研究历程，介绍德州扑克智能博弈系统；最后围绕两人无限注和多人无限注德州扑克开展智能体实验验证。第 7 章分别以斗地主和桥牌为例，首先介绍游戏规则，分析问题复杂度以及关键技术；其次分析各类智能体的研究历程；最后在斗地主和桥牌游戏平台上开展智能体实验验证。第 8 章首先介绍兵棋基础，举例分析兵棋问题的复杂度，介绍解决兵棋问题的关键技术；其次介绍兵棋 AI 研究历程和兵棋智能系统的构成；最后在墨子兵棋推演系统上演示完整的兵棋 AI 开发过程。

第 9 章和第 10 章是前沿展望，紧跟智能博弈新方向，介绍智能博弈对抗的相关元理论和典型前沿应用。第 9 章简要介绍元宇宙、元博弈、元认知及元学习等最新前沿博弈对抗相关理论。第 10 章从三种博弈模型(微分博弈、攻防博弈和平均场博弈)出发，分析"视觉欺骗目标检测、复杂网络攻防和无人机集群对抗"共三个典型应用场景。

参 考 文 献

[1] 中国人工智能学会. 中国人工智能系列白皮书——机器博弈[M/OL]. http://dl.caai.cn/storage/file/20210621/0649c1fd2107d5ba18ab14a394a234fc.pdf.[2022-05-01].

[2] Omidshafiei S, Tuyls K, Czarnecki W M, et al. Navigating the landscape of multiplayer games[J]. Nature Communications, 2020, 11(1): 5603.

[3] 黄凯奇, 兴军亮, 张俊格, 等. 人机对抗智能技术[J]. 中国科学: 信息科学, 2020, 50(4): 540-550.

[4] Vinyals O, Babuschkin I, Czarnecki W M, et al. Grandmaster level in StarCraft II using multi-agent reinforcement learning[J]. Nature, 2019, 575(7782): 350-354.

[5] Berner C, Brockman G, Chan B, et al. Dota 2 with large scale deep reinforcement learning [EB/OL]. http://arxiv.org/abs/1912.06680.[2021-08-01].

[6] Jaderberg M, Czarnecki W M, Dunning I, et al. Human-level performance in 3D multiplayer games with population-based reinforcement learning[J]. Science, 2019, 364(6443): 859-865.

[7] Ye D H, Liu Z, Sun M F, et al. Mastering complex control in MOBA games with deep reinforcement learning[C]. Proceedings of the AAAI Conference on Artificial Intelligence, New York, 2020: 6672-6679.

[8] Silver D, Huang A, Maddison C J, et al. Mastering the game of Go with deep neural networks and tree search[J]. Nature, 2016, 529(7587): 484-489.

[9] Silver D, Schrittwieser J, Simonyan K, et al. Mastering the game of Go without human knowledge[J]. Nature, 2017, 550(7676): 354-359.

[10] Schrittwieser J, Antonoglou I, Hubert T, et al. Mastering Atari, Go, Chess and Shogi by planning with a learned model[J]. Nature, 2020, 588(7839): 604-609.

[11] Bowling M, Burch N, Johanson M, et al. Heads-up limit hold'em poker is solved[J]. Science,

2015, 347 (6218): 145-149.

[12] Moravčík M, Schmid M, Burch N, et al. DeepStack: Expert-level artificial intelligence in heads-up no-limit poker[J]. Science, 2017, 356 (6337): 508-513.

[13] Brown N, Sandholm T. Superhuman AI for multiplayer poker[J]. Science, 2019, 365 (6456): 885-890.

[14] Li J, Koyamada S, Ye Q, et al. Suphx: Mastering mahjong with deep reinforcement learning [EB/OL]. http://arxiv.org/abs/2003.13590.[2021-08-01].

[15] Amit A, Markovitch S. Learning to bid in bridge[J]. Machine Learning, 2006, 63 (3): 287-327.

[16] Ando T, Kobayashi N, Uehara T. Cooperation and competition of agents in the auction of computer bridge[J]. Electronics and Communications in Japan, 2003, 86 (12): 76-86.

[17] Ando T, Uehara T. Reasoning by agents in computer bridge bidding[C]. International Conference on Computers and Games, Hamamatsu, 2000: 346-364.

[18] Tian Y, Gong Q, Jiang Y. Joint policy search for multi-agent collaboration with imperfect information[J]. Proceedings of the 34th International Conference on Neural Information Processing Systems, Vancouver, 2020: 19931-19942.

[19] 胡晓峰, 荣明. 作战决策辅助向何处去——"深绿"计划的启示与思考[J]. 指挥与控制学报, 2016, 2 (1): 22-25.

[20] Lisa H. Mission Command[M/OL]. https://fortbenningausa.org/wp-content/uploads/2016/04/Mission-Command-RDECOM-CERDEC.pdf.[2021-08-01].

[21] Ernest N D. Genetic fuzzy trees for intelligent control of unmanned combat aerial vehicles[D]. Cincinnati: University of Cincinnati, 2015.

[22] Benjamin J S C, Whyte C. Wargaming with Athena How to Make Militaries Smarter, Faster, and More Efficient with Artificial Intelligence[M/OL]. https://css.ethz.ch/en/services/digital-library/articles/article.html/f8940eb3-6066-409c-ae8c-e11e838e0c92.[2021-08-01].

[23] Roff H M. COMPASS: A new AI-driven situational awareness tool for the Pentagon?[EB/OL]. https://thebulletin.org/2018/05/compass-a-new-ai-driven-situational-awareness-tool-for-the-pentagon/.[2021-08-01].

[24] Timothy H. Chung. OFFSET OFFensive Swarm-Enabled Tactics[M/OL]. https://www.darpa.mil/work-with-us/offensive-swarm-enabled-tactics.

[25] Defense Brief Editorial. DARPA Will Try Ruining Video Games to Improve Pentagon's War Games[M/OL]. https://defbrief.com/2020/05/14/darpa-will-try-ruining-video-games-to-improve-pentagons-war-games/.[2021-08-01].

第 2 章　博弈论视角下的多智能体学习

2.1　引　言

随着深度学习和深度强化学习而来的人工智能新浪潮，为智能体从感知输入到行动决策输出提供了"端到端"解决方案。多智能体学习是研究智能博弈对抗的前沿课题，面临着对抗性环境、非平稳对手、不完全信息和不确定行动等诸多难题与挑战。本章从博弈论视角入手，2.2 节简要介绍博弈论基础；2.3 节给出多智能体学习系统组成、多智能体学习概述、多智能体学习研究方法分类；2.4 节围绕多智能体博弈学习框架，分析多智能体博弈基础模型及元博弈、均衡解概念和博弈动力学、多智能体博弈学习的挑战；2.5 节全面梳理多智能体博弈策略学习方法，包括离线博弈策略学习方法，如随机博弈策略学习方法、扩展式博弈策略学习方法、基于元博弈的策略学习方法，在线博弈策略学习方法，如无悔学习、在线元学习、事后理性学习、对手感知学习、匹配及协作学习；2.6 节展望多智能体学习的前沿研究重点及方向。

2.2　博弈论基础

博弈论译自英文 game theory，直译就是"游戏理论"。博弈论是研究依据效用以及理性"局中人"(player)[①]之间策略交互的一门科学。在策略交互过程中局中人信息不对称，利益相互冲突，行为相互影响，理性局中人通常会最大化自身的利益。传统的非合作博弈强调的是个人理性，追求个人最优决策策略，但在策略相互交互时，局中人不能达成一个有约束力的协议，局中人没有实质性的约束力，其结果可能是无效率、损人不利己的。而合作博弈强调的是集体主义、团体理性、平等和公平。20 世纪，博弈论领域产生了很多巨人。50 年代，由 Nash 创造性提出的纳什均衡(Nash equilibrium, NE)概念，更是推动了博弈论的发展。纳什均衡作为一个一致性解概念，深刻揭示了局中人无法单方面改变自己的收益，相对于其他个体，其策略已是最佳响应。Shapley 提出了合作博弈的两个解概念，即核仁、沙普利值，兰德公司的数学家 Issac 提出了微分博弈，以色列数学家

---

① 局中人(player)常用于博弈模型描述，智能体常用于学习类模型描述，本书后续语境中多采用智能体描述。

Aumann 提出了严格(强)纳什均衡。60 年代,Selten 将纳什均衡的概念引入动态博弈,提出"精炼纳什均衡"的概念;Harsanyi 把不完全信息引入博弈论的研究,提出"贝叶斯纳什均衡",证明不完全信息博弈可以通过 Harsanyi 转换成完全但不完美信息博弈。70 年代的典型成果有 Smith 的演化博弈论,Aumann 的知识模型与共同知识。80 年代,Kreps 和 Wilson 将不完全信息引入动态博弈中,提出"精炼贝叶斯纳什均衡"。90 年代的典型成果有 Tirole 等的完美贝叶斯均衡。其实从 90 年代以来,已有十余位博弈论专家获得诺贝尔经济学奖,数位算法博弈论专家获得图灵奖。后纳什均衡时代的博弈论研究主要针对博弈的假设条件和前提条件进行重新修改与扩展。目前吸引广大博弈理论研究者注意力的是动态博弈和不完全信息博弈,这也是本书研究的重点。

2.2.1　博弈五要素

博弈论是指一些个人、团队或其他组织,面对一定的环境条件,在一定的约束条件下,依靠所掌握的信息,同时或先后、一次或多次从各自可能的行为或策略集合中进行选择并实施,各自从中取得结果或收益的过程。博弈论是研究具有理性和智能的决策者之间竞争与合作的交互式决策理论,其追求的是稳定的最大利益。

1. 局中人

局中人是指在博弈中独自参与决策并承担结果的决策者,也称博弈方。局中人可以是单个的人,也可以是一个团队(如组织、企业、国家、联盟),其决策会影响到其他局中人。有时将"自然"作为虚拟局中人,用于在博弈的特定时节上以特定的概率随机选择行动。博弈论中,一般有局中人是理性的基本假设,但理性人不等于自私,理性人可能是利己主义者,也可能是利他主义者。这种理性可以分为完全理性(不会犯错)和有限理性(可能会失误)、个体理性(追求个体利益最大化)和集体理性(追求团体利益最大化)。由于博弈过程中策略的交互与相互依存关系,博弈问题的复杂性与局中人的数量有直接的关联,其中两人博弈最简单,三人及三人以上博弈比较复杂,博弈结果也更难预测。

2. 行动

行动(action)是局中人在某个决策点(某个时间点或某个时刻)的决策变量。行动的顺序对博弈的结果至关重要,根据行动的顺序可以分为静态博弈(局中人同时选择行动)与动态博弈(局中人不同时选择行动)。如斯塔克尔伯格博弈模型就是典型的动态博弈模型。

3. 信息

信息(information)是局中人有关博弈的知识，包括博弈的环境、局中人的理性程度、局中人的行动、局中人的策略、"自然"的选择等知识。信息与收益(支付)关系密切。博弈论中关于"共同知识"的假设是指"所有局中人知道，所有局中人知道所有局中人知道，所有局中人知道所有局中人知道所有局中人知道……"的知识。层次嵌套式的"共同知识"表述一般用于描述所有局中人对某个事实都"知道"的关系。如果局中人对所有历史行动信息掌握得非常充分，这类博弈称为完美信息博弈，否则称为不完美信息博弈，如果每个局中人都拥有所有其他局中人的特征、策略及支付函数等方面的准确信息，这类博弈称为完全信息博弈，否则称为不完全信息博弈。

4. 策略

策略(strategy)也称计谋，是局中人相继决策的完整行动规则，它规定了局中人在相应信息下选择什么行动计划，是行动的规则。单个局中人的所有策略的全体称为这个局中人的策略集。

5. 收益

收益(payoff)是指在根据特定的局中人策略组合得出博弈结果后各局中人所获得的收益或支付，用以描述博弈过程中局中人追求的主要目标，也是行动和策略选择的主要依据。收益可以用确定的数表示，利用"效用理论"相关知识进行表征，而不能用数字表示的安全感、荣誉感等，可以根据偏好关系进行比较。

2.2.2　博弈论分类

1. 非合作与合作博弈

非合作博弈，追求自己稳定的最大利益；合作博弈，追求集体和个人利益的统一。其中非合作博弈通常可分为完全信息静态博弈、完全信息动态博弈、不完全信息静态博弈、不完全信息动态博弈等。合作博弈可分为可支付合作博弈、非支付合作博弈、策略型合作博弈等类型。

2. 完全(完美)与不完全(不完美)博弈

如果局中人完全了解所有局中人各种情况下的利益(支付)，称此局中人具有完全信息，否则称局中人具有不完全信息。所有局中人均具有完全信息的博弈称为完全信息博弈，至少有一个局中人具有不完全信息的博弈称为不完全信息博弈。在动态博弈中，若局中人完全了解自己行动之前的整个博弈过程，称局中人具有完美信息，否则称局中人具有不完美信息，所有局中人都具有完美信息的博弈称为完美信息博弈，至少一个局中人具有不完美信息的博弈称为不完美信息博弈。

3. 静态博弈和动态博弈

若博弈过程中，所有的局中人都只有一次行为机会并且他们在信息意义下同时行为，则称此博弈为静态博弈。若博弈过程中，有些局中人有不止一次行为机会，或有些局中人在行为前能够预测到一些其他局中人的行为，则称该博弈为动态博弈。根据局中人对信息的掌握情况可分为完全信息静态博弈、完全信息动态博弈、不完全信息静态博弈、不完全信息动态博弈。

4. 零和、常和与变和博弈

根据收益之和的不同，博弈可以分为零和博弈、常和博弈和变和博弈。其中零和博弈是指一方的收益（获得）与另一方的支付（损失）对应，即对任务策略组合，各局中人的收益之和为零。常和博弈是指对任务策略组合，各局中人的收益之和为一固定的常数。变和博弈是随着策略组合的不同，各局中人的收益之和也发生变化的情形。

5. 其他分类

根据局中人数量的多少，可以将博弈分为两人博弈、三人博弈、多人博弈。根据局中人策略集中元素的个数，可以将博弈分为有限博弈和无限博弈。根据同类博弈进行的次数，可以将博弈分为单次博弈和重复博弈。此外还有一些其他类型的博弈，如不确定博弈、演化博弈、微分博弈、网络博弈、算法博弈、有限理性博弈、行为博弈和博弈学习理论等。

2.2.3　博弈论相关概念

1. 一般解概念

非合作博弈：纳什均衡、颤抖手均衡、行为策略的序贯均衡、行为策略的贝叶斯均衡、行为策略完美贝叶斯均衡和子博弈完美均衡等均衡概念。

合作博弈：核心、内核、核仁、沙普利值、稳定集、谈判集、班扎夫权力指数、欧文值、舒比克权力指数等均衡解概念。

2. 有限理性与欺骗

现实生活中理性假设设定要求太高，因此有限理性假设得到了广泛的关注。

一些新的模型考虑各类博弈模型的局中人模型与环境设置，如针对有限理性局中人有随机最优响应均衡模型、前景理论模型、Level-K 模型与认知层次模型、心智理论模型。同时，对抗双方的欺骗也得到了广泛关注，如基于多目标优化的有限欺骗模型、面向行动轨迹分析的多模态欺骗策略模型等。当前对相关欺骗的研究主要集中在信息网络空间上的欺骗。

3. 博弈与决策

博弈论在运筹学领域也称对策论。运筹学包含最优化理论和博弈论两大方向的理论，其中最优化理论主要研究单方面决策，追求最优或次优解；博弈论主要研究多方交互决策，通常追求稳定最优解。决策理论曾经有四个分支：一是最优化决策，即单个个体如何在各种条件状态下进行效果最优的决策；二是不确定性决策，即局中人对一项活动最终到底会发生的结果不确定，同时也无法确定每一种结果发生的概率；三是风险型决策，即局中人对一项活动最终到底会发生什么结果不确定，但局中人知道共有几种可能的结果，以及这些结果的概率分布，而且局中人有着不一样的风险偏好，如风险厌恶型、风险中立型、风险热爱型；四是冲突型决策，即博弈论可以采用前三种类型相关的最优化决策、不确定性决策和风险型决策求解博弈解。

2.3　多智能体学习简介

多智能体系统(multi-agent system, MAS)是由多个独立的智能体组成的分布式系统，每个智能体均受到独立控制，但需在同一个环境中与其他智能体交互。Shoham 等[1]将多智能体系统定义为：包含多个自治实体的系统，这些实体要么有不同的信息，要么有不同的兴趣，或两者兼有。Müller 等[2]对由多智能体系统技术驱动的各个领域的 152 个真实应用进行了分类总结和分析。多智能体系统是分布式人工智能(distributed artificial intelligence, DAI)的一个重要分支，主要研究智能体之间的交互通信、协调合作、冲突消解等方面的内容，强调多个智能体之间的紧密群体合作，而非个体能力的自治和发挥。智能体之间可能存在对抗、竞争或合作关系，单个智能体可通过信息交互与友方进行协调配合，一同对抗敌对智能体。由于每个智能体均能够自主学习，多智能体系统通常表现出涌现性能力。当前，多智能体系统模型常用于描述共享环境下多个具有感知、计算、推理和行动能力的自主个体组成的集合，典型应用包括各类机器博弈、拍卖、在线平台交易、资源分配(包括路由、服务器分配)、机器人足球、无线网络、多方协商、多机器人灾难救援、自动驾驶和无人集群对抗等。其中，基于机器博弈(计算机博弈)的人机对抗，作为图灵测试的典型范式，是人工智能领域的

"果蝇"。多智能体系统被广泛用于解决分布式决策优化问题,其成功的关键是高效的多智能体学习(multi-agent learning, MAL)方法。多智能体学习主要研究由多个自主个体组成的多智能体系统如何通过学习探索、利用经验提升自身性能的过程。如何通过博弈策略学习提高多智能体系统的自主推理与决策能力是人工智能和博弈论领域面临的前沿挑战。近年来,伴随着深度学习(感知领域)和强化学习(决策领域)的深度融合发展,多智能体学习方法在机器博弈领域取得了长足进步。

2.3.1 多智能体学习系统组成

多智能体学习是人工智能研究的前沿热点。从第三次人工智能浪潮至今,社会各界对多智能体学习产生了极大的兴趣。多智能体学习在人工智能、博弈论、机器人和心理学领域得到了广泛研究。面对参与实体数量多、状态空间规模大、实时决策巨复杂等现实问题,多智能体建模变得更加困难,手工设计的智能体交互行为迁移性比较弱。相反,基于认知行为建模的智能体能够从与环境及其他智能体的交互经验中学会有效地提升自身行为,在学习过程中,智能体可以学会如何与其他智能体进行协调,如何选择自身行为,学习其他智能体如何进行行为选择以及它们的目标、计划和信念等。

多智能体系统模型包含四大模块:环境、智能体、交互机制和学习。当前针对多智能体学习的相关研究主要围绕这四部分展开,如图 2.1 所示。

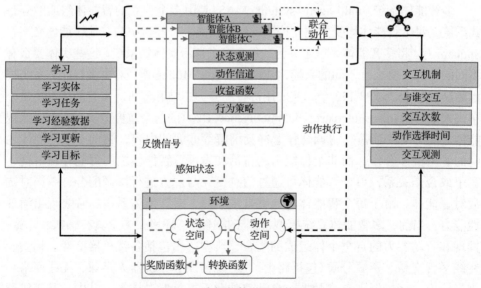

图 2.1 多智能体学习系统组成

环境模块由状态空间、动作空间、转移函数和奖励函数构成。状态空间指定单个智能体在任何给定时间可以处于的一组状态；动作空间是单个智能体在任何给定时间可用的一组动作；转移函数(或环境动力学)指定了环境在给定状态下执行动作的每个智能体(或智能体的子集)改变的(可能是随机的)方式；奖励函数根据状态-行动转换结果给出奖励信号。智能体模块需要定义它们与环境的通信关系，用于获取观测状态和输出指定动作、智能体之间的行为通信方式，它们的效用函数可以表征环境状态偏好以及选择行动的策略。学习模块由学习实体、学习目标、学习经验数据和学习更新组成。学习实体需要指定是单智能体还是多智能体级别；学习目标描述了正在学习的任务目标，通常表现为评价函数；学习经验数据描述了学习实体可以获得哪些信息作为学习的基础；学习更新定义了在学习过程中学习实体的更新规则。交互机制模块定义了智能体交互多长时间，与哪些其他智能体交互，以及它们对其他智能体的观察。交互机制还规定了任何给定智能体之间交互的频率(或数量)，以及它们的动作是同时选择还是顺序选择(动作选择的定时)。

2.3.2　多智能体学习概述

多智能体学习需要研究的问题是指导和开展研究的指南。Stone 等[3]在 2000 年从机器学习的角度综述分析了多智能体系统，主要考虑智能体是同质还是异质、是否可以通信等四种情形。早期相关综述文章采用公开辩论的方法分别从不同的角度对多智能体学习问题进行剖析，总结出多智能体学习的四个明确定义问题，即问题描述、分布式人工智能、博弈均衡和智能体建模[4]。Shoham 等[5]从强化学习和博弈论视角自省式地提出了"如果多智能体学习是答案，那么问题是什么？"，由于没有找到一个单一的答案，他们提出了未来人工智能研究主要围绕的四个主题，即计算性、描述性、规范性、规定性。其中规定性又分为分布式、均衡和智能体，此三项如今正指引着多智能体学习的研究。Stone[6]试图回答 Shoham 等提出的问题，但看法刚好相反，强调多智能体学习应包含博弈论，如何应用多智能体学习技术仍然是一个开放问题，没有一个标准的答案。Tošić 等[7]在 2010 年提出了面向多智能体的强化学习、协同学习和元学习统一框架。Tuyls 等[8]在 2017 年分析了多智能体学习需要研究的五种方法：面向个人收益的在线强化学习、面向社会福利的在线强化学习、协同演化方法、群体智能和自适应机制设计。Tuyls 等[9]指出应将群体智能、协同演化、迁移学习、非平稳性、智能体建模等纳入多智能体学习方法框架中研究。如图 2.2 所示，多智能体学习的主流方法主要包括强化学习、演化学习和元学习。其中，S、A、R 分别表示状态空间、动作空间、奖励函数。

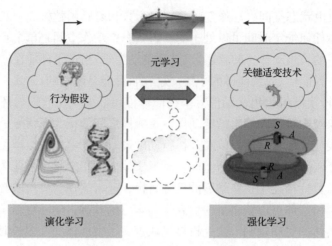

图 2.2　多智能体学习统一框架

2.3.3　多智能体学习研究方法分类

根据对多智能体学习问题的分类描述，可以区分不同的研究视角与方法。Jan't Hoen 等[10]从合作与竞争两个角度对多智能体学习问题进行了区分。Panait 等[11]对合作型多智能体学习方法进行了概述：团队学习(team learning)，指多智能体以公共的、唯一的学习机制集中学习最优联合策略；并发学习(concurrent learning)，指单个智能体以相同或不同的个体学习机制，并发学习最优个体策略。后来研究者直接利用多智能体强化学习(multi-agent reinforcement learning, MARL)方法开展研究。Busoniu 等[12]从完全合作、完全竞争和混合型这三类任务的角度对多智能体强化学习方法进行了分类总结。Hernandez-Leal 等[13]总结了传统多智能体系统研究中的经典思想(如涌现性行为、学会通信交流和对手建模)是如何融入多智能体深度强化学习领域的，并在此基础上对深度强化学习进行了分类。OroojlooyJadid 等[14]从独立学习器、全可观评价、值函数分解、一致性和学会通信协调五个方面对合作多智能体强化学习方法进行了全面回顾分析。Zhang 等[15]对具有理论收敛性保证和复杂性分析的多智能体强化学习方法进行了选择性分析，并首次对联网智能体分散式、平均场博弈和随机势博弈多智能体强化学习方法进行综述分析。Gronauer 等[16]从训练范式与执行方案、智能体涌现性行为模式和智能体面临的六大挑战(即环境非平稳、部分可观、智能体之间的通信、协调、可扩展性、信度分配)分析了多智能体深度强化学习。Du 等[17]从通信学习、智能体建模、面向可扩展性的分散式训练分散式执行和面向部分可观性的集中式训练分散式执行两种范式等角度对多智能体深度强化学习进行了综述分析。吴军等[18]从模型的角度出发，对面向马尔可夫决策的集中式和分散式模型、面向马尔可夫博弈的共同奖励随机博弈、零和随机博弈、一般和随机博弈进行了分类分析。杜威等[19]从完全合作、完全竞争和混合型三类任务分析了多智能体强化学习方法。殷昌盛等[20]对多智能体分层强化学习方法进行综述分析。梁星星等[21]从全通信集中决策、全通信自主决策和欠通信自主决策三种范式对多智能体深度强化学习方法进行综述分析。孙长银等[22]从学习方法结构、环境非静态性、部分可观性、基于学习的通信和方法稳定性与收敛性共五个方面分析了多智能体强化学习需要研究的重点问题。

2.4　多智能体博弈学习框架

博弈论可用于多智能体之间的策略交互建模，近年来，基于博弈论的学习方法被广泛嵌入多智能体的相关研究中，多智能体博弈学习已然成为当前一种新的研究范式。Matignon 等[23]对合作马尔可夫博弈的独立强化学习方法做了综述分析。Nowé 等[24]从无状态博弈、合作马尔可夫博弈和一般马尔可夫博弈三类场景对多智能体独立学习和联合学习方法进行了分类总结。Lu 等[25]从强化学习和博弈论的整体视角出发对多智能体博弈的解概念、虚拟自对弈(fictitious self-play, FSP)类方法和反事实后悔值(counterfactual regret, CFR)类方法进行了全面综述分析。Yang 等[26]对同等利益博弈、零和博弈、一般和博弈和平均场博弈中的学习方法进行了分类总结。Bloembergen 等[27]利用演化博弈学习方法分析了各类多智能体强化学习方法的博弈动态，并揭示了演化博弈论和多智能体强化学习方法之间的深刻联系。此外，Wong 等[28]从多智能体深度强化学习面临的四大挑战出发，指出未来需要研究深化学习等类人学习的方法。

2.4.1　多智能体博弈基础模型及元博弈

1. 多智能体博弈基础模型

马尔可夫决策过程(Markov decision process, MDP)常用于人工智能领域单智能体决策过程建模。基于决策论的多智能体模型主要有分散式马尔可夫决策过程(decentralized MDP, Dec-MDP)及多智能体马尔可夫决策过程(multi-agent MDP, MMDP)[23]。其中 Dec-MDP 模型中，每个智能体有独立的、关于世界状态的观察，智能体根据观察的局部信息选择动作；MMDP 模型中，不区分每个智能体可利用的、私有的信息和全局状态信息，而由系统统一制定出集中式的策略，再分配给每个智能体去执行。分散式部分可观马尔可夫决策过程(Dec-POMDP)关注动作和观察中存在不确定性情况下多智能体的协调问题。Dec-POMDP 模型中智能体的决策是分散式的，每个智能体根据自身所获得的局部观察信息独立地做出决策。利用递归建模方法对其他智能体的行为进行显式的建模，Doshi 等[29]提出的交互式部分可观马尔可夫决策过程(interactive-POMDP, I-POMDP)模型是博弈论与决策论的结合。早在 20 世纪 50 年代由 Shapley 提出的随机博弈(stochastic game, SG)[30],也称马尔可夫博弈(Markov game, MG)[31],常被用来描述多智能体学习。当前的一些研究将决策论与博弈论统合起来,认为两类模型都属于部分可观随机博弈(partially observable stochastic game, POSG)模型[32]。

如图 2.3 所示,从博弈论视角来分析,多智能体博弈模型主要分两大类:随机博弈和扩展式博弈(extensive-form game, EFG)。最新的一些研究将扩展式博弈模型重构成因子可观随机博弈模型[31],这两大类模型都可以看成随机博弈模型。

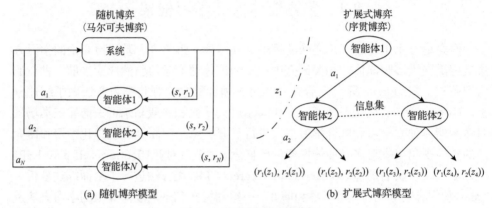

(a) 随机博弈模型　　　　　　　　　　　(b) 扩展式博弈模型

图 2.3　多智能体博弈模型

如图 2.4 所示,随机博弈模型可分为面向合作的合作博弈(team game)模型、面向竞争对抗的零和博弈(zero-sum game)模型和面向竞合(混合)的一般和博弈(general-sum game)模型。其中合作博弈可广泛用于对抗环境下的多智能体的合作交互建模,如即时策略游戏、无人集群对抗、联网车辆调度等;零和博弈和一

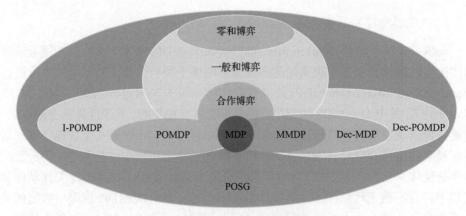

图 2.4　部分可观随机博弈模型

般和博弈常用于双方或多方交互建模。扩展式博弈的表示方式有两种，正则式
(normal-form) 表示常用于同步行为 (simultaneous-move) 决策场景描述，序贯式
(sequence-form) 表示[33]常用于行为策略多阶段交互场景描述。回合制博弈 (turn
based game，TBG)[34]常用于交替式决策场景描述，其中回合制定指博弈局中人轮
流出招。

2. 元博弈模型

元博弈 (meta game)，即博弈的博弈 (game of game)，常用于博弈策略空间分
析[35]，是研究实证博弈理论分析 (empirical game theoretic analysis, EGTA) 的基础
模型[36]，目前已被广泛应用于各种可采用模拟器仿真的现实场景，包括供应链管
理分析、广告拍卖和能源市场、设计网络路由协议、公共资源管理、对抗策略选
择、博弈策略动态分析等。表 2.1 描述了博弈论、元博弈与强化学习相关要素的
区别。

表 2.1　博弈论、元博弈与强化学习

博弈论	元博弈	强化学习
博弈 (game)	博弈 (game)	环境 (environment)
参与方 (player)	种群 (population)	智能体 (agent)
行动 (action)	类型 (type)	动作 (action)
策略 (strategy)	分布 (distribution)	策略 (policy)
收益 (payoff)	适应度 (fitness)	奖励 (reward)

近年来，一些研究人员对博弈的策略空间几何形态进行了探索。Jiang 等[37]
首次利用组合霍奇理论研究亥姆霍兹分解。Candogan 等[38]探索了策略博弈的 "流"
表示，提出策略博弈主要由势 (potential) 部分、调和 (harmonic) 部分和非策略部分组
成。Hwang 等[39]从策略等价的角度研究了正则式博弈的分解方法。Balduzzi 等[40]
研究提出任何一个泛函式博弈 (functional-form game, FFG) 可以做直和 (direct sum) 分
解成传递压制博弈 (transitive game) 和循环压制博弈 (cycle game) 两部分，可以利
用梯度、散度和旋度等刻画博弈策略空间几何形态。函数 $\phi(v, w)$ 表示从 v 到 w 的
流，根据霍奇分解，传递压制博弈的旋度为 0，循环压制博弈的散度为 0，博弈的
向量空间满足正交分解

$$\text{TransitiveGame} \oplus \text{CycleGame} = \text{im}(\text{grad}) \oplus \text{ker}(\text{div})$$

$$\text{grad}(f)(v, w) := f(v) - f(w)$$

$$\text{div}(\phi)(v, w) := \int_w \phi(v, w) \mathrm{d}w$$

$$\text{curl}(\phi)(u,v,w) := \phi(u,v) + \phi(v,w) - \phi(u,w)$$

$$\phi = \underbrace{\text{grad} \cdot \text{div}(\phi)}_{\text{grad}(f)} + \underbrace{(\phi - \text{grad} \cdot \text{div}(\phi))}_{\psi}$$

Omidshafiei 等[41]利用智能体的对抗数据,根据博弈收益,依次绘制"响应图"(response graph)、直方图,得到谱响应图、聚合响应图和收缩响应图,采用图论对传递博弈与循环博弈进行拓扑分析,绘制智能体的博弈策略特征图,得出传递博弈与循环博弈特征距离较远的结论。Czarnecki 等[42]根据现实世界中的各类博弈策略的空间分析提出博弈策略空间的陀螺几何体模型猜想。如图 2.5 所示,纵向表示传递压制维,几何体顶端为博弈的纳什均衡,表征了策略之间的压制关系;横向表示循环压制维,表征了策略之间可能存在的首尾嵌套非传递性压制关系。

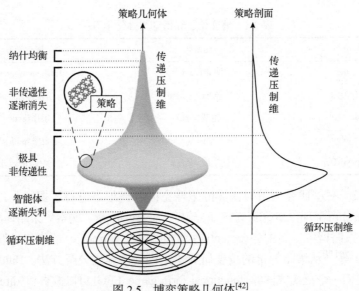

图 2.5　博弈策略几何体[42]

2.4.2　均衡解概念与博弈动力学

1. 均衡解概念

从博弈论视角分析多智能体学习需要对其中的博弈均衡解概念做细致分析。如图 2.6 所示,许多博弈没有纯纳什均衡,但一定存在混合纳什均衡,比较而言,相关均衡(correlated equilibrium, CE)容易计算,粗相关均衡(coarse correlated equilibrium, CCE)非常容易计算[43]。

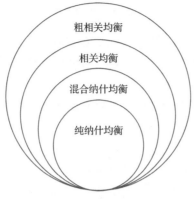

图 2.6　博弈均衡解概念

　　由于学习场景和目标的差别，一些新的均衡解概念也被采纳，如面向安全攻防博弈的斯塔克尔伯格均衡、面向有限理性的量化响应均衡、面向演化博弈的演化稳定策略、面向策略空间博弈的元博弈均衡、稳定对抗干扰的鲁棒均衡(也称颤抖手均衡)、处理非完备信息的贝叶斯均衡、处理在线决策的无悔或最小后悔值、描述智能体在没有使其他智能体情况变坏的前提下使得自身策略变好的帕累托最优等。近年来，一些研究采用团队最大最小均衡[44,45]来描述零和博弈场景下组队智能体对抗单个智能体，其本质是一类对抗合作博弈模型，可用于解决网络阻断类问题、多人扑克问题和桥牌问题。同样，一些基于"相关均衡"[46]解概念的新模型相继被提出，应用于元博弈、扩展式博弈、一般和博弈、零和同时行动随机博弈等。正是由于均衡解的计算复杂度比较高，当前一些近似均衡的解概念得到了广泛运用，如最佳响应[47]和预言机[48]等。

2. 博弈动力学

　　博弈原本就是描述个体之间的动态交互过程。对于一般的势博弈，从任意一个局势开始，最佳响应动力学可确保收敛到一个纯纳什均衡。最佳响应动力学过程十分直接，每个智能体可以通过连续性的单方策略改变来搜索博弈的纯纳什均衡。

　　最佳响应动力学：只要当前的局势 s 不是一个纯纳什均衡，任意选择一个智能体 i 以及一个有利的策略改变 s_i'，然后更新局势为 (s_i', s_{-i})。

　　最佳响应动力学只能收敛到一个纯纳什均衡且与势博弈紧密相关，但在任意有限博弈中，无悔学习动力学可确保收敛到粗相关均衡。对任意时间点 $t = 1, 2, \cdots, T$，假定每个智能体 i 获得的收益向量为 c_i^t，给定其他智能体的混合策略 $\sigma_{-i}^t = \prod_{j \neq i} p_j^t$，每个智能体 j 使用无悔学习方法独立地选择一个混合策略 p_j^t，则智能体选择纯策

略 s_i 的期望收益：$\pi_i^t(s_i) = E_{s_{-i}^t \sim \sigma_{-i}^t}\left[\pi_i(s_i, s_{-i}^t)\right]$。

无悔学习方法：如果对于任意 $\varepsilon > 0$，都存在一个充分大的时间域 $T = T(\varepsilon)$ 使得对于在线决策方法 M 的任意对手，决策者的后悔值最多为 ε，那么称方法 M 为无悔学习方法。

无交换后悔动力可确保学习收敛至相关均衡[36]。相关均衡和无交换后悔动力的联系与粗相关均衡和无悔动力学的联系一样。

无交换后悔学习方法：如果对于任意 $\varepsilon > 0$，都存在一个充分大的时间域 $T = T(\varepsilon)$ 使得对于在线决策方法 M 的任意对手，决策者的期望交换后悔值最多为 ε，那么称方法 M 为无交换后悔学习方法。

对于多智能体之间的动态交互一般可以采用种群演化博弈理论中的复制者动态方程[27]或偏微分方程[49]进行描述。Leonardos 等[50]利用突变理论证明了软 Q 学习（soft Q learning）在异质学习智能体的加权势博弈中总能收敛到量化响应均衡。

2.4.3　多智能体博弈学习的挑战

1. 复杂博弈环境难评估

复杂博弈环境验证评估主要体现在三个方面：①信息不完全。环境中的不完全信息因素提高了博弈决策的难度。考虑战争迷雾造成的不完全信息问题中，关于其他智能体的任何关键信息（如偏好、类型、数量等）的缺失，都将直接影响智能体对世界状态的感知，并间接增加态势节点评估的复杂性。不仅如此，考虑不完全信息带来的"欺骗"（如隐真、示假等）行为，将进一步扩展问题的维度。②不确定性。不确定性引入了系统风险，任何前期积累的"优势"都可能因为环境因子的负作用而"落空"。如何综合评估当前态势进行"风险投资"，以获得最大期望奖励，成为研究的另一个难点。在策略评估与演化过程中，如何去除不确定因素带来的干扰，成为"准确评价策略的好坏、寻找优化的方向"的难点。③对抗空间大规模。在一些复杂博弈环境中，状态空间和动作空间的规模巨大，如表 2.2 所示，搜索遍历整个对抗空间无论是时间约束上还是存储空间约束上都难以满足要求。模型抽象的方法在一定程度上可以减小问题的规模，但缺乏理论保证，往往以牺牲解的质量为代价。即使以求解次优策略为目标，部分优化方法仍旧难以直接应用到抽象后的模型。蒙特卡罗采样可以有效地加快方法的速率，但在复杂环境下，如何与其他方法结合，并降低搜索中的方差依旧是研究的难点。

表 2.2　典型大规模对抗空间博弈场景

博弈场景	状态空间	博弈场景	状态空间
桥牌	10^{67}	《王者荣耀》	10^{600}
斗地主	10^{83}	战术兵棋	约 10^{793}
德州扑克	10^{160}	《星际争霸》	约 10^{1685}
围棋	10^{170}		

2. 学习目标多维

学习目标支配着多智能体学习的整个过程，为学习方法的评估提供了依据。Powers 等[51]在 2004 年将多智能体学习的学习目标归类为理性、收敛性、安全性、一致性、相容性、目标最优性等。Busoniu 等[12]将学习的目标归纳为稳定性(包括收敛性、均衡学习、可预测、对手无关等)和适应性(包括理性、无悔、目标最优性、安全性、对手感知等)。Digiovanni 等[52]将帕累托有效性也看成多智能体学习目标。如表 2.3 所示，稳定性表征了学习到一个平稳策略的能力，收敛到某个均衡解，可学习近似模型用于预测推理，学习到的平稳策略与对手无关。适应性表征了智能体能够根据所处环境，感知对手状态，理性分析对手模型，做出最佳响应，在线博弈时可以学习一个奖励不差于平稳策略的无悔响应；目标最优性、相容性与帕累托有效性、安全性表征了其他智能体可能采用固定策略、自对弈学习方法时，当前智能体仍能适变对手，达到目标最优的适应性要求。

表 2.3　多智能体学习的目标

稳定性	适应性
均衡学习(equilibrium learning)[53]	最佳响应(best response)[53]
收敛性(convergence)[54]	理性(rationality)[54]
可预测(prediction)[55]	无悔(no-regret)[56]
对手无关(opponent agnostic)[57]	对手感知(opponent aware)[58]
	目标最优性、相容性与帕累托有效性、安全性[49-52]

3. 环境(对手)非平稳

多智能体学习过程中，环境状态和奖励都是由所有智能体的动作共同决定的；各智能体的策略都根据奖励同时优化；每个智能体只能控制自身策略。基于这三个特点，非平稳性成为影响多智能体学习求解最优联合策略的阻碍，并发学习的非平稳性包括策略非平稳性和个体策略学习环境非平稳性。当某个智能体根据其他智能体的策略调整自身策略以求达到更好的协作效果时，其他智能体也相应地为了适应该智能体的策略调整了自身策略，这就导致该智能体调整策略的依据已经"过时"，从而无法达到良好的协调效果。从优化的角度看，其他智能体策略的非平稳性导致智能体自身策略的优化目标是动态的，从而造成各智能体策略相互适应的滞后性。非平稳性作为多智能体问题面临的最大挑战，如图 2.7 所示，当前的处理方法主要有五类[59]：无视，即假设环境(对手)是平稳的；遗忘，即采用无模型方法，忘记过去的信息同时更新最新的观测；标定对手模型，即针对预定义对手进行己方策略优化；学习对手模型，即采用基于模型的学习方法学习对手行动策略；基于心智理论(theory of mind, ToM)的递归推理，即智能体采用认知层次理论递归推理对手及己方策略。面对有限理性或欺骗型对手，对手建模(也称智能体建模)已然成为智能体博弈对抗时必须拥有的能力，它同集中式训练分散式执行、元学习、多智能体通信建模一起为非平稳问题的处理提供了技术支撑。

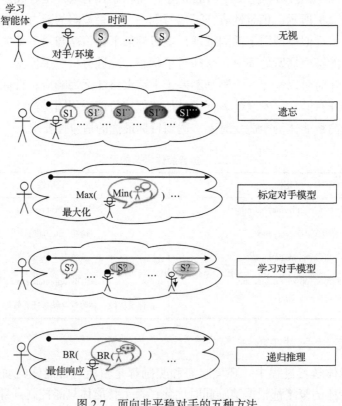

图 2.7 面向非平稳对手的五种方法

4. 均衡难解且易变

由于状态和数量的增加，多智能体学习问题的计算复杂度比较大。计算两人零和博弈的纳什均衡解是 P 问题，两人一般和博弈的纳什均衡解是 PPAD（polynomial parity arguments on directed graphs，有向图的多项式校验参数）难问题，纳什均衡的存在性判定问题是 NP 难问题，随机博弈的纯纳什均衡存在性判定问题是 PSPACE（polynomial space，多项式空间）难问题。多人博弈更是面临纳什均衡存在性、计算复杂度高、均衡选择难等挑战。

对于多智能体场景，如果每个智能体都独立地计算纳什均衡策略，那么它们的策略组合可能也不是全体的纳什均衡，并且智能体可能具有偏离到不同策略的动机。如图 2.8 所示的柠檬水站位博弈[60]，每个智能体需要在圆环中找到一个位置，使自己与其他所有智能体的距离总和最远（图 2.8(a)），则纳什均衡就是所有智能体沿环均匀分布，并有无限多的方法可以实现这一点，因此有无限多的纳什均衡，原问题变成了“均衡选择问题”[60]，但如果每个人都独立计算自己的纳什均衡策略，那么最终可能不会有整体的纳什均衡出现（图 2.8(b)）。

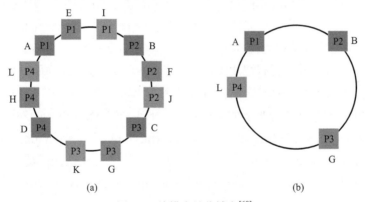

图 2.8　柠檬水站位博弈[60]

正是由于多维目标、非平稳环境、大规模状态行为空间、不完全信息与不确定性因素等影响，高度复杂的多智能体学习问题面临诸多挑战，已然十分难以求解。

2.5　多智能体博弈策略学习方法

根据多智能体博弈对抗场景（离线和在线）的不同，可以将多智能体博弈策略学习方法分为离线博弈策略学习方法与在线博弈策略学习方法等。

2.5.1　离线博弈策略学习方法

1. 随机博弈策略学习方法

当前，直接面向博弈均衡的学习方法主要为一类基于值函数的策略学习。根据博弈类型(合作博弈、零和博弈和一般和博弈)的不同均衡学习方法主要分为三大类，如表 2.4 所示。其中，团队 Q(Team-Q)学习[57]是一种直接学习联合策略的方法；分布式 Q(Distributed-Q)学习[61]采用乐观方式单调更新本地策略，可收敛到最优联合策略；联合动作学习(joint action learner, JAL)[62]方法通过将强化学习与均衡学习方法相结合来学习自己的动作与其他智能体的动作值函数；最优自适应学习(optimal adaptive learning, OAL)[63]是一种最优自适应学习方法，通过构建弱非循环博弈(week acyclic game)来学习博弈结构，消除所有次优联合动作，被证明可以收敛至最优联合策略；分散式 Q(Decentralized-Q)学习[64]是一类基于 OAL 的非中心化方法，被证明可渐近收敛至最优联合策略。极小极大 Q 学习(Minimax-Q)方法[57]应用于两人零和随机博弈。纳什 Q(Nash Q)学习方法[65]将 Minimax-Q 方法从零和博弈扩展到多人一般和博弈；相关均衡 Q(CE-Q)学习[66]是一类围绕相关均衡的多智能体 Q 学习方法；非对称 Q(Asymmetric-Q)学习[67]是一类围绕斯塔克尔伯格均衡的多智能体 Q 学习方法；敌-友 Q(friend-or-foe Q, FFQ)学习方法[68]将其他所有智能体分为两组，一组为朋友，可帮助一起最大化奖励，另一组为敌人，试图降低奖励；取胜或快学(win or learn fast, WoLF)方法[53]通过设置有利和不利两种情况下的策略更新步长学习最优策略。此外这类方法还有无穷小梯度上升(infinitesimal gradient ascent, IGA)[69]、通用无穷小梯度上升(generalized infinitesimal gradient ascent, GIGA)[70]、平衡适变或转向均衡(adapt when everybody is stationary, otherwise move to equilibrium, AWESOME)[71]等。

表 2.4　随机博弈均衡学习方法

博弈类型	方法示例	特点
合作博弈	Team-Q[57]	团队联合值函数学习
	Distributed-Q[61]	分布式值函数学习
	JAL[62]	联合动作学习
	OAL[63]	最优自适应学习
	Decentralized-Q[64]	分散式值函数学习
零和博弈	Minimax-Q[57]	极小极大式值函数学习

续表

博弈类型	方法示例	特点
	Nash Q[65]	基于纳什均衡的值函数学习
	CE-Q[66]	基于相关均衡的值函数学习
	Asymmetric-Q[67]	非对称值函数学习
一般和博弈	FFQ[68]	区分敌和友的值函数学习
	WoLF[53]	取胜或快学式变学习率学习
	IGA[69]	无穷小梯度上升
	GIGA[70]	通用无穷小梯度上升
	AWESOME[71]	应对平稳对手的最佳响应学习

当前，多智能体强化学习方法得到了广泛研究，但此类方法的学习目标是博弈最佳响应。如表 2.5 所示，当前多智能体强化学习方法根据训练和执行方式可分为四类：完全分散式、完全集中式、集中式训练分散式执行和联网分散式训练。

(1) 对于完全分散式学习方法，研究者在独立 Q(Independent-Q)学习方法[72]的基础上进行了价值函数更新方式的改进。分布式 Q(Distributed-Q)学习方法[61]将智能体的个体动作价值函数视为联合动作价值函数的乐观映射，设置价值函数只有在智能体与环境和其他智能体的交互使对应动作的价值函数增大时才更新。迟滞 Q(Hysteretic-Q)学习方法[73]通过启发式信息区分"奖励"和"惩罚"两种情况，分别设置两个差别较大的学习率克服随机变化的环境状态和多最优联合策略情况。频率最大 Q 值(frequency maximum Q, FMQ)方法[74]引入最大奖励频率这一启发信息，使智能体在进行动作选择时倾向曾经导致最大奖励的动作，鼓励智能体的个体策略函数通过在探索时倾向曾经频繁获得最大奖励的策略，提高与其他智能体策略协调的可能性。容忍式 MARL(Lenient MARL)方法[75]采用忽略低奖励行为的宽容式学习方法。分布式容忍 Q(Distributed Lenient Q)学习[76]采用分布式的方法组织容忍值函数的学习。

(2) 对于完全集中式学习方法，交流神经网络(communication neural net, CommNet)方法[77]是一种基于中心化的多智能体协同决策方法，所有的智能体模块网络会进行参数共享，将奖励平均分配给每个智能体。CommNet 方法接收所有智能体的局部观察作为输入，然后输出所有智能体的决策，因此输入数据维度过大会给方法训练造成困难。双向协调网络(bidirectionally-coordinated nets, BiCNet)方法[78]通过一个基于双向循环神经网络(recurrent neural network, RNN)的确定性 Actor-Critic 结构来学习多智能体之间的通信协议，在无监督情况下，可以学习各种类型的高级协调策略。

表 2.5　多智能体强化学习方法

学习范式	方法示例	特点
完全分散式	Independent-Q[72]	独立计算值函数学习
	Distributed-Q[61]	分布式计算值函数学习
	Hysteretic-Q[73]	区分"奖励"和"惩罚"的变学习率学习
	FMQ[74]	奖励频率最大化值函数学习
	Lenient MARL[75]	忽略低奖励行为的宽容式学习
	Distributed Lenient Q[76]	分布式的宽容式学习
完全集中式	CommNet[77]	利用通信网络的集中式学习
	BiCNet[78]	双向通信协调学习
集中式训练分散式执行	COMA[79]	利用反事实的信度分配
	MADDPG[80]	利用深度确定性策略与正则化
	VDN[81]	利用值函数分解网络
	QMIX[82]	利用值函数与非线性映射
	MAVEN[83]	利用变分探索控制策略隐层空间
	QTRAN[84]	利用变换分解值函数
联网分散式训练	MAAC[85]	联网的去中心化 Actor-Critic 方法
	SAC[86]	利用平均奖励的大规模 Actor-Critic 方法
	NeurComm[87]	基于可分解通信协议约减
	AMAFQI[88]	利用批强化学习近似拟合值迭代

(3)集中式训练分散式执行为解决多智能体问题提供了一种比较通用的框架。反事实多智能体(counterfactual multi-agent, COMA)策略梯度方法[79]为了解决 Dec-POMDP 问题中的多智能体信度分配问题,即在合作环境中,联合动作通常只会产生全局性的奖励,这使得每个智能体很难推断出自己对团队成功的贡献。该方法采用反事实思维,使用一个反事实基线,将单个智能体的行为边缘化,同时保持其他智能体的行为固定,COMA 基于 Actor-Critic 实现了集中式训练分散式执行,适用于合作型任务。多智能体深度确定性策略梯度(multi-agent deep deterministic policy gradient, MADDPG)方法[80]是对确定性策略梯度(deterministic policy gradient, DDPG)方法为适应多智能体环境进行的改进,最核心的部分就是每个智能体拥有自己独立的 Actor-Critic 网络和独立的奖励函数,Critic 部分能够获取其余所有智能体的动作信息,进行中心化训练和非中心化执行,即在训练的时候,

引入可以观察全局的 Critic 来指导训练,而测试阶段便不再有任何通信交流,只使用有局部观测的 Actor 采取行动。因此,MADDPG 方法可以同时解决协作环境、竞争环境以及混合环境下的多智能体问题。值分解网络(value-decomposition networks, VDN)[81]、QMIX[82]、多智能体变分探索网络(multi-agent variational exploration networks, MAVEN)[83]、Q 变换分解(Q factorize with transformation, QTRAN)[84]等方法采用值函数分解的思想,按照智能体对环境的联合奖励的贡献大小分解全局 Q 值函数,很好地解决了信度分配问题,但是现有分解机制缺乏普适性。VDN 方法采用深度并发 Q 网络(deep recurrent Q network, DPQN),中心化地训练一个由所有智能体局部的 Q 网络加和得到联合的 Q 网络,训练完毕后每个智能体拥有基于自身局部观察的 Q 网络,可以实现去中心化执行。该方法不仅处理了由环境非平稳带来的问题,解耦了智能体之间复杂的关系,还解决了由部分可观察导致的伪奖励和懒惰智能体问题。采用 VDN 方法求解联合价值函数时只是通过对单智能体的价值函数简单求和得到,使得学到的局部 Q 值函数表达能力有限,无法表征智能体之间更复杂的相互关系。QMIX 对从单智能体价值函数到团队价值函数的映射关系进行了改进,在映射的过程中将原来的线性映射变换为非线性映射,并通过超网络的引入将额外状态信息加入到映射过程,提高了模型性能。MAVEN 采用了增加互信息变分探索的方法,通过引入一个面向层次控制的隐层空间来混合基于值和策略的学习方法。QTRAN 是一种更加泛化的值分解方法,可成功分解任何可分解的任务,但是并未涉及无法分解的协作任务的问题。

(4)联网分散式训练方法是一类利用时变通信网络的多智能体学习方法,其决策过程可建模成时空马尔可夫决策过程,智能体位于时变通信网络的节点上。每个智能体基于其本地观测和连接的邻近智能体提供的信息来学习分散的控制策略,智能体会得到当地奖励。多智能体演员-评论家(multi-agent actor-critic, MAAC)[85]方法是基于 Actor-Critic 方法提出来的,每个智能体都有自己独立的 Actor 网络和 Critic 网络,每个智能体都可以独立决策并接收当地奖励,同时在网络上与邻近智能体交换信息以得到最佳的全网络平均奖励,该方法提供了收敛性的保证。多智能带来的维数诅咒和解的概念计算困难等问题,使得其很具有挑战性。可扩展演员-评论家(scalable actor-critic, SAC)[86]方法,可以学习一种近似最优的局部策略来优化平均奖励,其复杂性随局部智能体(而不是整个网络)的状态-动作空间大小而变化。神经网络交流(neural communication, NeurComm)方法[87]通过设计一种可分解通信协议,可以自适应地共享系统状态和智能体动作的信息,该方法的提出是为了减少学习中的信息损失和解决非平稳性问题,为设计自适应和高效的通信学习方法提供了支撑。近似多智能体拟合 Q 迭代(approximate multi-agent fitted Q iteration, AMAFQI)[88]是一种多智能体批强化学习的有效逼近方法,采用迭代策略搜索方式,根据集中式标准 Q 函数的多个近似生成贪婪策略。

2. 扩展式博弈策略学习方法

对于完美信息的扩展式博弈可以通过线性规划等组合优化方法来求解。近年来，由于计算博弈论在非完美信息博弈领域取得的突破，基于后悔值的方法得到广泛关注。当前，面向纳什均衡(NE)、相关均衡(correlated equilibrium, CE)、粗相关均衡(coarse correlated equilibrium, CCE)、扩展形式相关均衡(extensive form correlated equilibrium, EFCE)的相关求解方法如表 2.6 所示。其中面向两人零和博弈的组合优化方法主要有线性规划[89]、过大间隙技术(excessive gap technique, EGT)[90]、镜像梯度优化[91]、投影次梯度下降(projected subgradient descent)[92]、可利用度下降(exploitability descent)[33]等方法；后悔值最小化(regret minimization, RM)方法主要有后悔值匹配(regret matching)[93]、反事实后悔值(counterfactual regret, CFR)最小化[94]、Hedge[95]、乘性权重更新(multiplicative weight update, MWU)[96]、Hart 后悔值匹配[97]等方法。面向两人一般和博弈的组合优化方法主要有 Lemke-Howson[98]、支撑集枚举混合整数线性规划(mixed integer linear programming)[99]、混合方法(hybrid method)[100]、列生成[101]和线性规划方法；后悔值最小化方法主要有缩放延拓后悔值最小化(scaled extension regret minimizer)[102]。面向多人一般和博弈的组合优化方法主要有反希望椭球法(ellipsoid against hope)[103]和列生成方法[104]；后悔值最小化方法主要有后悔值测试方法[105]、基于采样的 CFR 最小化

表 2.6　扩展式博弈均衡求解方法

	优化方法	后悔值最小化方法
两人零和博弈	线性规划(NE、CE、CCE)[89]	后悔值匹配(NE、CCE)[93]
	过大间隙技术(NE)[90]	反事实后悔值最小化(NE)[94]
	镜像梯度优化(NE)[91]	Hedge (NE)[95]
	投影次梯度下降(NE)[92]	乘性权重更新(CE)[96]
	可利用度下降(NE)[33]	Hart 后悔值匹配 (CE)[97]
两人一般和博弈	Lemke-Howson (NE)[98]	
	支撑集枚举混合整数线性规划(NE)[99]	
	混合方法(NE)[100]	缩放延拓后悔值最小化(EFCE)[102]
	列生成(CCE)[101]	
	线性规划(EFCE)[100]	
多人一般和博弈	反希望椭球法(CE、EFCE)[103]	后悔值测试方法(NE)[105]
	列生成(CCE)[104]	基于采样的 CFR 最小化(CCE)[106]
		基于联合策略重构的 CFR 最小化(CCE)[106]

(CFR with sampling, CFR-S)和基于联合策略重构的 CFR 最小化(CFR with joint reconstruction, CFR-Jr)[106]等。基于后悔值的方法，其收敛速度一般为 $O(T^{-1/2})$，一些研究借助在线凸优化技术将收敛速度提升到 $O(T^{-3/4})$，这类优化方法，特别是一些加速一阶优化方法，理论上可以比后悔值方法更快收敛，但实际应用中效果并不理想。

在求解大规模非完全信息两人零和扩展博弈问题中，算法博弈论方法与深度强化学习方法成效显著，形成以 Pluribus、DeepStack 等为代表的高水平德州扑克 AI，在人机对抗中超越人类职业选手水平，其中，CFR 方法通过计算累计后悔值并依据后悔值匹配方法更新策略。深度强化学习类方法通过学习信息集上的值函数来更新博弈策略并收敛于近似纳什均衡。近年来，一些研究利用 Blackwell 近似理论，构建起了在线凸优化类方法与后悔值类方法之间的桥梁，Farina 等[107]证明了 RM 及其变体 RM+分别与跟随正则化领先者(follow the regularized leader, FTRL)和在线镜像下降(online mirror descent, OMD)为等价关系，收敛速度为 $O(T)$。此外，一些研究表明后悔值与强化学习中的优势函数为等价关系[108,109]，现有强化学习方法通过引入"后悔值"概念，或者后悔值匹配更新方法，形成不同强化学习类方法，在提高收敛速率的同时，使得 CFR 方法的泛化性更强。三大类方法的紧密联系为求解大规模两人零和非完美信息博弈提供了新方向和新思路。

对于多人博弈，一类针对对抗合作博弈[110,111]的模型得到了广泛研究，其中团队最大最小均衡(team-maxmin equilibrium, TME)描述了一个拥有相同效用的团队与一个对手博弈对抗的解概念。针对智能体之间有无通信、有无事先通信、可否事中通信情形，近年来的一些研究探索了相关解概念，如相关 TME(correlated team-maxmin equilibrium, CTME)、带协同设备的 TME(team-maxmin equilibrium with coordination device, TMECor)、带通信设备的 TME(team-maxmin equilibrium with communication device, TMECom)；相关均衡求解方法，如增量策略生成[112]，其本质是一类双预言机方法，Zhang[60]结合网络阻断应用场景设计了多种对抗合作博弈求解方法。此外，合作对手博弈[113]模型也被用来建模多对一的博弈情形。

3. 基于元博弈的策略学习方法

对于多智能体博弈策略均衡学习问题，近年来一些通用的框架相继被提出，其中关于元博弈理论的学习框架为多智能体博弈策略的学习提供了指引。由于问题的复杂性，多智能体博弈策略学习表现出基础策略可以通过强化学习等方法很快生成，而较优策略依靠在已生成的策略池中缓慢迭代产生。当前由强化学习支撑的策略快速生成"内环学习器"和演化博弈理论支撑的策略缓慢迭代"外环学习器"组合成的"快与慢"双环优化方法，为多智能体博弈策略学习提供了基本参考框架。Lanctot 等[114]提出了面向多智能体强化学习的策略空间响应预言机（policy space response oracle, PSRO）统一博弈学习框架，成功将双预言机（double oracle, DO）这类迭代增量式策略生成方法扩展成满足元博弈种群策略学习方法，其过程本质上由"挑战对手"和"响应对手"两个步骤组成。为了应对一般和博弈，Muller 等[115]提出了基于 α-rank 和 PSRO 的通用学习方法框架。Sun 等[116]提出了满足竞争自对弈多智能体强化学习的分布式联赛学习框架 TLeague。Zhou 等[117]基于群集多智能体强化学习提出了融合策略评估的 MALib 并行学习框架。如图 2.9 所示，当前多智能体博弈策略学习主要是通过方法驱动仿真器快速生成博弈对抗样本，得到收益张量 M，元博弈求解器计算策略分布，进而辅助挑战下一轮对手（末轮单个、最强 k 个、均匀采样等），预言机主要负责生成最佳响应，为智能体的策略空间增加新策略。

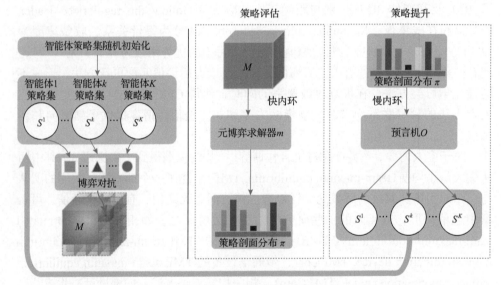

图 2.9　博弈策略学习框架

1) 策略评估方法

多智能体博弈对抗过程中，由基础"内环学习器"快速生成的智能体模型池各类模型的能力水平各不相同，如何评估其能力用于外层的最优博弈策略模型探索可以看成一个多智能体交互机制设计问题，即如何按能力挑选智能体用于"外环学习器"策略的探索。当前，衡量博弈策略模型绝对能力的评估方法主要有可利用性[118]和方差[119]等。衡量相对能力的评估方法已经成为当前的主流。由于博弈策略类型的不同，评估方法的适用场景也不尽相同。传递压制博弈策略的评估方法主要有 Elo[120]、Glicko[121]、TrueSkill[122]等，非传递压制博弈策略的评估方法主要有 mElo2k[123]、纳什平均（Nash averaging）[123]、α 排序（α-rank）[124]、α^α 排序（α^α-

rank)[125]、响应图上置信界(response graph upper confidence bound, RG-UCB)[126]、信息增益(information gain, InfoGain) α-rank[127]、最优评估(optimal evaluation, OptEval)[128]。与此同时，一些研究人员对智能体与任务的适配度、游戏难度、选手排名、方法的性能、在线评估、大规模评估、团队聚合技能评估等问题展开了探索。

2)策略提升方法

在"内环学习器"完成智能体博弈策略评估的基础上，"外环学习器"需要通过与不同段位的智能体进行对抗，提升策略水平。传统自对弈的方法对非传递压制性博弈的策略探索作用不明显。由于问题的复杂性，多智能体博弈策略的迭代提升需要一些新的方法模型，特别是需要满足策略提升的种群训练方法。如图 2.10 所示，博弈策略提升的主要方法有自对弈(self-play)、协同对弈(co-play)、虚拟自对弈(fictitious self-play)和种群对弈(population play)等方法[42]，但各类方法的适用有所区分，研究表明仅当策略探索至种群数量足够多、多样性满足条件后，这类迭代式学习过程才能产生相变，传统的自对弈方法只有当策略的"传递压制维"上升到一定水平后才可能有作用，否则可能陷入循环压制策略轮替生成。

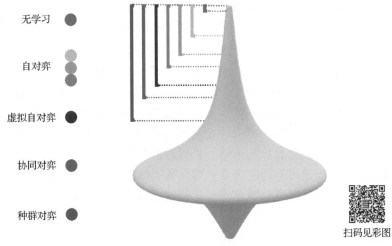

图 2.10　策略提升方法[42]

自对弈类方法主要有朴素自对弈方法[129]、δ 均匀自对弈方法[130]、非对称自对弈方法[131]、双预言机[113]、极小极大后悔鲁棒预言机[132]等，这类方法主要利用与自身的历史版本对抗生成训练样本，对样本的质量要求高，适用范围最小。虚拟自对弈类方法主要有虚拟对弈(fictitious play, FP)方法[133]、扩展虚拟对弈(extensive fictitious play, XFP)方法[134]、平滑虚拟对弈方法[135]、随机虚拟对弈方法[136]、团队虚拟对弈方法[137]、神经虚拟自对弈(neural fictitious self-play, NFSP)方法[138]、蒙特卡罗神经虚拟自对弈(Monte Carlo neural fictitious self-play, MC-NFSP)

方法[139]、多样性虚拟对弈方法[140]、优先级虚拟自对弈方法[141]等,这类方法是自对弈方法的升级版本,由于样本空间大,通常会与采样或神经网络学习类方法结合使用,可用于扩展式博弈、合作博弈等场景。协同对弈方法主要有协同演化[142]、协同学习[7]等,这类方法主要依赖多个策略协同演化生成下一世代的优化策略。种群对弈方法主要有种群训练自对弈[143]、双预言机-实证博弈分析[144]、混合预言机/混合对手[145]、PSRO[114]、联合 PSRO[146]、行列式点过程 PSRO[140]、管线 PSRO[147]、在线 PSRO[113]、自主 PSRO[148]、任意时间最优 PSRO[149]等方法,这类方法与分布式框架的组合为当前绝大部分多智能体博弈问题提供了通用解决方案,其关键在于如何提高探索样本效率,确保快速的内环能有效生成策略样本,进而加快慢外环的优化迭代。

3)自主学习方法

近年来,一些研究试图从方法框架与分布式计算框架进行创新,借助元学习方法,试图将策略评估与策略提升方法融合起来。这类方法试图利用多样性[150]策略来加速探索。Wu 等[151]利用元学习生成难被剥削和多样性对手,引导探索策略提升。质量多样性(quality diversity)[152]作为一类帕累托框架,因其同时确保了对结果空间的广泛覆盖和有效的回报,为平衡处理"探索与利用"提供了目标导向。当前对多样性的研究主要区分三大类:行为多样性[153]、策略多样性[154]、环境多样性[153]。如表 2.7 所示,一些研究拟采用矩阵范数(如 $L_{1,1}$ 范数[40]、F 范数和谱范数[40]、行列式值[155])、有效测度(effective measure)[155]、最大平均差异(maximum mean discrepancy)[156]、交互图[157]、占据测度(occupancy measure)[154]、期望基数(expected cardinality)[140]、凸胞扩张(convex hull enlargement)[154]等衡量多样性。其中行为多样性可引导智能体更倾向于采取多样化的行动,策略多样性可引导智能体生成差异化的策略、扩大种群规模、提高探索效率,环境多样性可引导智能体适应更多不同的场景,增强智能体的适变能力。同时,Leibo 等[158]研究指出自主课程学习是研究多智能体智能的可行方法,课程可由外生和内生挑战自主生成。Yang 等[150]指出多样性自主课程学习对现实世界里的多智能体学习系统非常关键。Feng 等[148]基于元博弈理论、利用元学习方法探索了多样性感知的自主课程学习方法,通过自主发掘多样性课程用于难被利用策略的探索。

表 2.7　多样性度量

分类	度量方法
行为多样性	期望基数[140]、质量多样性[152]、期望行为变化[153]、占据测度[154]
策略多样性	响应多样性[154]、有效多样性[155]、最大平均差异[156]、交互图[157]
环境多样性	泛化界[153]

2.5.2　在线博弈策略学习方法

由离线学习得到的博弈策略通常被称为蓝图策略。在线对抗过程中，可完全依托离线策略，如依据情境元博弈选择对抗策略，但难以对抗非平稳对手的策略动态切换、故意隐藏与欺骗。在线博弈过程中通常需要及时根据对手表现和所处情境进行适应性调整，其本质是一个对手意图识别与对抗策略选择问题。当前在线博弈策略学习包括在线无悔学习方法[159]、对手建模与利用方法[160]、智能体的匹配及协作学习[161]。

1. 在线无悔学习方法

在线决策过程的建模方法主要有在线 MDP[162]、对抗 MDP[163]、未知部分可观 MDP[164]、未知马尔可夫博弈[165]等。无悔学习作为一种在线凸优化方法是在线博弈策略学习的重点研究方向。其中无悔本是指随着交互时长趋近无穷大，期望后悔值趋近于 0。Kash 等[166]将无悔学习与 Q 值函数结合设计了新的后悔匹配方法。其中比较典型的无悔学习方法有 Hedge[95]和 MWU[96]等。Dinh 等[113]利用 Hedge 方法，证明了受策略的支撑集数量约束的在线动态后悔值的界。Lin 等[167]和 Lee 等[168]对无悔学习的有限时间末次迭代 (last-iterate) 收敛问题展开了研究。Daskalakis 等[169]研究了几类面向一般和博弈的近似最优无悔学习方法的后悔界。此外，事后理性[170]作为一个与后悔值等效的替代目标，描述如何在线学习与其他智能体最佳关联策略。

2. 对手建模与利用方法

通过对手建模可以合理预测对手的行动、发掘对手的弱点以备利用。当前对手建模方法主要分为与博弈领域知识关联比较密切的显式建模方法和面向策略的隐式建模方法。面向在线策略学习的对手利用方法需要面对不可预测的环境与非平稳对手，利用少量历史交互信息在线生成对手模型。Wu 等[151]利用元学习生成难被剥削对手和多样性对手模型池来指引在线博弈策略学习。Kim 等[171]利用对手建模与元学习设计了面向多智能体的元策略优化方法。Foerster 等[58]设计的对手感知学习方法是一类考虑将对手纳入己方策略学习过程中的学习方法。da Silva 等[172]提出的在线自对弈课程方法通过在线构建对抗课程引导博弈策略学习。

3. 智能体的匹配及协作学习

多智能体博弈通常是在多角色协调配合下完成的，各类智能体的临时组队可以看成机制设计问题。Wang 等[173]设计了面向多类角色的多智能体强化学习方法。Gong 等[174]利用协同与压制关系图嵌入的方式研究了多智能体匹配在线规划问题。Hu 等[175]提出了智能体首次合作的零样本协调(zero-shot coordination, ZSC)问题。它对弈(other play)[176]方法为无预先沟通的多智能体协调学习提供了有效支撑。此外,关于人与 AI 组队,Lucero 等[177]利用《星际争霸》平台研究了人机组队问题,Waytowich 等[178]研究如何运用自然语言指令驱动智能体学习,Siu 等[179]对各类人与 AI 组队方法进行了评估分析。

2.6 前沿研究重点及方向

2.6.1 前沿研究重点

1. 拥抱新解概念:多智能体一般和博弈

博弈论提供了博弈问题的理论分析工具,侧重讨论解概念的特征(存在性、稳定性、安全性)、均衡精炼、收敛速率等。虽然博弈论提供了易于处理的解决方案概念来描述多智能体系统的学习结果,但是纳什均衡是一个仅基于不动点的静态解概念,在描述多主体系统的动态特性,如循环集、周期轨道和极限环方面有局限性。寻求具有更多优良特性的新多人博弈解概念将是博弈视角下求解多智能体博弈问题的新突破口。

2. 提升可解释性:可解释性强化学习

强化学习通过试错机制自主学习,结合深度神经网络,能够有效解决大规模的序列决策问题。人类难以理解其学习过程,"只知其然"而"不知其所以然"。尽管强化学习的效能和通用性不断提高,但它的不可解释性降低了它的实用性。不可理解的决策虽然是有效的,但有效性并不意味着它不可能是错误的。在空战等对抗场景中,决策的可解释性、可信任性、安全性是首要考虑因素。因此,需要在强化学习的效能与可解释性之间做出权衡。可解释性强化学习方法成为智能博弈未来发展的新目标。

3. 融合新范式:对手建模与剥削

对抗胜负的本质是超越对手的相对优势,决策的制定必须以对手的行动或策略为前提。纳什均衡是应对未知通用对手时最小化最坏可能性,用最"保险"的策略应对,但并不是寻求最优策略。现实世界中,对手通常是不完全理性的,这与纳什均衡解概念的前提假设不符。一些新的解概念被提出,结合显式对手建模和均衡近似,平衡利用性与剥削性,实现多目标优化,为融合对手建模的博弈学习提供参考。此外,在一些更加复杂的对抗场景中,如认知嵌套(建模对手的同时,对手也在建模利用己方)、欺骗、对手具有学习意识等,最大熵多智能体强化学习成为研究如何进行博弈均衡对抗策略选择的新趋势。不仅如此，反对手建模方法也在同步发展。复杂博弈对抗场景中，如何基于对手模型安全利用对手，以及如何保全自我反对手建模成为新的探索性研究。

4. 迈向通用 AI：多任务场景泛化

学习模型如何更好地泛化到差异很大的新领域中，是一种更加高效和智能的学习方法。元学习逐渐发展成为让机器学会学习的重要方法。元学习是通用人工智能的分支，通过发现不同任务之间的普适规律，推广这种普适规律来解决未知难题。元学习的输入是一个任务集合，目的是对每个任务的特性和任务集合的共性建模，发现任务之前的共性和内在规律，以追求在差异较大任务之间的迁移，且不发生较大的精度损失。目前，元学习已经扩展到元强化学习、元模仿学习、元迁移学习、在线元学习、无监督元学习等。如何结合博弈理论和强化学习优势，构建高效、可解释性强、具有收敛性保障的元学习框架，将是未来智能博弈技术发展的巨大推动力之一。

2.6.2　前沿研究方向

1. 分布式博弈策略学习框架

策略学习框架的设计需要协同考虑程序方法与分布式计算调度。当前双层优化方法[180]，特别是元学习、自主课程学习[157]和元演化学习[181]等方法为策略学习程序设计提供了指引。此外，Ray[182]、MAVA[183]和 MALib[117]等分布式并行学习框架为基于元博弈的种群演化策略学习提供了底层计算调度支撑。

2. 智能体认知行为建模与协同

构建认知行为模型为一般性问题提供求解方法是获得通用人工智能的一种探索。各类认知行为模型框架[184]为智能体获取知识提供了接口。对抗环境下，智能体的认知能力主要包含对抗推理与反制规划[185]。认知行为建模可为分析对手思维过程、决策行动的动态演化、欺骗与反欺骗等认知对抗问题提供支撑。同时，合作条件下，认知行为建模可为智能人机交互、机器推理、协同规划、人类感知的智能系统[186]等问题求解提供指引。

3. 通用博弈策略学习方法

随着智能体数量的增加，动作和状态空间将呈指数级增长，从而在很大程度上限制了多智能体学习方法的可扩展性。在智能体数目大于 2 时，纳什均衡通常很难计算。Yang 等[187]根据平均场思想提出的平均场 Q 学习方法和平均场 Actor-Critic 方法，为解决大规模智能体学习问题提供了参考。传统的多智能体强化学习和计算博弈理论方法是通用博弈策略学习方法的基础学习器，面对元博弈的种群演化自主学习方法与分布式计算框架的结合，Muller 等[115]提出 α-rank 和 PSRO 学习方法。此外，一些支持并行分布式计算的演化策略学习方法[188]为开展无导数的博弈策略学习提供了参考。面向连续博弈的策略优化方法为多智能体博弈策略学习提供了基于策略梯度的解决方法。此外，由于非平稳性，智能体需要连续适应变化，需要具备持续学习的能力。

参 考 文 献

[1] Shoham Y, Leyton-Brown K. Multiagent Systems: Algorithmic, Game-Theoretic, and Logical Foundations[M]. New York: Cambridge University Press, 2009.

[2] Müller J P, Fischer K. Application impact of multi-agent systems and technologies: A survey[M]// Shehory O, Sturm A. Agent-Oriented Software Engineering. Heidelberg: Springer, 2014: 27-53.

[3] Stone P, Veloso M. Multiagent systems: A survey from a machine learning perspective[J]. Autonomous Robots, 2000, 8(3): 345-383.

[4] Shoham Y, Powers R, Grenager T. Multi-agent reinforcement learning: A critical survey[R]. San Francisco: Stanford University, 2003.

[5] Shoham Y, Powers R, Grenager T. If multi-agent learning is the answer, what is the question?[J]. Artificial Intelligence, 2006, 171(7): 365-377.

[6] Stone P. Multiagent learning is not the answer. It is the question[J]. Artificial Intelligence, 2007, 171(7): 402-405.

[7] Tošić P T, Vilalta R. A unified framework for reinforcement learning, co-learning and meta-learning how to coordinate in collaborative multi-agent systems[J]. Procedia Computer Science, 2010, 1(1): 2217-2226.

[8] Tuyls K, Stone P. Multiagent learning paradigms[C]. Multi-Agent Systems and Agreement Technologies, Cham, 2017: 3-21.

[9] Tuyls K, Weiss G. Multiagent learning: Basics, challenges, and prospects[J]. AI Magazine, 2012, 33(3): 41-52.

[10] Jan't Hoen P, Tuyls K, Panait L, et al. An overview of cooperative and competitive multiagent learning[C]. International Workshop on Learning and Adaption in Multi-Agent Systems, Berlin, 2005: 1-46.

[11] Panait L, Luke S A. Cooperative multi-agent learning: The state of the art[J]. Autonomous Agents and Multi-Agent Systems, 2005, 11(3): 387-434.

[12] Busoniu L, Babuska R, de Schutter B. A comprehensive survey of multiagent reinforcement learning[J]. IEEE Transactions on Systems, Man, and Cybernetics, Part C(Applications and Reviews), 2008, 38(2): 156-172.

[13] Hernandez-Leal P, Kartal B, Taylor M E. A survey and critique of multiagent deep reinforcement learning[J]. Autonomous Agents and Multi-Agent Systems, 2019, 33(6): 750-797.

[14] OroojlooyJadid A, Hajinezhad D. A review of cooperative multi-agent deep reinforcement learning[EB/OL]. http://arxiv.org/abs/1908.03963.[2021-08-01].

[15] Zhang K Q, Yang Z R, Basar T. Multi-agent reinforcement learning: A selective overview of theories and algorithms[EB/OL]. http://arxiv.org/abs/1911.10635.[2021-08-01].

[16] Gronauer S, Diepold K. Multi-agent deep reinforcement learning: A survey[J]. Artificial Intelligence Review, 2022, 55(2): 895-943.

[17] Du W, Ding S F. A survey on multi-agent deep reinforcement learning: From the perspective of challenges and applications[J]. Artificial Intelligence Review, 2021, 54(5): 3215-3238.

[18] 吴军, 徐昕, 王健, 等. 面向多机器人系统的增强学习研究进展综述[J]. 控制与决策, 2011, 26(11): 1601-1610, 1615.

[19] 杜威, 丁世飞. 多智能体强化学习综述[J]. 计算机科学, 2019, 46(8): 1-8.

[20] 殷昌盛, 杨若鹏, 朱巍, 等. 多智能体分层强化学习综述[J]. 智能系统学报, 2020, 15(4): 646-655.

[21] 梁星星, 冯旸赫, 马扬, 等. 多 Agent 深度强化学习综述[J]. 自动化学报, 2020, 46(12): 2537-2557.

[22] 孙长银, 穆朝絮. 多智能体深度强化学习的若干关键科学问题[J]. 自动化学报, 2020, 46(7): 1301-1312.

[23] Matignon L, Laurent G J, Le Fort-Piat N. Independent reinforcement learners in cooperative Markov games: A survey regarding coordination problems[J]. The Knowledge Engineering Review, 2012, 27(1): 1-31.

[24] Nowé A, Vrancx P, de Hauwere Y M. Game theory and multi-agent reinforcement learning[M]// Ong Y S, Gupta A, Gong M. Adaptation, Learning, and Optimization. Berlin: Springer, 2012: 441-470.

[25] Lu Y L, Yan K. Algorithms in multi-agent systems: A holistic perspective from reinforcement learning and game theory[EB/OL]. http://arxiv.org/abs/2001.06487.[2021-08-01].

[26] Yang Y D, Wang J. An overview of multi-agent reinforcement learning from game theoretical perspective[EB/OL]. http://arxiv.org/abs/2011.00583v3.[2021-08-01].

[27] Bloembergen D, Tuyls K, Hennes D, et al. Evolutionary dynamics of multi-agent learning: A survey[J]. Journal of Artificial Intelligence Research, 2015, 53: 659-697.

[28] Wong A, Bäck T, Kononova A V, et al. Multiagent deep reinforcement learning: Challenges and directions towards human-like approaches[EB/OL]. http://arxiv.org/abs/2106.15691.[2021-08-01].

[29] Doshi P, Zeng Y F, Chen Q Y. Graphical models for interactive POMDPs: Representations and solutions[J]. Autonomous Agents and Multi-Agent Systems, 2009, 18(3): 376-416.

[30] Shapley L S. Stochastic games[J]. Proceedings of the National Academy of Sciences of the United States of America, 1953, 39(10): 1095-1100.

[31] Littman M L. Markov games as a framework for multi-agent reinforcement learning[C]. Proceedings of the 11th International Conference, New Brunswick, 1994: 157-163.

[32] Kovařík V, Schmid M, Burch N, et al. Rethinking formal models of partially observable multiagent decision making[EB/OL]. http://arxiv.org/abs/1906.11110.[2021-08-01].

[33] Lockhart E, Lanctot M, Pérolat J, et al. Computing approximate equilibria in sequential adversarial games by exploitability descent[EB/OL]. http://arxiv.org/abs/1903.05614.[2021-08-01].

[34] Xie Q M, Chen Y D, Wang Z R, et al. Learning zero-sum simultaneous-move markov games using function approximation and correlated equilibrium[EB/OL]. http://arxiv.org/abs/2002.07066.[2021-08-01].

[35] Hernandez D, Gbadamosi C, Goodman J, et al. Metagame autobalancing for competitive multiplayer games[C]. IEEE Conference on Games, Osaka, 2020: 275-282.

[36] Wellman M P. Methods for empirical game-theoretic analysis[C]. Proceedings of the 21st National Conference on Artificial Intelligence, Boston, 2006: 1552-1555.

[37] Jiang X Y, Lim L H, Yao Y, et al. Statistical ranking and combinatorial Hodge theory[J]. Mathematical Programming, 2011, 127(1): 203-244.

[38] Candogan O, Menache I, Ozdaglar A E, et al. Flows and decompositions of games: Harmonic and potential games[J]. Mathematics of Operations Research, 2011, 36(3): 474-503.

[39] Hwang S H, Rey-Bellet L. Strategic decompositions of normal form games: Zero-sum games and potential games[J]. Games and Economic Behavior, 2020, 122: 370-390.

[40] Balduzzi D, Garnelo M, Bachrach Y, et al. Open-ended learning in symmetric zero-sum games[C]. International Conference on Machine Learning, Taiyuan, 2019: 434-443.

[41] Omidshafiei S, Tuyls K, Czarnecki W M, et al. Navigating the landscape of multiplayer games[J]. Nature Communications, 2020, 11(1): 5603.

[42] Czarnecki W M, Gidel G, Tracey B, et al. Real world games look like spinning tops[C]. Proceedings of the 34th International Conference on Neural Information Processing Systems, Vancouver, 2020: 17443-17454.

[43] Roughgarden T. Twenty Lectures on Algorithmic Game Theory[M]. New York: Cambridge University Press, 2016.

[44] von Stengel B, Koller D. Team-maxmin equilibria[J]. Games and Economic Behavior, 1997, 21(1/2): 309-321.

[45] Basilico N, Celli A, de Nittis G, et al. Computing the team-maxmin equilibrium in single-team single-adversary team games[J]. Intelligenza Artificiale, 2017, 11(1): 67-79.

[46] Ortiz L E, Schapire R E, Kakade S M. Maximum entropy correlated equilibria[C]. Artificial

Intelligence and Statistics Conference, Puerto Rico, 2007: 347-354.

[47] Yan R, Duan X M, Shi Z Y, et al. Policy evaluation and seeking for multiagent reinforcement learning via best response[J]. IEEE Transactions on Automatic Control, 2022, 67(4): 1898-1913.

[48] Bosansky B, Kiekintveld C, Lisy V, et al. An exact double-oracle algorithm for zero-sum extensive-form games with imperfect information[J]. Journal of Artificial Intelligence Research, 2014, 51: 829-866.

[49] Hu S Y, Leung C W, Leung H F, et al. The evolutionary dynamics of independent learning agents in population games[EB/OL]. http://arxiv.org/abs/2006.16068.[2021-08-01].

[50] Leonardos S, Piliouras G. Exploration-exploitation in multi-agent learning: Catastrophe theory meets game theory[J]. Artificial Intelligence, 2022, 304: 103653.

[51] Powers R, Shoham Y. New criteria and a new algorithm for learning in multi-agent systems[C]. Proceedings of the 17th International Conference on Neural Information Processing Systems, Vancouver, 2004: 1089-1096.

[52] Digiovanni A, Zell E C. Survey of self-play in reinforcement learning[EB/OL]. http://arxiv.org/abs/2107.02850.[2021-08-01].

[53] Bowling M. Multiagent learning in the presence of agents with limitations[D]. Pittsburgh: Carnegie Mellon University, 2003.

[54] Bowling M H, Veloso M M. Multiagent learning using a variable learning rate[J]. Artificial Intelligence, 2002, 136(2): 215-250.

[55] Kapetanakis S, Kudenko D. Reinforcement learning of coordination in heterogeneous cooperative multi-agent systems[M]//Kudenko D, Kazakov D, Alonso E. Adaptive Agents and Multi-Agent Systems Ⅱ. Berlin: Springer, 2004: 119-131.

[56] Dai Z X, Chen Y Z, Low K H, et al. R2-B2: Recursive reasoning-based Bayesian optimization for no-regret learning in games[C]. International Conference on Machine Learning, Vienna, 2020: 2291-2301.

[57] Littman M L. Value-function reinforcement learning in Markov games[J]. Cognitive Systems Research, 2001, 2(1): 55-66.

[58] Foerster J N, Chen R Y, Al-Shedivat M, et al. Learning with opponent-learning awareness [EB/OL]. http://arxiv.org/abs/1709.04326.[2021-08-01].

[59] Hernandez-Leal P, Kaisers M, Baarslag T, et al. A survey of learning in multiagent environments: Dealing with non-stationarity[EB/OL]. http://arxiv.org/abs/1707.09183v1.[2021-08-01].

[60] Zhang Y. Computing team-maxmin equilibria in zero-sum multiplayer games[D]. Singapore: Nanyang Technological University, 2015.

[61] Lauer M, Riedmiller M. An algorithm for distributed reinforcement learning in cooperative multi-agent systems[C]. Proceedings of the Seventeenth International Conference on Machine

Learning, Stanford, 2000: 535-542.

[62] Claus C, Boutilier C. The dynamics of reinforcement learning in cooperative multiagent system[C]. Proceedings of the Fifteenth National Conference on Artificial Intelligence, Madison, 1998: 746-752.

[63] Wang X F, Sandholm T. Reinforcement learning to play an optimal Nash equilibrium in team Markov games[C]. Proceedings of NIPS'03, Vancouver, 2004: 1571-1578.

[64] Arslan G, Yüksel S. Decentralized Q-learning for stochastic teams and games[J]. IEEE Transactions on Automatic Control, 2017, 62(4): 1545-1558.

[65] Hu J L, Wellman M P. Nash Q-learning for general-sum stochastic games[J]. Journal of Machine Learning Research, 2003, (4): 1039-1069.

[66] Greenwald A, Hall L, Serrano R. Correlated-Q learning[C]. Proceedings of the 20th International Conference on International Conference on Machine Learning, Washington, 2003: 242-249.

[67] Kononen V. Asymmetric multiagent reinforcement learning[J]. IEEE/WIC International Conference on Intelligent Agent Technology, Halifax, 2003: 336-342.

[68] Littman M L. Friend-or-foe Q-learning in general-sum games[C]. Proceedings of the 8th International Conference on Machine Learning, Williamstown, 2001: 322-328.

[69] Singh S, Kearns M, Mansour Y. Nash convergence of gradient dynamics in iterated general-sum games[EB/OL]. http://arxiv.org/abs/1301.3892.[2021-08-01].

[70] Zinkevich M. Online convex programming and generalized infinitesimal gradient ascent[C]. Proceedings of the 20th International Conference on Machine Learning, Washington, 2003: 928-936.

[71] Conitzer V, Sandholm T. AWESOME: A general multiagent learning algorithm that converges in self-play and learns a best response against stationary opponents[C]. Proceedings of the 20th International Conference on Machine Learning, Washington, 2003: 83-90.

[72] Tan M. Multi-agent reinforcement learning: Independent vs. cooperative agents[C]. Proceedings of the 10th International Conference on Machine Learning, Amherst, 1993: 330-337.

[73] Matignon L, Laurent G J, Le Fort-Piat N. Hysteretic Q-learning: An algorithm for decentralized reinforcement learning in cooperative multi-agent teams[C]. IEEE/RSJ International Conference on Intelligent Robots and Systems, San Diego, 2007: 64-69.

[74] Matignon L, Laurent G J, Le Fort-Piat N. A study of FMQ heuristic in cooperative multi-agent games[C]. The 7th International Conference on Autonomous Agents and Multi-Agent Systems, Estoril, 2008, 1: 77-91.

[75] Bloembergen D, Kaisers M, Tuyls K. Lenient frequency adjusted Q-learning[C]. Proceedings of 22nd Belgium-Netherlands Conference on Artificial Intelligence, Utrecht, 2010: 34-40.

[76] Palmer G. Independent learning approaches: Overcoming multi-agent learning pathologies in

team-games[D]. Liverpool: University of Liverpool, 2020.

[77] Sukhbaatar S, Szlam A, Fergus R. Learning multiagent communication with backpropagation[C]. Proceedings of the 30th International Conference on Neural Information Processing Systems, Barcelona, 2016: 2244-2252.

[78] Peng P, Wen Y, Yang Y Y, et al. Multiagent bidirectionally-coordinated nets: Emergence of human-level coordination in learning to play Starcraft combat games[EB/OL]. http://arxiv.org/abs/1703.10069.[2021-08-01].

[79] Foerster J, Farquhar G, Afouras T, et al. Counterfactual multi-agent policy gradients[C]. Proceedings of the 32nd AAAI Conference on Artificial Intelligence and 30th Innovative Applications of Artificial Intelligence Conference and 8th AAAI Symposium on Educational Advances in Artificial Intelligence, New Orleans, 2017: 2974-2982.

[80] Lowe R, Wu Y, Tamar A, et al. Multi-agent actor-critic for mixed cooperative-competitive environments[C]. Proceedings of the 31st International Conference on Neural Information Processing Systems, Long Beach, 2017: 6382-6393.

[81] Sunehag P, Lever G, Gruslys A, et al. Value-decomposition networks for cooperative multi-agent learning based on team reward[C]. Proceedings of the 17th International Conference on Autonomous Agents and Multiagent Systems, Richland, 2018: 2085-2087.

[82] Rashid T, Samvelyan M, de Witt C S, et al. QMIX: Monotonic value function factorisation for deep multi-agent reinforcement learning[C]. International Conference on Machine Learning, Xi'an, 2018: 4292-4301.

[83] Mahajan A, Rashid T, Samvelyan M, et al. MAVEN: Multi-agent variational exploration [EB/OL]. http://arxiv.org/abs/1910.07483.[2021-08-01].

[84] Son K, Kim D, Kang W J, et al. QTRAN: Learning to factorize with transformation for cooperative multi-agent reinforcement learning[C]. International Conference on Machine Learning, Taiyuan, 2019: 5887-5896.

[85] Zhang K Q, Yang Z R, Liu H, et al. Fully decentralized multi-agent reinforcement learning with networked agents[EB/OL]. http://arxiv.org/abs/1802.08757.[2021-08-01].

[86] Qu G, Lin Y, Wierman A, et al. Scalable multi-agent reinforcement learning for networked systems with average reward[C]. Proceedings of the 34th International Conference on Neural Information Processing Systems, Vancouver, 2020: 2074-2086.

[87] Chu T, Chinchali S, Katti S. Multi-agent reinforcement learning for networked system control[C]. http://arxiv.org/abs/2004.01339.[2021-08-01].

[88] Lesage-Landry A, Callaway D S. Approximate multi-agent fitted Q iteration[EB/OL]. http://arxiv.org/abs/2104.09343.[2021-08-01].

[89] Sandholm T, Gilpin A, Conitzer V. Mixed-integer programming methods for finding Nash

equilibria[C]. American Association for Artificial Intelligence, Pittsburgh, 2005: 495-501.

[90] Nesterov Y. Excessive gap technique in nonsmooth convex minimization[J]. SIAM Journal on Optimization, 2005, 16(1): 235-249.

[91] Nemirovski A. Prox-method with rate of convergence $O(1/t)$ for variational inequalities with Lipschitz continuous monotone operators and smooth convex-concave saddle point problems[J]. SIAM Journal on Optimization, 2004, 15(1): 229-251.

[92] Beck A, Teboulle M. Mirror descent and nonlinear projected subgradient methods for convex optimization[J]. Operations Research Letters, 2003, 31(3): 167-175.

[93] Hart S, Mas-Colell A. A simple adaptive procedure leading to correlated equilibrium[J]. Econometrica, 2000, 68(5): 1127-1150.

[94] von Stengel B, Forges F. Extensive-form correlated equilibrium: Definition and computational complexity[J]. Mathematics of Operations Research, 2008, 33(4): 1002-1022.

[95] Cesa-Bianchi N, Lugosi G. Prediction, Learning, and Games[M]. New York: Cambridge University Press, 2006.

[96] Freund Y, Schapire R E. Adaptive game playing using multiplicative weights[J]. Games and Economic Behavior, 1999, 29(1/2): 79-103.

[97] Hart S, Mas-Colell A. A general class of adaptive strategies[J]. Journal of Economic Theory, 2001, 98(1): 26-54.

[98] Lemke C E, Howson J T. Equilibrium points of bimatrix games[J]. Journal of the Society for Industrial and Applied Mathematics, 1964, 12(2): 413-423.

[99] Porter R, Nudelman E, Shoham Y. Simple search methods for finding a Nash equilibrium[J]. Games and Economic Behavior, 2008, 63(2): 642-662.

[100] Ceppi S, Gatti N, Patrini G, et al. Local search techniques for computing equilibria in two-player general-sum strategic-form games[C]. Proceedings of the 9th International Conference on Autonomous Agents and Multi-agent Systems, Toronto, 2010: 1469-1470.

[101] Celli A, Coniglio S, Gatti N. Computing optimal ex ante correlated equilibria in two-player sequential games[C]. Proceedings of the 18th International Conference on Autonomous Agents and Multiagent Systems, Montreal, 2019: 909-917.

[102] Farina G, Ling C K, Fang F, et al. Efficient regret minimization algorithm for extensive-form correlated equilibrium[J]. Proceedings of the 33th International Conference on Neural Information Processing Systems, Vancouver, 2019: 5186-5196.

[103] Papadimitriou C H, Roughgarden T. Computing correlated equilibria in multi-player games[J]. Journal of the ACM, 2008, 55(3): 1-29.

[104] Jiang A X, Leyton-Brown K. Polynomial-time computation of exact correlated equilibrium in compact games[J]. Games and Economic Behavior, 2015, 91: 347-359.

[105] Foster D P, Young H P. Regret testing: Learning to play Nash equilibrium without knowing you have an opponent[J]. Theoretical Economics, 2006, 1（3）: 341-367.

[106] Celli A, Marchesi A, Bianchi T, et al. Learning to correlate in multi-player general-sum sequential games[J]. Proceedings of the 33th International Conference on Neural Information Processing Systems, Vancouver, 2019: 13055-13065.

[107] Farina G, Kroer C, Sandholm T. Faster game solving via predictive Blackwell approachability: Connecting regret matching and mirror descent[C]. Proceedings of the AAAI Conference on Artificial Intelligence, Vancouver, 2021: 5363-5371.

[108] Srinivasan S, Lanctot M, Zambaldi V, et al. Actor-critic policy optimization in partially observable multiagent environments[C]. Proceedings of the 32nd International Conference on Neural Information Processing Systems, Montreal, 2018: 3426-3439.

[109] Gruslys A, Lanctot M, Munos R, et al. The advantage regret-matching actor-critic[EB/OL]. http://arxiv.org/abs/2008.12234.[2021-08-01].

[110] Celli A, Ciccone M, Bongo R, et al. Coordination in adversarial sequential team games via multi-agent deep reinforcement learning[EB/OL]. http://arxiv.org/abs/1912.07712.[2021-08-01].

[111] Sonzogni S. Depth-limited approaches in adversarial team games[D]. Milano: Politecnico di Milano, 2019.

[112] Zhang Y Z, An B. Converging to team maxmin equilibria in zero-sum multiplayer games[C]. Proceedings of the 37th International Conference on Machine Learning, Vienna, 2020: 11033-11043.

[113] Dinh L C, Yang Y D, McAleer S, et al. Online double oracle[EB/OL]. http://arxiv.org/abs/2103.07780.[2021-08-01].

[114] Lanctot M, Zambaldi V, Gruslys A, et al. A unified game-theoretic approach to multiagent reinforcement learning[J]. Proceedings of the 31st International Conference on Neural Information Processing Systems, Los Angeles, 2017: 4190-4203.

[115] Muller P, Omidshafiei S, Rowland M, et al. A generalized training approach for multiagent learning[C]. The 8th International Conference on Learning Representations, Addis Ababa, 2020: 1-13.

[116] Sun P, Xiong J C, Han L, et al. TLeague: A framework for competitive self-play based distributed multi-agent reinforcement learning[EB/OL]. http://arxiv.org/abs/2011.12895. [2021-08-01].

[117] Zhou M, Wan Z Y, Wang H J, et al. MALib: A parallel framework for population-based multi-agent reinforcement learning[EB/OL]. http://arxiv.org/abs/2106.07551.[2021-08-01].

[118] Lisy V, Bowling M. Equilibrium approximation quality of current no-limit poker bots[EB/OL]. http://arxiv.org/abs/1612.07547.[2021-08-01].

[119] Cloud A, Laber E. Variance decompositions for extensive-form games[EB/OL]. http://arxiv.org/abs/2009.04834.[2021-08-01].

[120] Elo A E. The Rating of Chessplayers, Past and Present[M]. New York: Arco Pub., 1978.

[121] Glickman M E. The Glicko System[M]. Boston: Boston University Press, 1995.

[122] Herbrich R, Minka T, Graepel T. TrueSkill™: A Bayesian skill rating system[C]. Proceedings of the 19th International Conference on Neural Information Processing system, Vancouver, 2006: 569-576.

[123] Balduzzi D, Tuyls K, Julien P, et al. Re-evaluating evaluation[C]. Proceedings of the 32nd International Conference on Neural Information Processing Systems, Siem Reap, 2018: 3272-3283.

[124] Omidshafiei S, Papadimitriou C, Piliouras G, et al. α-rank: Multi-agent evaluation by evolution[J]. Scientific Reports, 2019, 9(1): 9937.

[125] Yang Y D, Tutunov R, Sakulwongtana P, et al. α^{α}-rank: Practically scaling α-rank through stochastic optimisation[C]. Proceedings of the 19th International Conference on Autonomous Agents and Multiagent Systems, Auckland, 2020: 1575-1583.

[126] Rowland M, Omidshafiei S, Tuyls K, et al. Multiagent evaluation under incomplete information[C]. Proceedings of the 33rd International Conference on Neural Information Processing System, Vancouver, 2019: 12291-12303.

[127] Rashid T, Zhang C, Ciosek K. Estimating α-rank by maximizing information gain[C]. Proceedings of the AAAI Conference on Artificial Intelligence, Vancouver, 2021: 5673-5681.

[128] Du Y, Yan X, Chen X, et al. Estimating α-rank from a few entries with low rank matrix completion[C]. International Conference on Machine Learning, Jeju Island, 2021: 2870-2879.

[129] Samuel A L. Some studies in machine learning using the game of checkers[J]. IBM Journal of Research and Development, 1959, 3(3): 210-229.

[130] Bansal T, Pachocki J, Sidor S, et al. Emergent complexity via multi-agent competition[EB/OL]. http://arxiv.org/abs/1710.03748.[2021-08-01].

[131] Sukhbaatar S, Lin Z, Kostrikov I, et al. Intrinsic motivation and automatic curricula via asymmetric self-play[EB/OL]. http://arxiv.org/abs/1703.05407.[2021-08-01].

[132] Wang Y Z, Ma Q, Wellman M P. Evaluating strategy exploration in empirical game-theoretic analysis[EB/OL]. http://arxiv.org/abs/2105.10423.[2021-08-01].

[133] Hendon E, Jacobsen H J, Sloth B. Fictitious play in extensive form games[J]. Games and Economic Behavior, 1996, 15(2): 177-202.

[134] Heinrich J, Lanctot M, Silver D. Fictitious self-play in extensive-form games[C]. Proceedings of the 32nd International Conference on Machine Learning, Lille, 2015: 805-813.

[135] Liu B, Yang Z R, Wang Z R. Policy optimization in zero-sum Markov games: Fictitious

self-play provably attains Nash equilibria[EB/OL]. https://openreview.net/forum?id=c3MWGN_cTf. [2021-08-01].

[136] Hofbauer J, Sandholm W H. On the global convergence of stochastic fictitious play[J]. Econometrica, 2002, 70(6): 2265-2294.

[137] Farina G, Celli A, Gatti N, et al. Ex ante coordination and collusion in zero-sum multi-player extensive-form games[C]. The 32nd Conference on Neural Information Processing Systems, Montreal, 2018: 9661-9671.

[138] Heinrich J. Reinforcement learning from self-play in imperfect-information games[D]. London: University College London, 2016.

[139] Zhang L, Chen Y X, Wang W, et al. A Monte Carlo neural fictitious self-play approach to approximate Nash equilibrium in imperfect-information dynamic games[J]. Frontiers of Computer Science, 2021, 15(5): 1-14.

[140] Nieves N P, Yang Y, Slumbers O, et al. Modelling behavioural diversity for learning in open-ended games[C]. The 38th International Conference on Machine Learning, Xi'an, 2021: 8514-8524.

[141] Vinyals O, Babuschkin I, Czarnecki W M, et al. Grandmaster level in StarCraft II using multi-agent reinforcement learning[J]. Nature, 2019, 575(7782): 350-354.

[142] Park J, Lee J, Kim T, et al. Co-evolution of predator-prey ecosystems by reinforcement learning agents[J]. Entropy, 2021, 23(4): 461.

[143] Jaderberg M, Czarnecki W M, Dunning I, et al. Human-level performance in 3D multiplayer games with population-based reinforcement learning[J]. Science, 2019, 364(6443): 859-865.

[144] Wright M, Wang Y Z, Wellman M P. Iterated deep reinforcement learning in games: History-aware training for improved stability[C]. Proceedings of the 2019 ACM Conference on Economics and Computation, Phoenix, 2019: 617-636.

[145] Smith M O, Anthony T, Wellman M P. Iterative empirical game solving via single policy best response[C]. The 9th International Conference on Learning Representations, Xi'an, 2021: 1-10.

[146] Marris L, Muller P, Lanctot M, et al. Multi-agent training beyond zero-sum with correlated equilibrium meta-solvers[EB/OL]. http://arxiv.org/abs/2106.09435.[2021-08-01].

[147] McAleer S, Lanier J, Fox R, et al. Pipeline PSRO: A scalable approach for finding approximate Nash equilibria in large games[C]. Proceedings of the 34th International Conference on Neural Information Processing System, Vancouver, 2020: 20238-20248.

[148] Feng X, Slumbers O, Yang Y, et al. Neural auto-curricula[EB/OL]. http://arxiv.org/abs/2106.02745.[2021-08-01].

[149] McAleer S, Wang K, Lanier J, et al. Anytime PSRO for two-player zero-sum games[EB/OL]. http://arxiv.org/abs/2201.07700.[2021-08-01].

[150] Yang Y, Luo J, Wen Y, et al. Diverse auto-curriculum is critical for successful real-world multiagent learning systems[C]. Proceedings of the 20th International Conference on Autonomous Agents and Multi-Agent Systems, London, 2021: 51-56.

[151] Wu Z, Li K, Zhao E, et al. L2E: Learning to exploit your opponent[EB/OL]. http://arxiv.org/abs/2102.09381.[2021-08-01].

[152] Mouret J B. Evolving the behavior of machines: From micro to macroevolution[J]. iScience, 2020, 23(11): 101731.

[153] McKee K R, Leibo J Z, Beattie C, et al. Quantifying the effects of environment and population diversity in multi-agent reinforcement learning[EB/OL]. http://arxiv.org/abs/2102.08370. [2021-08-01].

[154] Liu X Y, Jia H T, Wen Y, et al. Unifying behavioral and response diversity for open-ended learning in zero-sum games[EB/OL]. http://arxiv.org/abs/2106.04958.[2021-08-01].

[155] Parker-Holder J, Pacchiano A, Choromanski K, et al. Effective diversity in population-based reinforcement learning[C]. Proceedings of the 34th International Conference on Neural Information Processing Systems, 2020: 18050-18062.

[156] Masood M A, Doshi-Velez F. Diversity-inducing policy gradient: Using maximum mean discrepancy to find a set of diverse policies[C]. Proceedings of the 38th International Joint Conference on Artificial Intelligence, Macao, 2019: 5923-5929.

[157] Garnelo M, Czarnecki W M, Liu S, et al. Pick your battles: Interaction graphs as population-level objectives for strategic diversity[C]. Proceedings of the 20th International Conference on Autonomous Agents and Multiagent Systems, London, 2021: 1501-1503.

[158] Leibo J Z, Hughes E, Lanctot M, et al. Autocurricula and the emergence of innovation from social interaction: A manifesto for multi-agent intelligence research[EB/OL]. http://arxiv.org/abs/1903.00742.[2021-08-01].

[159] Fei Y, Yang Z, Wang Z, et al. Dynamic regret of policy optimization in non-stationary environments[C]. Proceedings of the 34th International Conference on Neural Information Processing Systems, Vancouver, 2020: 6743-6754.

[160] Albrecht S V, Stone P. Autonomous agents modelling other agents: A comprehensive survey and open problems[J]. Artificial Intelligence, 2018, 258: 66-95.

[161] Wright M, Vorobeychik Y. Mechanism design for team formation[C]. Proceedings of the AAAI Conference on Artificial Intelligence, Austin, 2015: 1050-1056.

[162] Jaksch T, Ortner R, Auer P. Near-optimal regret bounds for reinforcement learning[J]. Journal of Machine Learning Research, 2010, 11: 1563-1600.

[163] He J, Zhou D, Gu Q, et al. Near-optimal policy optimization algorithms for learning adversarial linear mixture MDPS[EB/OL]. http://arxiv.org/abs/2102.08940.[2021-08-01].

[164] Mehdi J J, Rahul J, Ashutosh N. Online learning for unknown partially observable MDPs [EB/OL]. http://arxiv.org/abs/2102.12661.[2021-08-01].

[165] Tian Y, Wang Y, Yu T, et al. Online learning in unknown Markov games[C]. Proceedings of the 38th International Conference on Machine Learning, Vienna, 2021: 10279-10288.

[166] Kash I A, Sullins M, Hofmann K. Combining no-regret and Q-learning[C]. Proceedings of the 19th International Conference on Autonomous Agents and Multi-Agent Systems, Auckland, 2020: 593-601.

[167] Lin T, Zhou Z, Mertikopoulos P, et al. Finite-time last-iterate convergence for multi-agent learning in games[C]. The 37th International Conference on Machine Learning, Vienna, 2020: 6161-6171.

[168] Lee C W, Kroer C, Luo H P. Last-iterate convergence in extensive-form games[EB/OL]. http://arxiv.org/abs/2106.14326.[2021-08-01].

[169] Daskalakis C, Fishelson M, Golowich N. Near-optimal no-regret learning in general games [EB/OL]. http://arxiv.org/abs/2108.06924.[2021-08-01].

[170] Morrill D, D'Orazio R, Lanctot M, et al. Efficient deviation types and learning for hindsight rationality in extensive-form games[C]. The 38th International Conference on Machine Learning, Vienna, 2021: 7818-7828.

[171] Kim D K, Liu M, Riemer M, et al. A policy gradient algorithm for learning to learn in multiagent reinforcement learning[C]. The 38th International Conference on Machine Learning, Vienna, 2021: 5541-5550.

[172] da Silva F L, Costa A H R, Stone P. Building self-play curricula online by playing with expert agents in adversarial games[C]. The 8th Brazilian Conference on Intelligent Systems, Salvador, 2019: 479-484.

[173] Wang T, Dong H, Lesser V, et al. ROMA: Multi-agent reinforcement learning with emergent roles[C]. International Conference on Machine Learning, Kunming, 2020: 9876-9886.

[174] Gong L X, Feng X C, Ye D Z, et al. OptMatch: Optimized matchmaking via modeling the high-order interactions on the arena[C]. The 26th ACM SIGKDD Conference on Knowledge Discovery and Data Mining, Beijing, 2020: 2300-2310.

[175] Hu H Y, Lerer A, Peysakhovich A, et al. "Other-play" for zero-shot coordination[C]. The 37th International Conference on Machine Learning, Vienna, 2020: 4399-4410.

[176] Treutlein J, Dennis M, Oesterheld C, et al. A new formalism, method and open issues for zero-shot coordination[C]. The 38th International Conference on Machine Learning, Vienna, 2021: 10413-10423.

[177] Lucero C, Izumigawa C, Frederiksen K, et al. Human-autonomy teaming and explainable AI capabilities in RTS games[C]. International Conference on Human-Computer Interaction,

Budapest, 2020: 161-171.

[178] Waytowich N, Barton S L, Lawhern V, et al. Grounding natural language commands to Starcraft II game states for narration-guided reinforcement learning[EB/OL]. http://arxiv.org/abs/1906.02671.[2021-08-01].

[179] Siu H C, Pena J D, Chang E, et al. Evaluation of human-AI teams for learned and rule-based agents in Hanabi[EB/OL]. http://arxiv.org/abs/2107.07630.[2021-08-01].

[180] Ji K. Bilevel optimization for machine learning: Algorithm design and convergence analysis [EB/OL]. http://arxiv.org/abs/2108.00330.[2021-08-01].

[181] Bossens D M, Tarapore D. Quality-diversity meta-evolution: Customising behaviour spaces to a meta-objective[EB/OL]. http://arxiv.org/abs/2109.03918v1.[2021-08-01].

[182] Moritz P, Nishihara R, Wang S, et al. Ray: A distributed framework for emerging AI applications[C]. Proceedings of the 12th USENIX Conference on Operating Systems Design and Implementation, Carlsbad, 2018: 561-577.

[183] Pretorius A, Tessera K, Smit A P, et al. MAVA: A research framework for distributed multi-agent reinforcement learning[EB/OL]. http://arxiv.org/abs/2107.01460.[2021-08-01].

[184] Kotseruba I, Tsotsos J K. 40 years of cognitive architectures: Core cognitive abilities and practical applications[J]. Artificial Intelligence Review, 2020, 53(1): 17-94.

[185] Kott A, McEneaney W M. Adversarial Reasoning: Computational Approaches to Reading the Opponent's Mind[M]. Boca Raton: Chapman & Hall, 2006.

[186] Kulkarni A. Synthesis of interpretable and obfuscatory behaviors in human-aware AI systems[D]. Tempe: Arizona State University, 2021.

[187] Yang Y D, Luo R, Li M, et al. Mean field multi-agent reinforcement learning[C]. The 35th International Conference on Machine Learning, Stockholm, 2018: 5571-5580.

[188] Majid A Y, Saaybi S, van Rietbergen T, et al. Deep reinforcement learning versus evolution strategies: A comparative survey[EB/OL]. http://arxiv.org/abs/2110.01411.[2021-08-01].

第 3 章　智能博弈对抗策略学习方法基础

3.1　引　　言

本章主要介绍当前智能博弈对抗策略学习的基础方法。3.2 节主要介绍 MDP 理论；3.3 节主要对强化学习进行简要介绍；3.4 节梳理当前深度强化学习的主要方法；3.5 节主要对比分析分层强化学习方法；3.6 节主要介绍三种分布式强化学习框架。

3.2　马尔可夫决策过程

3.2.1　马尔可夫决策模型

在人工智能领域中，不确定环境下的学习问题通常可以形式化描述为 MDP。该模型为解决不确定性环境下的学习问题提供了坚实的数学基础和统一的理论框架。概括来说，MDP 模型包括以下几个部分：环境状态集合、智能体动作集合、一个状态转移函数和一个奖励函数。

定义 3.1（马尔可夫决策过程）　MDP 可以被定义成一个四元组 (S, A, P, R)，其中 S 为包含所有环境状态的有限集合，A 为智能体的所有动作集合，P 为状态转移函数：$P(s'|s,a) \rightarrow [0,1]$ 表示在状态 s 下执行动作 a 转移到状态 s' 的概率，R 是奖励函数：$R(s'|s,a) \in \mathbb{R}$ 表示在状态 s 下执行动作 a 转移到状态 s' 所获得的奖励。

有限状态空间和动作空间的大小分别为 $|S| = K$ 和 $|A| = N$，因此可以使用 $\{s^1, s^2, \cdots, s^K\}$ 表示有限状态集合，$\{a^1, a^2, \cdots, a^N\}$ 表示有限动作集合。状态空间和动作空间可以是离散的，也可以是连续的，本章主要考虑具有离散状态空间和动作空间的 MDP 问题。

MDP 中状态的转移只和当前状态以及在当前状态上执行的动作有关，即

$$P(s'|s_t, a_t, s_{t-1}, a_{t-1}, \cdots) = P(s'|s_t, a_t) \tag{3.1}$$

这是 MDP 模型和其他更一般的模型之间最典型的区别。奖励函数定义了问题学习的目标，最大化其收到的总奖励，是 MDP 中最重要的部分。

一个 MDP 策略可以看成一个映射，也就是状态空间中的每个状态到动作空间上动作选择概率之间的映射。广义的 MDP 策略是随机性策略，即在同一状态

下,策略 π 会根据一定的概率分布可能选择不同的动作,$\pi(a|s)$ 给出了在状态 s 下执行动作 a 的概率,表示为 $\pi:S\times A\to[0,1]$。确定性 MDP 策略也是状态空间到动作空间的映射,表示为 $\pi:S\times A$。确定性策略在状态 s 下,根据策略 $\pi(s)$ 给出要执行的动作。

在智能体与环境的交互过程中,给定策略 π 和环境状态 s_0,智能体根据策略 π 选择动作 a_0,即 $\pi(s_0)=a_0$。动作 a_0 被执行之后,根据转移函数和奖励函数,环境状态转移到 s_1,并获得立即奖励 r_0。智能体不断与环境交互,将产生序列 s_0,a_0,r_0,s_1,a_1,r_1。

在无限规划时限的情况下,策略 π 在状态 s 下的期望累计奖励为策略 π 的值函数,记为

$$V^\pi(s)=E_\pi\left[\sum_{k=0}^\infty \gamma^t r_{t+k}\bigg|\ s_t=s\right] \tag{3.2}$$

MDP 模型关于确定性策略 π 的值函数的贝尔曼方程为

$$V^\pi(s)=\sum_{s'}P(s'|s,\pi(s))\left[R(s'|s,\pi(s))+\gamma V^*(s')\right] \tag{3.3}$$

类似地,$Q^\pi(s,a)$ 给出在状态 s 下执行动作 a,然后服从策略 π 的情况下所获得的期望累计折扣奖励值,其贝尔曼方程为

$$Q^\pi(s,a)=\sum_{s_1\in S}P(s'|s,a)[R(s,a)+\gamma V^\pi(s')] \tag{3.4}$$

其中,$V^\pi(s')$ 可以递归表示成 $V^\pi(s')=Q^\pi(s',\pi(s'))$。

MDP 问题的求解就是找到一个最优策略,而 MDP 的值函数是判断最优策略的一种准则,许多针对 MDP 的学习方法通过学习值函数来计算最优策略。令最优策略 π^* 对应的值函数和状态-动作值函数分别为 V^* 和 Q^*,那么根据贝尔曼最优等式,V^* 和 Q^* 满足

$$V^*(s)=\max_{a\in A}Q^*(s,a) \tag{3.5}$$

即

$$V^*(s)=\max_{a\in A}\left\{\sum_{s'\in S}P(s'|s,a)[R(s,a)+\gamma V^*(s')]\right\} \tag{3.6}$$

在给定最优状态值函数 $V^*(s)$ 的情况下，可以根据以下规则选择最优动作，即

$$\pi^*(s) = \arg\max_{a \in A} V^*(s) \tag{3.7}$$

类似地，在给定最优状态-动作值函数 Q^* 的情况下，最优动作选择根据以下规则进行，即

$$\pi^*(s) = \arg\max_{a \in A} Q^*(s,a) \tag{3.8}$$

这种策略称为贪婪策略。精确求解式(3.7)或者式(3.8)就可以找到 MDP 问题的最优解，但是在很多情况下，由于计算复杂度问题，精确求解往往是行不通的。

3.2.2　马尔可夫决策过程求解方法

本章所描述的 MDP 问题，可以采用状态空间描述，最优策略刚好对应最优决策路径。主要求解方法包括策略迭代、值迭代和蒙特卡罗树搜索等。

1. 策略迭代

策略迭代方法循环进行策略评估和策略改进，直到收敛。策略评估用以计算当前策略下的值函数。策略改进阶段通过最大化值函数改进当前策略。

策略评估阶段的第一步是计算固定策略 π 的值函数 V^π。对于任意 $s \in S$，均有

$$V^\pi(s) = \sum_{s' \in S} P(s, \pi(s), s')[R(s, \pi(s), s') + \gamma V^\pi(s')] \tag{3.9}$$

接着，值函数更新规则通过向前多看一步的策略，将当前值函数 V^{π_k} 更新到 $V^{\pi_{k+1}}$，即

$$V^{\pi_{k+1}}(s) = \sum_{s' \in S} P(s, \pi(s), s')[R(s, \pi(s), s') + \gamma V^{\pi_k}(s')] \tag{3.10}$$

策略改进是指在给定原策略 π 的值函数 V^π 的情况下，不断改进当前策略，从而获得一个更好的策略 π'。贪婪策略是最常用的改进策略，即

$$\pi'(s) = \arg\max_a Q^\pi(s,a) = \arg\max \sum_{s'} P(s,a,s')[R(s,a,s') + \gamma V^\pi(s')] \tag{3.11}$$

其中，Q^π 是策略 π 的动作值函数。对于所有 $s \in S$，均满足 $V^{\pi'}(s) \geqslant V^\pi(s)$。

总体来说，策略迭代从任意初始策略 π_0 开始，交替进行策略评估以及策略改

进。在策略迭代过程中，策略评估通过迭代地使用式 (3.10) 计算 V^{π_k}，策略改进利用 V^{π_k} 计算 π_{k+1}。如果对于所有的状态 $s \in S$，均满足 $\pi_{k+1}(s) = \pi_k(s)$，则策略稳定，迭代停止。最终的收敛策略就是最优策略，即

$$\pi_0 \xrightarrow{\text{PE}} V^{\pi_0} \xrightarrow{\text{PI}} \pi_1 \xrightarrow{\text{PE}} V^{\pi_1} \xrightarrow{\text{PI}} \pi_2 \xrightarrow{\text{PE}} \cdots \xrightarrow{\text{PI}} \pi_* \xrightarrow{\text{PE}} V^* \tag{3.12}$$

其中，$\xrightarrow{\text{PE}}$ 表示策略评估操作；$\xrightarrow{\text{PI}}$ 表示策略改进操作。每次迭代操作后得到的新策略 π_{k+1} 总是优于前一个策略 π_k。

对于有限 MDP 来说，总策略数为 $|S|^{|A|}$，所以策略迭代方法可以在有限的步骤内找到最优值函数和最优策略。该方法以一个足够小正数 ε 和一个完整的 MDP 模型作为输入，并任意初始化一个初始策略 π，接着迭代地进行策略评估以及策略改进，直到策略收敛，最后输出收敛后的策略。

2. 值迭代

策略迭代方法将评估阶段和改进阶段完全分离。在评估阶段，每次迭代需要花费额外的时间等待值函数收敛。而值迭代方法通过提前截断评估过程 (即在对每个状态进行一次更新后停止策略评估)，并根据当前评估结果改进策略，这种方法通常比简单地应用策略迭代方法具有更快的收敛速度。实际上，值迭代方法通过将策略改进步骤融合到迭代中，从而只专注于评估值函数。在每个迭代周期内，值迭代方法对所有状态 $s \in S$ 进行备份操作。值迭代方法的本质是将贝尔曼最优方程转换成更新规则，迭代计算值函数：

$$V_{t+1}(s) = \max_{a \in A} \left\{ R(s,a) + \lambda \sum_{s' \in S} P(s'|s,a) V_t(s') \right\} = \max_{a \in A} Q_{t+1}(s,a) \tag{3.13}$$

其中，V_t 是第 t 次迭代后的值函数。

根据式 (3.13)，从初始值函数 V_0 开始，值迭代方法将产生以下的值函数序列，即

$$V_0 \to V_1 \to V_2 \to V_3 \to V_4 \to V_5 \to V_6 \to V_7 \to \cdots \to V^* \tag{3.14}$$

实际上，在计算过程中它也产生了中间的 Q 值函数，使得序列变为

$$V_0 \to Q_1 \to V_1 \to Q_2 \to V_2 \to Q_3 \to V_3 \to Q_4 \to V_4 \to \cdots \to V^* \tag{3.15}$$

可以证明，对于任意的 V_0，在最优值函数 V^* 存在的条件下，值迭代方法保证收敛于 V^*，即对于所有状态 $s \in S$ 来说，均满足贝尔曼最优方程。

之前描述的策略迭代方法和值迭代方法都需要对整个状态集进行遍历,当状态集非常大时,代价是十分昂贵的。而异步动态规划方法不需要系统遍历状态集,它通过原地备份操作进行迭代。它是值迭代方法的一个简单改进版本。

异步迭代方法具有更灵活的状态值更新选择,它可以以任意顺序来更新状态值,例如,可以优先更新那些还没有收敛的状态空间区域,或者在某些状态值更新前,另一些状态值已经更新多次。但是,为了正确收敛,任何一个状态都不能被忽略。

3. 蒙特卡罗树搜索

MCTS[1]在蒙特卡罗仿真的基础上结合最优优先搜索,解决最优决策问题。MCTS 的核心思想是通过累计蒙特卡罗仿真的价值估计来评估搜索树上的状态节点,并不断扩展具有较高评估值的节点。MCTS 结合了树搜索的准确性和随机抽样的普遍性,在 MDP 在线规划领域取得了重大的成功。

基本的 MCTS 方法包括在预先设置的计算资源内(一般指迭代次数或者运行时间)迭代地构建一棵非对称的搜索树,然后停止搜索并返回根节点上的最优动作。搜索树中的每个节点表示状态,指向子节点的定向链接表示导致后续状态的动作。

对于每次方法迭代,MCTS 主要执行四个步骤。

(1)选择。从根节点开始,递归运用子节点选择策略(不同的实现方法具有不同的选择规则),直到到达最紧急的可扩展节点。如果一个节点表示非终止状态并且具有未访问(即未扩展)的子节点,则该节点是可扩展的。

(2)扩展。根据当前节点可用动作集,添加一个(或多个)子节点扩展搜索树。

(3)仿真。从新节点开始,运行默认的仿真策略,最简单的是随机策略,直到结束,产生仿真结果。

(4)回溯。通过反向传播更新路径上每个节点的统计信息,用以将来的策略决策。

MCTS 主要包括两个不同的策略,即树策略和默认策略。

(1)树策略。从搜索树中已经包含的节点中选择或创建叶节点,也就是节点选择和扩展策略[2]。

(2)默认策略。从一个给定的非终止状态开始预演生成值估计,也就是仿真策略。

MCTS 的成功主要取决于树策略,上置信区间树(upper confidence bound for trees, UCT)搜索方法采用 UCB1 作为树策略,用以平衡探索和利用,是目前最著名的 MCTS 实现方法之一[3]。在 UCT 搜索方法中,将每个子节点的选择看成多臂赌博机(multi-armed bandit, MAB)问题,子节点的值是蒙特卡罗仿真得到的近似

期望奖励，因此这些奖励是分布未知的随机变量。在当前节点下后续动作根据UCB 策略进行选择，即

$$\mathrm{UCT}(n,a) = Q(n,a) + c\sqrt{\frac{\ln N(n)}{N(n,a)}} \qquad (3.16)$$

其中，$Q(n,a)$ 为在节点 n 上执行动作 a 的平均累计奖励值；$N(n,a)$ 为在节点 n 上选择动作 a 的次数；$N(n) = \sum_{a \in A} N(n,a)$ 表示节点 n 被访问的总次数；$c > 0$ 是一个常数，用以平衡探索和利用。

3.2.3　半马尔可夫决策过程

　　精确求解 MDP 问题的方法受限于问题复杂度和问题求解能力，无法有效应用于状态空间和动作空间大、任务周期长、环境动态变化的问题。而分层结构的引入为求解上述问题提供了更自然的解决方式。

　　半马尔可夫决策过程(semi-Markov decision process, SMDP)是 MDP 模型的扩展，为分层学习和规划提供了基本的理论支持。MDP 模型只关注动作执行的顺序，而不关注动作执行需要的时间。MDP 假设每个动作都可以在一个决策周期内执行完毕。SMDP 模型允许每个动作需要的执行时间不同，甚至可以服从某一概率分布。

　　令随机变量 τ 表示状态 s 下执行动作 a 需要的时间，SMDP 模型下的状态转移函数 $P(s',\tau|s,a)$ 给出状态 s 下执行动作 a 经过时间 τ 后转移到状态 s' 的联合概率，即

$$P(s',\tau|s,a) = \mathrm{Pr}\left\{s_{t+\tau} = s'|s_t = s, a_t = a\right\} \qquad (3.17)$$

同样，期望奖励函数 $R(s',\tau|s,a)$ 给出状态 s 下执行动作 a，经过 τ 个时间步之后终止在状态 s' 的期望折扣奖励之和，即

$$R(s,a,s',\tau) = E\left[\sum_{n=0}^{\tau-1} \gamma^n r_{t+n} | s_t = s, a_t = a, s_{t+\tau} = s'\right] \qquad (3.18)$$

类似地，3.2.2 节中描述的关于 MDP 模型中的值函数和贝尔曼方程也可以应用到SMDP 模型中。根据值函数的表达方式(式(3.2))，如果在状态 s 下执行的动作 $\pi(s)$ 需要 τ 个时间步完成，则值函数可以描述成 τ 个时间步的累计奖励与剩余时间步的累计奖励之和，即

$$V^\pi(s) = E_\pi\left[(r_t + \gamma r_{t+1} + \cdots + \gamma^{\tau-1} r_{t+\tau-1}) + (\gamma^\tau r_{t+\tau} + \cdots)| s_t = s\right] \qquad (3.19)$$

根据式(3.17)给出的联合转移概率和式(3.18)给出的期望折扣奖励,SMDP 关于确定策略 π 的值函数的贝尔曼方程表示为

$$V^{\pi}(s) = \sum_{s',\tau} P(s',\tau|s,\pi(s))[R(s',\tau|s,\pi(s)) + \gamma^{\tau}V^{\pi}(s')] \tag{3.20}$$

与式(3.3)相比,增加了动作执行时间 τ 对值函数的影响。

同样的,SMDP 的最优值函数 $V^{*}(s)$ 和最优价值函数 $Q^{*}(s)$ 分别表示为

$$V^{*}(s) = \max_{a} \sum_{s',\tau} P(s',\tau|s,a)[R(s',\tau|s,a) + \gamma^{\tau}V^{\pi}(s')] \tag{3.21}$$

$$Q^{*}(s) = \sum_{s',\tau} P(s',\tau|s,a)[R(s',\tau|s,a) + \gamma^{\tau}V^{*}(s')] \tag{3.22}$$

其中, $V^{*}(s') = Q^{*}\max_{a'}(s',a')$ 。

SMDP 模型下的分层策略为处理大时间尺度下的规划提供了更合理的方式。例如,人类做长远规划时,不会且没有必要考虑每一秒钟应该执行的动作,而是只规划好几个阶段——也就是分层策略中的子任务,每个阶段可以具有不同的时间,并且每个阶段内的子策略也可能相对独立,如图 3.1 所示。

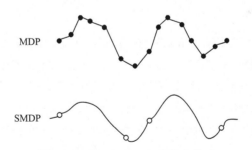

图 3.1　MDP 和 SMDP 的状态轨迹

分层学习通过分层分解技术可以将原始 MDP 问题分解成一系列较小的子目标或者子任务,这些较小的问题可以分别求解,解的组合可以形成原始 MDP 问题的解,从而缓解大规模不确定环境中的维数灾难问题。目前,有三种常用方法定义 MDP 分层分解中的分层结构:Option 根据研究人员提供的固定策略(或在某个单独的过程中学习到的策略)定义每个子任务[4];MAXQ 根据终止谓词和本地奖励函数定义每个子任务[5];层次抽象机(hierarchies of abstract machines,HAM)根据不确定的有限状态机定义每个子任务[6]。具体过程如下所示。

1. Option

Option 也就是时序扩展动作(temporally extended action, TEA),也可以称为宏动作[7]或者技能(skill)[8]。

定义 3.2(Option)   可以形式化表示为一个三元组$\langle I,\pi,\beta\rangle$,其中:

(1) I 表示所有初始状态集合, $I \in S$。

(2) $\pi : S \times A \to [0,1]$ 是 Option 内部策略。

(3) $\beta : S^+ \to [0,1]$ 是终止条件,表示 Option 在某个状态上的终止概率。

当且仅当当前状态$s \in I$时 Option$\langle I,\pi,\beta\rangle$是有效的。Option 的初始状态集和终止条件共同限定了 Option 的适用范围。如果内部策略以及终止条件都只依赖当前状态,则称其为马尔可夫 Option。

给定一组 Option,它们的起始状态集隐式地定义了在状态$s \in S$下的可用 Option 集合$\mathcal{O}_S$。$\mathcal{O}_S$类似于可用动作集合A_S,可以将一个原子动作看成一个 Option 的特例从而将两种集合统一。一个原子动作可以看成初始状态$I = s$、内部策略$\pi(s,a) = 1$、终止函数$\beta(s) = 1$的 Option。因此,可以认为智能体每一时刻t的动作选择都是在 Option 集合中进行的,其中一些是单步 Option,也就是原子动作,其他的是多步 Option,也就是时序扩展动作。而多步 Option 的内部策略又可以选择其他 Option,这样就可以构建任意深度的分层嵌套的动作层级。

2. MAXQ

Dietterich[5]提出了基于 MAXQ 的值函数分层分解技术。MAXQ 的核心思想是把原始大型 MDP$(S,A,P(s'|s,a),R(s'|s,a))$问题$M$分解成一系列小的子任务$\{M_0,M_1,\cdots,M_n\}$。每个子任务$M_i$都是一个 SMDP 问题,其中,$M_0$是根任务。所有子任务构成一个具有单一根节点的有向无环图(directed acyclic graph,DAG),如图 3.2 所示。MAXQ 分层任务结构具有时间抽象、状态抽象和子任务共享等特点。同时,分层结构中的多个子任务策略可以同时学习。

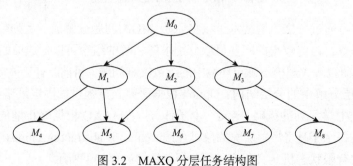

图 3.2   MAXQ 分层任务结构图

定义 3.3（MAXQ）　一个无参数子任务 M_i 可以表示为一个三元组 $\langle T_i, A_i, \tilde{R}_i \rangle$，其中：

（1）T_i 表示子任务 M_i 的终止条件。T_i 将整个状态空间 S 区分为活动状态 S_i 和终止状态 G_i。只有当当前状态 $s \in S_i$ 时，子任务 M_i 是可执行的。如果当前状态 $s \in G_i$，则子任务 M_i 终止。

（2）A_i 是子任务 M_i 的动作集合，既包括原子动作，也包括其他子任务。

（3）$\tilde{R}_i$ 是子任务 M_i 的内部伪奖励函数，给出从活动状态 s 转移到终止状态 G_i 的奖励。

子任务 M_i 的目标是将环境状态转移到满足终止条件 T_i 的状态中。给定原任务的分层结构，分层策略表示为 $\pi = \{\pi_0, \cdots, \pi_n\}$，其中每个策略 π_i 为每个子任务 M_i 的策略。分层策略的执行从根任务 M_0 开始，递归展开，直到执行原子动作为止。如果分层策略中的每个策略 π_i 是最优的，则分层策略是递归最优的。

令值函数 $V^{\pi}(j,s)$ 表示在状态 s 下执行分层策略 $\pi = \{\pi_0, \cdots, \pi_n\}$，直到子任务 M_i 终止所获得的期望折扣累计奖励。动作值函数 $Q^{\pi}(i,s,j)$ 表示在状态 s 下首先执行动作 M_j，接着继续执行分层策略 $\pi = \{\pi_0, \cdots, \pi_n\}$，直到 M_i 终止所获得的期望折扣累计奖励，M_j 可以是原子动作，也可以是 M_i 的子任务。则值函数和动作值函数的贝尔曼方程可以递归表示为

$$V^{\pi}(i,s) = V^{\pi}(\pi_i(s),s) + \sum_{s',k} P_i^{\pi}(s',k|s,\pi_i(s))\gamma^k V^{\pi}(i,s') \tag{3.23}$$

$$Q^{\pi}(i,s,j) = V^{\pi}(j,s) + \sum_{s',k} P_i^{\pi}(s',k|s,j)\gamma^k V(i,s') \tag{3.24}$$

其中，$P_i^{\pi}(s',k|s,j)$ 表示在状态 s 下调用子任务 M_i 的策略 π，经过 k 个原子动作之后，子任务 M_i 终止在状态 s' 的概率；$V^{\pi}(j,s)$ 是宏动作 M_j 的值函数，在这里表示在当前状态 s 下执行宏动作 M_j 的立即奖励，如果 M_j 是原子动作，则 $V(j,s)=R(j,s)$。

式（3.24）等号最右边的项表示宏动作 M_j 执行完之后子任务 M_i 完成前，智能体继续执行当前策略直到 M_i 终止所获得的期望折扣累计奖励，也就是完成函数 $C^{\pi}(i,s,j)$，表示为

$$C^{\pi}(i,s,j) = \sum_{s',k} P(s',k|s,j)\gamma^k V(i,s') \tag{3.25}$$

根据完成函数的定义，动作值函数 $Q^{\pi}(i,s,j)$ 可重新表述为

$$Q^{\pi}(i,s,j) = V^{\pi}(j,s) + C^{\pi}(i,s,j) \tag{3.26}$$

最后，值函数 $V^\pi(i,s)$ 被重新表述为

$$V^\pi(i,s) = \begin{cases} \max_j Q^\pi(i,s,j), & M_i是宏动作 \\ \sum_{s'} P(s'|s,i)R(s'|s,i), & M_i是原子动作 \end{cases} \quad (3.27)$$

式 (3.25)、式 (3.26)、式 (3.27) 称为确定性分层策略 π 下的 MAXQ 分层分解。这些方程递归地将根任务的值函数 $V^\pi(0,s)$ 分解成一系列子任务的值函数 $M_1, M_2, \cdots, M_n$ 和完成函数 $C^\pi(i,s,j)$ $(i=1,2,\cdots,n)$。

如果当前分层策略是递归最优的，那么其最优动作值函数表示为

$$Q^*(i,s,j) = V^*(j,s) + C^*(i,s,j) \quad (3.28)$$

最优值函数表示为

$$V^\pi(i,s) = \begin{cases} \max_j Q^\pi(i,s,j), & M_i是宏动作 \\ \sum_{s'} P(s'|s,i)R(s'|s,i), & M_i是原子动作 \end{cases} \quad (3.29)$$

子任务 M_i 的递归最优策略则可表示为

$$\pi_i^*(s) = \arg\max_j Q^*(i,s,j) \quad (3.30)$$

3. HAM

HAM (hierarchical abstract machines)[9]的主要思想是将智能体的部分策略编码为具有未指定选择状态的一组分层有限状态机，并将有限状态机的状态和当前状态结合考虑，选择不同的策略。

在一个有限 MDP 问题 M 中，令 S、A 分别为 MDP 的状态集合和动作集合。$H = \{H_0, H_1, \cdots\}$ 为一组有限状态机集合。每个有限状态机 H_i 可以表示成一个三元组 $\langle \mu_i, I_i, \delta_i \rangle$。其中，$\mu_i$ 是一组有限状态集合；I_i 是从 MDP 状态到机器状态的随机函数 $I_i: S \to S_i$，它决定了机器的初始状态；δ_i 是把 MDP 状态和机器状态映射到下一个机器状态的概率转移函数。机器状态具有多种不同的类型。其中，动作状态给出解决 MDP 给定状态时需要执行的动作。调用状态将另一个状态机作为子程序执行。选择状态以非确定的方式选择状态机下一个状态。停止状态停止当前状态机运行，并恢复调用它的状态机的运行，同时转移到新的状态并获得奖励。

分层有限状态机和 MDP 并行动作产生了离散时间的高层 SMDP。选择状态是可以启动抽象动作的状态。状态机的动作状态和选择状态生成一系列动作，这

些动作生成一个基于抽象动作的动作策略。如果在当前执行的状态机终止之前，达到另一个选择状态，则等同于选择另一个抽象动作，从而在层次结构中创建另一个层次。审慎规划 HAM 可以减少与选择点相关联的原始 MDP 的状态机集。

在强化学习环境中，HAM 具有巨大的优势。HAM 约束可以集中精力探索状态空间，从而减少强化学习智能体在学习新环境时必须经历的"盲搜索"阶段。HAMQ 学习方法是改进的 Q 学习方法，它可以直接在简化的状态空间中学习，并且不需要模型转换。HAMQ 学习跟踪以下变量：当前环境状态 t，当前机器状态 n，先前选择点的环境状态 s_c 和机器状态 m_c，先前选择点选择的动作 a，自上一个选择点以来总的累计奖励 r_c 和折扣奖励 β_c。HAMQ 还维护一个扩展的 Q 表，即 $Q([s,m],a)$，该表由环境状态/机器状态对以及在选择点采取的操作来索引[9]。

在观察到累计奖励 r_c 和折扣奖励 β_c，环境状态从 s_c 转移到 t 的情况下，HAMQ 学习更新：$r_c \leftarrow r_c + \beta_c r$，$\beta_c \leftarrow \beta \beta_c$。对于每一次状态的转移，智能体进行以下更新，即

$$Q([s_c,m_c],a) \leftarrow Q([s_c,m_c],a) + \alpha[r_c + \beta_c V([t,n]) - Q([s_c,m_c],a)] \tag{3.31}$$

三种不同的分层结构定义形式在问题分解和子任务表述方法上分别具有各自的特点，但是它们的本质都是将原始 MDP 问题分解成多个子 MDP 问题，并在不同的任务层次上进行学习。Option 的内部策略是事先给定的，基于 Option 的学习任务主要是优化 Option 下的高层宏观策略。在 HAM 方法中，一部分策略是已知的，另一部分策略由方法随机给定。基于 HAM 的学习任务主要是在给定部分策略的情况下，学习整个问题的策略。MAXQ 任务层次下的子任务策略是事先未知的，而多个子任务的策略可以通过同步策略学习获得。其中，基于 Option 和基于 HAM 的策略可以收敛到分层最优。分层最优是指相对于原始任务，当前宏观策略具有最优奖励。在分层最优策略中，每个子任务的内部策略要考虑上下文的应用关系。基于 MAXQ 的策略可以收敛到递归最优。递归最优是指在当前宏观策略下，每个子任务都具有最优策略。递归最优策略不用考虑其应用环境。而三种方法共有的局限是均需要结合专家经验设计任务的分层结构，这在不具备完备的领域知识时是一件困难的事情。

3.3　强 化 学 习

传统的人工智能主要有三个主义学派：①符号主义，又称为逻辑主义、心理学派或计算机学派，其原理主要为物理符号系统(即符号操作系统)假设和有限合理性原理。②连接主义，又称为仿生学派或生理学派，其主要原理为神经网络及

神经网络间的连接机制与学习方法。③行为主义，又称为进化主义或控制论学派，其原理为控制论及感知-动作型控制系统。不同的学派中面临的主要问题不同，且处理方式也不尽相同。相比于符号主义学派，行为主义学派已经在研究领域中产生了一些很好的效果且设计比符号主义更好，但是由于没有特别的指导理论，难以产生复杂且高级的智能行为。连接主义是今天的深度学习系统的前身，但是这种方法也面临着一些难以解决的问题。

3.3.1　强化学习简介

　　与传统的人工智能研究逻辑和语义的思想不完全相同，强化学习方法以 MDP 为模型并以贝尔曼最优方程为求解方法。其目的就是最大化累计奖励的同时最小化估计值函数与真实值函数之间的差距。基于这个初衷，强化学习方法不断改进智能体在不同状态下选择动作的策略来达到这样的目的。强化学习能够在具备部分感知环境的情况下做出合理的决策。近年来，深度强化学习已然成为人工智能领域解决问题的一个重要方法。强化学习方法的灵感源自心理学和人工智能中的行为主义。在环境给予奖励值或者惩罚值时，做出合理的决策来积累正向奖励而避免负向奖励，从而逐渐形成对环境的反应，即策略。这种策略最终能够指导智能体做出获得最大利益的行为。作为机器学习除"监督学习"和"无监督学习"之外延伸出的一个重要分支，基于 MDP 模型的"强化学习"受到了研究者的广泛关注。强化学习与生物学习有着类似的过程。当人们思考学习的本质时，首先想到的是通过与环境交互来学习。当一个婴儿玩耍、挥动手臂或环顾四周时，他没有明确的老师，但他确实通过直接的感觉与环境联系。他可以通过这种联系获得大量关于因果关系、动作的结果以及如何实现目标的信息。在人们的生活中，这种交互无疑是环境和自身知识的主要来源。无论是学习汽车驾驶还是与他人进行交谈，人们都敏锐地意识到交互的环境如何响应自己的行为，并试图通过行为来影响所发生的事情。从交互中学习是几乎所有学习和智能理论的基本思想。其主要过程可以被归结，如图 3.3 所示。

　　强化学习最早由 Thorndike[10]在 1898 年提出。术语"最优控制"在 20 世纪 50 年代后期开始使用，用于描述设计控制器以最小化或最大化动态系统随时间变化的行为问题。解决这个问题的方法之一是由贝尔曼等在 20 世纪 50 年代中期提出的。该方法使用动态系统的状态和值函数或"最优返回函数"的概念来定义函数方程，现在通常称为贝尔曼方程。通过求解该方程来解决最优控制问题的方法称为动态规划[11]。Bellman[12]还引入了称为 MDP 最优控制问题的离散随机版本。1992 年，Watkins 等[13]将控制优化领域的理论方法，如贝尔曼方程、MDP 与时序差分方法相结合，提出了强化学习领域最经典的方法，即 Q 学习。典型的强化学习问题需要满足三个条件：①不同的动作产生不同的奖励；②奖励在时间上具有

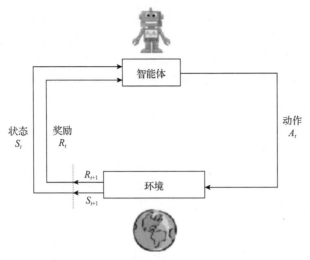

图 3.3　智能体与环境交互和学习的过程

延迟性；③某个动作的奖励值和具体所处环境有关。当只有第一个条件满足时，强化学习问题可以简化为多臂赌博机问题。多臂赌博机模型按奖励类型分为随机性多臂赌博机模型、对抗性多臂赌博机模型、马尔可夫多臂赌博机模型、线性多臂赌博机模型和非线性多臂赌博机模型。

　　传统 Q 学习已经广泛运用在真实世界问题中，但是它的短板也很明显，它很难解决复杂的高维度问题。因为，普通的 Q 学习方法通过表格维护所有动作和状态值。但是随着环境和动作的维数增加，使用表格维护值函数变得不现实。深度学习具有较强的感知能力，但是缺乏一定的决策能力，而强化学习具有较强的决策能力，但对感知问题束手无策。因此，将两者结合起来，优势互补，能够为复杂状态下的感知决策问题提供解决思路。将具有感知能力的深度学习和具有决策能力的强化学习紧密结合在一起，构成深度强化学习（deep reinforcement learning，DRL）方法，其原理框架如图 3.4 所示。

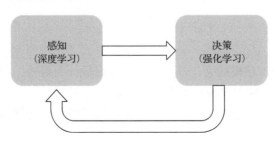

图 3.4　深度强化学习原理框架

在 2015 年，DeepMind 将深度学习方法与传统的强化学习方法结合，提出了深度 Q 学习方法。这种方法取代了传统用表格维护值函数的思想。通过深度神经网络的表征能力，在一定程度上缓解了传统强化学习方法存在的维数灾难问题。在此之后，深度强化学习就成为目前人工智能所讨论的一个非常重要的方法。

3.3.2　基于值函数的方法

基于值函数的方法是强化学习的基础，但是其研究的状态和动作对象大都是离散的。因此，基于值函数的方法一度被梯度优化方法取代。基于值函数的方法关注的是在某个状态下执行某个动作的具体量化标准。因此，它讨论的最重要的概念就是奖励和值函数。由于在回合制问题中，强化学习的目标是优化长期奖励。假设某一个回合在第 T 步达到终止，那么可以定义在第 t 步之后的累计奖励：

$$G_t = R_{t+1} + R_{t+2} + \cdots + R_T \tag{3.32}$$

通过这样的定义可以规定长期的累计奖励。但是不难看出，这样的定义会导致长期累计奖励最终趋向于无穷大。

为了解决这个问题，基于值函数的方法引入了折扣因子的概念。折扣因子通常用 γ 表示。引入 γ 后，累计奖励可以改写成：

$$G_t = R_{t+1} + \gamma R_{t+2} + \gamma^2 R_{t+3} + \cdots = \sum_{k=0}^{\infty} \gamma^k R_{t+k+1} \tag{3.33}$$

通过式 (3.33) 就可以表示长期动作奖励。但在实际应用中，使用这样求和的方法实现就显得非常复杂。同时，在行动执行时，并不知道后面即将执行的动作和结果。因此，这样做也是不现实的。这时候需要用到另一个重要的定义"值"。在描述 MDP 时，定义交互序列 τ。根据策略和状态转移概率得到的序列，那么"值"的公式定义就可用数学期望的形式表示：

$$v_\pi(s_t) = E_{s,a \sim r} \left[\sum_{k=0}^{\infty} \gamma^k r_{t+k+1} \right] \tag{3.34}$$

实际上根据 MDP 建模的强化学习方法将值函数分为两种：状态值函数和动作值函数。这两者互相区分又有着密不可分的联系。

(1) 状态值函数 $v_\pi(s_t)$ 表示在当前状态 s 下，以某种策略选择动作并产生后续的长期奖励值。

(2) 动作值函数，有时也称状态-动作值函数。顾名思义，就是已知当前的状态和在此状态下采取的动作，并按照某种策略产生的长期奖励值。

实际上，在强化学习中使用这种形式的定义仍然很困难。我们的目标是依照某个策略遍历所有经过这个状态的路径并对其求期望：

$$v_\pi(s_t) = E_\tau\left[\sum_{k=0}^{\infty} \gamma^k r_{t+k+1}\right] = \sum_\tau p(\tau)\sum_{k=0}^{\infty} \gamma^k r_{t+k+1} \tag{3.35}$$

这里的 τ 表示从状态 s_t 开始的某一条遍历结果。由 MDP 的定义可知：

$$v_\pi(s_t) = \sum_{(s_t,a_t,\cdots)} \pi(a_t|s_t)p(s_{t+1}|s_t,a_t)\cdots\sum_{k=0}^{\infty} \gamma^k r_{t+k+1} \tag{3.36}$$

使用换元法，可得

$$v_\pi(s_t) = \sum_{(s_t,a_t,\cdots)} \pi(a_t|s_t)p(s_{t+1}|s_t,a_t)\cdots\sum_{k=0}^{\infty} \gamma^k r_{t+k+1}$$

$$= \sum_{a_t} \pi(a_t|s_t)\sum_{s_{t+1}} p(s_{t+1}|s_t,a_t)\sum_{(s_{t+1},a_{t+1},\cdots)\sim\tau'} \pi(a_{t+1}|s_{t+1})\cdots\sum_{k=0}^{\infty} \gamma^k r_{t+k+1}$$

$$= \sum_{a_t} \pi(a_t|s_t)\sum_{s_{t+1}} p(s_{t+1}|s_t,a_t)\sum_{(s_{t+1},a_{t+1},\cdots)\sim\tau'} \pi(a_{t+1}|s_{t+1})\cdots\left(r_{t+1} + \sum_{k=1}^{\infty} \gamma^k r_{t+k+1}\right)$$

$$= \sum_{a_t} \pi(a_t|s_t)\sum_{s_{t+1}} p(s_{t+1}|s_t,a_t)\left[r_{t+1} + \sum_{(s_{t+1},a_{t+1},\cdots)\sim\tau'} \pi(a_{t+1}|s_{t+1})\cdots\sum_{k=1}^{\infty} \gamma^k r_{t+k+1}\right] \tag{3.37}$$

将下一时刻的状态值函数展开，可得

$$v_\pi(s_{t+1}) = \sum_{(s_{t+1},a_{t+1},\cdots)\sim\tau'} \pi(a_{t+1}|s_{t+1})p(s_{t+2}|s_{t+1},s_{t+1})\cdots\sum_{k=1}^{\infty} \gamma^k r_{t+k+1}$$

$$v_\pi(s_t) = \sum_{a_t} \pi(a_t|s_t)\sum_{s_{t+1}} p(s_{t+1}|s_t,a_t)[r_{t+1} + v_\pi(s_{t+1})] \tag{3.38}$$

由式 (3.38) 得到在强化学习中使用的状态值函数的递归形式。通过一个假设已知的值函数，任意一个状态的价值可以由其他状态的值函数递归得到。式 (3.38) 也称为贝尔曼公式，同时，根据值函数和动作值函数的关系，可以推导出动作值函数的递归方程为

$$q_\pi(s_t,a_t) = \sum_{s_{t+1}} p(s_{t+1}|s_t,a_t)\sum_{s_{t+1}} (a_{t+1}|s_{t+1})[r_{t+1} + q_\pi(s_{t+1},a_{t+1})] \tag{3.39}$$

式 (3.38) 和式 (3.39) 可以认为是基于值函数方法的基石。通过这个函数对智

能体的决策和策略进行不断更新就是强化学习的基本思想。

3.3.3　基于策略梯度的方法

基于策略梯度的方法一直受到广泛的关注。这种方法的思路是直接优化智能体使用的策略,优化步骤主要有三步:①直接与环境进行交互;②通过交互提升自己的策略;③更新参数。在智能体与环境进行交互的过程中,所得到的轨迹可以表述为状态、动作、奖励不断重复得到的一个序列,即 $s_0, a_0, r_0, s_1, a_1, r_1, \cdots, s_T, a_T, r_T$。假设用 τ 表示使用策略进行交互得到一条轨迹。$r(\tau)$ 表示通过这个策略得到的奖励。优化策略的目的就是最大化这个函数。

用 $J(\theta)$ 表示需要优化的目标函数,将轨迹的期望奖励展开为

$$J(\theta) = E_{\tau \sim \pi_\theta(\tau)}[r(\tau)] = \int_{\tau \sim \pi_\theta(\tau)} \pi_\theta(\tau) r(\tau) \mathrm{d}\tau \tag{3.40}$$

由于策略函数通常定义良好,这就使得其中的求导可以和积分运算相互替换,可以得到

$$\nabla_\theta J(\theta) = \int_{\tau \sim \pi_\theta(\tau)} \nabla_\theta \pi_\theta(\tau) r(\tau) \mathrm{d}\tau \tag{3.41}$$

通过对求导公式进行变换可以得到

$$\nabla_\theta J(\theta) = \int_{\tau \sim \pi_\theta(\tau)} \pi_\theta(\tau) \nabla_\theta \log \pi_\theta(\tau) \eta(\tau) \mathrm{d}\tau = E_{\tau \sim \pi_\theta(\tau)}[\nabla_\theta \log \pi_\theta(\tau) r(\tau)] \tag{3.42}$$

在实际应用时,我们使用给出的轨迹 τ 的基本形式。一般在使用策略模型时,都会限定最大时间长度 T。这里把轨迹总长度设定为 T。那么交互序列 τ 的策略 $\pi(\tau)$ 就可以进行如下展开:

$$\pi(\tau) = \pi(s_0, a_0, \cdots, s_T, a_T) = p(s_0) \prod_{t=0}^{T} \pi_\theta(a_t | s_t) p(s_{t+1} | s_t, a_t) \tag{3.43}$$

对其求导,可以得到

$$\begin{aligned} \nabla_\theta \log \pi(\tau) &= \nabla_\theta \log \left[p(s_0) \prod_{t=0}^{T} \pi_\theta(a_t|s_t) p(s_{t+1}|s_t, a_t) \right] \\ &= \nabla_\theta \left[\log p(s_0) + \sum_{t=0}^{T} \log \pi_\theta(a_t|s_t) + \sum_{t=0}^{T} \log p(s_{t+1}|s_t, a_t) \right] \\ &= \sum_{t=0}^{T} \nabla_\theta \log \pi_\theta(a_t|s_t) \end{aligned} \tag{3.44}$$

将公式中的期望用蒙特卡罗近似方法进行代换,可以得到

$$
\begin{aligned}
\nabla_{\theta} J(\theta) &= E_{\tau \sim \pi_{\theta}(\tau)} \left[\sum_{t=0}^{T} \nabla_{\theta} \log \pi_{\theta}(a_{i,t} \mid s_{i,t}) \sum_{t=0}^{T} r(s_{i,t}, a_{i,t}) \right] \\
&= \frac{1}{N} \sum_{i=1}^{N} \left[\sum_{t=0}^{T} \nabla_{\theta} \log \pi_{\theta}(a_{i,t} \mid s_{i,t}) \sum_{t=0}^{T} r(s_{i,t}, a_{i,t}) \right]
\end{aligned}
\tag{3.45}
$$

3.4 深度强化学习

深度强化学习的分类法与传统强化学习类似,根据有无模型信息(即状态转移概率)或是否学习模型信息,可分为无模型强化学习与基于模型的强化学习,根据策略的更新和学习方法,强化学习可分为基于值的强化学习和基于策略的强化学习。基于值的强化学习或基于策略的强化学习都可以与无模型强化学习或基于模型的强化学习相结合。无模型深度强化学习在之前被广泛研究,而基于模型的强化学习则是在 AlphaGo 取得成功后开始获得更多的关注。无模型强化学习通常可以得到更好的渐近逼近性能,而基于模型的强化学习通常有更好的样本效率。OpenAI 从模型的角度给出了强化学习方法的分类,如图 3.5 所示。

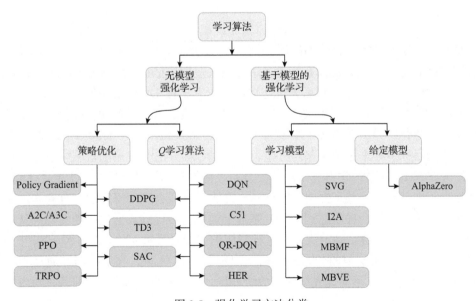

图 3.5　强化学习方法分类

3.4.1　无模型强化学习

深度强化学习的发展仍处于起步阶段。学术研究集中在确定性和静态环境,

其中状态主要是离散和充分观察。因此,大多数强化作业都是基于无模型的方法。无模型强化学习可以通过大量样本估计智能体的状态、值函数和奖励函数,以优化动作策略,旨在通过执行状态中的动作获得更多的奖励。由于其简单的实现和丰富的开放资源,无模型强化学习吸引越来越多的学者进行进一步的研究。

1. 基于 Q 网络的方法

深度 Q 网络(deep Q-network,DQN)是深度强化学习的典型代表,使用卷积神经网络(convolutional neural network, CNN)作为模型,并使用 Q 学习的变体进行训练。DQN 使用最大 Q 值作为低维动作输出来解决高维状态输入(如游戏图像中的原始像素)的表示。此外,DQN 将加成值和误差项降低到一个有限的区间,从而减轻了非线性网络所表示的值函数的不稳定性。与 Q 学习方法不同,DQN 同步学习过程和训练过程,主要改进如下:①采用经验重放缓冲区来减少样本之间的关联;②采用深度神经网络用于动作值函数逼近。当解决各种基于视觉感知的深度强化学习任务时,DQN 使用相同的网络模型、参数设置和训练方法,证明该方法具有高适应性和通用性。在 2015 年,谷歌旗下的 DeepMind 公司提出的 DQN 取得成功后又掀起了对值函数强化学习方法研究的热潮。DQN 方法在经典的雅达利平台 49 个游戏的测试中取得了极大的成功[14],再一次掀起了人工智能的浪潮。

自 DQN 成功以来,大量的改进方法相继提出。受传统体系结构(如卷积神经网络、长短期存储器或自动编码器)的限制,DQN 方法还存在一些缺点,如缺乏长期内存能力。Hausknecht 等[15]通过用递归长短期记忆(long short term memory, LSTM)网络替换第一个卷积后完全连接层,研究了在 DQN 中添加递归的影响。Wang 等[16]基于决斗架构的 DQN 扩展,通过单独表示状态值和动作优势来帮助跨动作进行泛化。异步优势演员-评论家(asynchronous advantage actor critic, A3C)[17]通过多步目标引导来平衡偏差与方差。噪声 DQN 方法[18]使用随机网络层进行探索。分布式 Q 方法[19]学习奖励的分类分布,而不是估计平均值。由于上述 DQN 的独立改进基于一个共享框架,Rainbow 方法[20]可以合理地将它们结合起来。实验结果表明,该组合在雅达利 2600 基准上提供了最优的数据效率和性能。从对 Rainbow 的研究来看,确定优先级对智能体的性能是最重要的。Ape-X 方法[21]利用大规模深度强化学习的分布式架构,使用数百名 Actor 收集数据并通过不同 Actor 获得大量具有不同优先级的重放缓冲区,实验表明,Ape-X 在训练时间内性能几乎比 Rainbow 所提方法提高了一倍。

2. 基于策略梯度的方法

REINFORCE 是策略梯度方法的原型。与基于值函数的强化学习相比,基于策略的强化学习方法不仅避免了由值函数错误引起的策略退化，而且更容易应用于连续动作空间问题。具体来说，基于值函数的方法，如 Q 学习和 SARSA，需要一步操作来计算最大值，这在连续空间或高维空间中很难找到。此外，基于值函数的方法学习隐式策略，但基于策略梯度的方法可以学习随机策略，也就是说，在基于值函数的方法中，通过策略改进获得的策略都是确定性策略，并且会遇到一些任务中无法解决的问题。基于策略梯度的方法也有一些共同的缺点：数据效率或样本利用率低，方差大，难以收敛。

3. 基于 Actor-Critic 的方法

基于 Actor-Critic 的方法可以克服基于策略梯度方法的常见缺点，基于 Actor-Critic 的方法可以同时学习策略和状态值函数。状态值函数用于引导，即从后续估计中更新状态，以减少方差并加速学习。然而，将基于 Actor-Critic 的方法简单而有效的设计稳定地应用于连续和离散动作空间一直是强化学习领域的一个长期障碍。通过扩展 DQN 和确定性策略梯度(deterministic policy gradient, DPG)，DDPG 方法可以使用基于相同超参数和网络结构的低维观测来学习任务的竞争策略。此外，双延迟 DDPG 方法作为一种确定性方法，比 DDPG 有显著的改进。然而，DDPG 的策略是确定性的，它特别不适合用于带有噪声干扰的复杂环境，因为该策略通常需要随机执行。另一个问题是，许多常用的无模型强化学习方法，如信任区域策略优化(trust region policy optimization, TRPO)方法、近端策略优化(proximal policy optimization, PPO)方法或 A3C 方法，每个梯度步骤需要大量新的样本。由于这一严格的要求，样本效率非常低，而且随着任务复杂性的增加，情况会变得更糟。SAC 是解决这些问题的有效方法，该方法结合了异策略更新与一个稳定的随机 Actor-Critic 公式，并使用一个最大熵框架来增强标准的最大奖励强化学习目标。基于最大熵的强化学习方法具有几个特殊的优点，因此比异策略和异策略优先方法在性能和采样效率上有了实质性的改进：用于更复杂的特定任务的初始化，最大熵学习的策略可以作为更复杂的特定任务的初始化，并学习解决任务的方法；更强的探索能力，很明显，最大熵使得在多模态奖励下更容易找到更好的模式；较高的鲁棒性和更强的泛化性，最大熵需要从不同的方式探索各种最佳的可能性，并使其在面对干扰时更容易调整。

4. 基于置信区间的改进方法

基于策略梯度的方法存在着由于利用神经网络作为非线性函数逼近器，在数据不稳定的情况下策略难以稳定更新的问题。近年来，学术界将 TRPO 方法引入强化学习，并在各种实验场景中实现了显著的性能改进。

基于保守策略迭代的结论，TRPO 计算散度变化的最大值作为学习速率，并考虑总散度变化与 Kullback-Leibler 散度之间的关系，从而将混合策略扩展为一般随机策略。TRPO 的一个问题是与环境的大量交互。同样，使用克罗内克分解的信任区域的近似曲率优化 Actor-Critic，而受约束策略优化使用受约束的 MDP。

在复杂的计算或与某些体系结构的兼容性方面，TRPO 的效果并不好。实现 PPO 要简单得多，因为它使用具有裁剪概率比的目标函数来形成基于一阶优化的悲观估计，然而，这可能导致样本效率低下。分布式 PPO，与 A3C 一样，数据收集和梯度计算部署到多个分布式 Actor，不仅提高了伸缩性，而且在丰富多样的环境中实现了稳定的行为。结合同策略和异策略的优势，路径一致性学习方法利用基于熵正则化下最大时间值一致性与策略最优性之间的关系增强了探索能力。

3.4.2　基于模型的强化学习

事实上，在知道动力学模型 $p(s_{t+1}|s_t, a_t)$ 后，学习变得更容易。基于模型的方法是学习过渡动力学的方法，这些方法决定下一个状态 s_{t+1}，即在当前状态 s_t 中执行操作后将是哪个状态。总之，采用这种方法学习系统动力学模型，并利用最优控制来选择动作。基于模型的强化学习方法是从最优控制领域发展起来的。通常，特定的问题是由高斯过程和贝叶斯网络等模型产生的，然后通过机器学习方法或最优控制方法来解决，如模型预测控制、线性二次调节器和线性二次高斯控制。与无模型强化学习方法相比，基于模型的强化学习方法以一种数据效率高的方式学习值函数或策略，不需要与环境进行连续交互。然而，它可能会受到模型识别问题的影响，并导致对实际环境的不准确描述。本节将基于模型的强化学习方法分为如下三种，并系统地分析它们的优缺点。

1. 全局和局部模型

对于基于模型的方法，第一个问题是，如果动力学未知，应该拟合全局动力学模型还是局部动力学模型，尽管全局动力学模型方法在运行时具备计算便宜等优点，但在数值稳定性方面效果较差，特别是在随机域，因为它们使用模型预测控制（model predictive control, MPC）迭代地收集数据，并直接将它们反向传播到策略中。引导策略搜索（guided policy search, GPS）方法利用轨迹优化来指导策略学习，避免局部优化不良。对 MuJoCo（multi-joint dynamics with contact）运动任务的结果表明，该方法具有良好的样本效率，可以加快高速基准任务的无模型学习速度。

在大多数状态空间中，要获得一个合适的模型通常比学习一个策略要困难得多，尤其是在环境难以描述时。因此，人们越来越多地关注具有约束条件的局部模型。本地模型需要找出执行了哪个控制器来获得正确的数据，以及如何确保整个模型不会出现可怕的分歧。这里列出了一些典型的方法。一个基于模型的迭代线性二次调节器(iterative linear quadratic regulator, ILQR)是 GPS 的扩展，可以使用高度一般的策略表示学习一系列动态操作行为，而不使用已知的模型或示例演示。结合无模型强化学习方法的优势，动态-Q 是一个经典的集成架构，其中利用模型来更新 Q 值。

为了采用无模型强化学习方法和基于模型的强化学习方法，想象增强的智能体 (imagination-augmented agents, I2A)学习解释环境模型以增强无模型的决策。与 MCTS 相比，I2A 通过缓解模型不规范的问题，显示了在数据效率和鲁棒性方面的改进。

2. 不确定感知模型

纯模型方法和无模型方法之间存在性能差距。与需要 10 天的无模型方法相比，基于模型的方法只允许使用 10 分钟的完整训练过程。然而，无模型方法可以获得更好的性能，最多有三个数量级的差异，主要原因是过度拟合。不确定感知模型是解决这一问题的有效方法。基于不确定性的表示，我们将其划分为两种不同的类别，即偶然不确定性(固有系统随机性)和认知不确定性(由于数据有限而产生的主观不确定性)。应对不确定性有两种主要方式，即估计模式不确定性和使用输出熵建立不确定感知模型。

通过学习概率动态模型，并将模型不确定性明确地纳入长期规划，学习控制概率推理(probabilistic inference for learning control, PILCO)只在少数试验中可以处理很少的数据，Blundell 等使用变分贝叶斯学习来估计神经网络中的不确定性。与前馈神经网络相比，使用变分贝叶斯的方法不仅减少了过度拟合的问题，而且正确地评估了训练数据中的不确定性。

3. 复杂观测的模型

基于模型的强化学习方法已被证明是一种高效的学习控制任务的方法，但在具有复杂观测的部分可观测 MDP 中很难使用。这是因为智能体必须根据观察而不是环境的准确状态来做出决定。空间自动编码器体系结构是为了在潜在空间中学习和自主学习图像的低维嵌入。然而，有一个不可避免的问题，即自动编码器可能无法恢复正确的表示，并且不适合基于模型的强化学习。为了解决这一难题，嵌入控制(embed to control, E2C)方法将具有 iLQR 的变分自动编码器应用于潜在空间，并将高维非线性系统中的局部最优控制问题转化为低维潜在状态空间。

将深度动作条件视频预测模型与模型预测控制相结合的方法是第一个直接在观察空间学习的机器人操作实例。它使用完全未标记的数据训练智能体，并计划将环境中用户指定的对象移动到用户定义的位置的操作，这两个位置都有助于推广到新的、以前看不见的对象。视频预测模型也可以通过结合时间跳过连接来跟踪对象，并通过自监督机器人学习在技能的范围和复杂性上取得显著的进步。

3.5　分层强化学习

在强化学习研究领域，分层强化学习使用分层抽象技术求解 MDP 问题。分层强化学习的核心思想是将一个大型复杂问题分解成多个小的子组件，并对多个子组件分别求解，而各个子组件的解决方法合并后可以形成对原始问题的近似最优解，从而扩大强化学习适用问题的规模。并且，各个子组件之间可以实现共享和重复使用，从而提高问题解决的效率。分层强化学习有效缓解了问题复杂度随状态变量呈指数级增长这一"维数灾"问题。根据层次结构的形式化表示方式，现有的分层强化学习大致可以分为基于 Option 的分层强化学习、基于 MAXQ 的分层强化学习和基于 HAM 的分层强化学习。此外，近年来神经网络快速发展，尤其在图像识别领域取得了很多成果。许多相关研究尝试通过结合神经网络和分层强化学习提高问题的解决效率。

1. 基于 Option 的分层强化学习

Sutton 等[4]通过引入时序扩展动作，即 Option，把分层强化学习建模成 SMDP。通过自动学习或手工编写的方式，每个 Option 都被附以一个单独的内部策略。Option 可以形式化表示为一个三元组 $\langle I, \pi, \beta \rangle$。其中，$I$ 表示所有初始状态集，π 表示内部策略，β 表示终止函数，即 Option 在某个状态上的终止概率。Option 探索时序抽象，在时序抽象中不需要在每个时间步做出决策，更精确地说就是调用时序扩展动作，这些动作内部的执行遵循已有策略。

Option 是分层强化学习中最有弹性的方法论之一，它可以被迁移到任何有共享表示的问题领域。但是在高维和抽象状态空间中由于问题复杂度等因素，手动设计 Option 是不可行的，所以最近的研究重点转移到了自动学习行为层次结构，即 Option 发现。目前许多研究工作提出了相关的学习技术，包括使用描述长度来权衡值[22]、识别转移状态[23]、从示例中进行推理[24]、迭代地扩展可解初始状态集[25]、使用信息约束交换值[26]、主动学习[27]、值函数近似[28]、寻找子目标瓶颈或标志性状态[29]，以及寻找共同的行为轨迹或区域策略[30]等。

早期的相关研究包括：Digney[31]提出在问题解决时发现宏动作；Mcgovern[32]通过检测智能体成功访问某区域的频率创建 Option，并学习 Option 的策略，同时调用这些 Option 来学习更高层的策略来解决整个问题；Hengst[33]提出了 HEXQ 方法，利用状态变量的因子化表示，将状态变量排序到一个有序列表中，根据改变最频繁的变量来发现 Option；Konidaris 等[34]提出了概率 Option 方法，即定义在缩减了的状态空间(称为智能体空间)上的抽象动作。

近年来，关于自动学习行为层次结构的相关研究又有了很大进展。Konidaris 等[35]从专家示例中提取和链接技能来构建技能树；Mankowitz 等[36]提出了自适应技术自适应分割(adaptive skills, adaptive partitions，ASAP)框架，可以学习技能/子任务，学习在哪里使用技能/子任务，并可以通过适当改变学习到的技能/子任务，解决新的任务，并通过实验证明 ASAP 框架的能力；Vigorito[37]提出了一种在 MDP 模型下的技能学习方法，并且展示了在复杂环境下该方法解决整个任务的优势，并进一步将 MDP 模型转换为分解 MDP(factored MDP)模型表示，研究在连续 MDP 领域增量技能学习方法；Bacon 等[38]将策略梯度应用到 Option 学习和 Option 的策略学习中；Machado 等[39]通过隐式定义原型值函数来解决 Option 发现问题。

最近，一些研究将 Option 发现作为一个优化问题，与值函数近似兼容。Daniel 等[40]通过将终止函数当成隐变量来学习返回优化后的 Option，并使用期望最大化方法来学习；Vezhnevets 等[41]将 Option 学习问题当成开环内部 Option 策略，也称为宏动作；大部分关于 Option 的论文都是为了学习 Option 来加快学习或者规划速度；Mankowitz 等在文献[42]中学习 Option 主要是为了修复有限状态表示而引发的错误指定问题。

2. 基于 MAXQ 的分层强化学习

Dietterich[5]提出了基于 MAXQ 的值函数分层分解技术。基于 MAXQ 的分层强化学习方法把原始 MDP 问题分解成一系列子任务 $\{M_0, M_1, \cdots, M_n\}$，每个子任务实质上就是一个子 SMDP 问题。Li 等[43]改进了 MAXQ 方法，提出了一个新的框架，即情境敏感强化学习(context-sensitive reinforcement learning，CSRL)框架。Ponce 等[44]将基于 MAXQ 的分层强化学习方法应用于非玩家角色游戏中，增加用户的自然体验。

3. 基于 HAM 的分层强化学习

Parr 等[6]提出了 HAM 方法，该方法通过引入有限状态机概念，用于表达 MDP 状态空间中的区域策略，将任务分层过程转换为在 MDP 策略空间上构造有限状态机的过程。HAM 方法与 Option 方法的相同之处在于它们两个都将 MDP 模型显式地规约到 SMDP 模型上来。因此，Option 方法与 HAM 方法在理论上都是直接基于 SMDP 模型的。Bai 等[45]提出了 HAMQ-INT 方法，自动发现使用 HAM 时的内部转换，并递归缩短计算 Q 值的时间。

4. 基于神经网络的分层强化学习

Bacon 等[38]提出了 Option-Critic 架构，旨在通过神经网络强大的学习能力，模糊 Option 发现和 Option 学习之间的界限，直接通过神经网络一起训练。该方法在一些游戏上取得了比不使用分层强化学习的深度 Q 值网络更好的结果。Vezhnevets 等[41]提出了一种新的递归神经网络 STRAW（strategic attentive writer），可以以端到端的方式隐式地学习时序抽象宏动作和基于宏动作的策略，仅依赖环境的奖励信号，不依赖伪奖励或者手动设定的子目标，在雅达利游戏中需要时序扩展规划和探索策略的挑战中，取得了比现有技术更好的成果，并且可以在通用序列预测中学习时序抽象。Vezhnevets 等[46]提出了 Manager-Worker 架构，Manager 负责给 Worker 一个子目标，而 Worker 根据子目标和当前所处的状态给出具体执行的动作。在这个方法中，Manager 和 Worker 分别是两个不同的神经网络，并且用各自的梯度分别进行优化，在实验中也取得了较好的效果。Florensa 等[47]在任务预训练之前，使用一个随机的神经网络学习技能，并通过最大化信道容量训练技能，解决之前未解决的连续控制任务。Léon 等[48]提出了一种新的强化学习框架 POMDP（partially observable MDP，部分可观 MDP），并提出一种新的学习模型 BONN（budgeted option neural network，预算选项神经网络），可以在 POMDP 设定下学习 Option。Kulkarni 等[49]采用深度学习方法学习子目标，设计一个具有两个层次的神经网络，顶层用于决策，确定下一步的目标，底层基于内部动机实现具体行为。该方法的缺点是需要人工给定子目标，不具通用性，并且由于内部动机设计原则不清楚，在复杂问题中很难实现。

3.6　分布式强化学习

深度强化学习领域的研究重点已经转向更复杂的主体-环境相互作用。因此，拥有可靠且可重复使用的深度强化学习智能体参考实现已成为推动学术和生产环境新发展的一个关键方面。下面首先介绍三类典型的分布式环境：面向研究的 Dopamine、面向端到端的 Horizon 和聚焦于分布式学习的 Ray RLlib。

1. Dopamine

Dopamine 框架代表了面向研究的深度强化学习解决方案系列。该领域中不同的研究目标要求研究软件具有各种级别的复杂性。例如，框架研究集中在如扩展分布式训练之类的工程问题上，并且可能需要高度优化的模块化框架。相反，深度强化学习领域的方法研究受益于支持新思想快速原型制作的简单解决方案。这个基于 TensorFlow 的框架主要受以下原则驱动。

（1）独立紧凑原则。Dopamine 通过将框架的所有核心逻辑保存在少量文件中，为深度强化学习领域的新人提供了一个易于理解的平台。智能体与环境交互的所有方面（如发送动作和接收观察）都由 Runner 类管理。为了确保在失败和将来重复使用所学策略的情况下进行恢复，检查指针组件定期保存实验状态。对实验进度的额外监控由 Logger 组件完成，该组件创建 TensorBoard 事件文件，用于对收集的统计数据进行可视化分析。

（2）可靠且可重复原则。确保实验结果的一致性和可重复性是深度强化学习领域的关键挑战之一。虽然由于环境和智能体人的随机性质，结果的可变性是不可避免的，但某些不一致可以通过更严格的报告标准和可共享的评估设置来避免。

2. Horizon

与前面讨论的 Dopamine 框架相反，Horizon 将自己定位为解决生产强化学习问题的第一个端到端平台，考虑到这种方法可能会转变为如何构建自动系统。Horizon 处理包含数百万个观察值的数据集，包括模拟器不能用于评估策略的情况，学习必须小心进行，以保持已建立的生产系统和用户经验。Horizon 框架主要包括以下主要功能。

（1）数据预处理。传统的深度强化学习智能体在包含当前状态、所选动作、连续状态和奖励的 MDP 转换上进行训练。由于像 OpenAI Gym 这样的传统基准使用模拟器来提供反馈，这样的转换可以立即创建并存储在经验缓冲区中以供学习。然而，在生产环境中，反馈循环很慢，所有的观察结果都被立即记录下来，这可能需要几个小时甚至几天的时间来获得对所选操作的奖励。因此，Horizon 提供了 Apache Spark 数据预处理管道（称为时间轴管道），该管道分析生产日志并创建强化学习智能体使用的转换。

（2）特征归一化。生产数据经常是稀疏的、有噪声的和任意分布的。因为已经表明，当在正态分布特征上训练时，神经网络学习得更好，特征标准化工作流对于端到端深度强化学习系统是至关重要的。因此，Horizon 分析训练数据，并为每个特征导出一个归一化函数。Horizon 没有重新生成整个数据集，而是将该归一化函数集成到 PyTorch 神经网络中，该网络将在前向传递过程中对每个数据样本进行归一化。

（3）数据理解工具。将深度强化学习方法应用于不良环境可能会使评估指标倒退，并推动开发过程调整不相关的因素。Horizon 建议从收集的生产日志中学习一个环境模型，并使用模型和启发式方法的组合来检查问题的有效性，并确定环境构建的重要特征。

（4）深度强化学习智能体实现。为了支持具有（非常大的）离散和连续操作空间的环境，Horizon 提供了几个基于价值和基于策略的智能体的实现。对于具有可管理数量的动作的离散动作域，Horizon 提供了传统的深度问答网络和部分 Rainbow 智能体。为了处理可能包含短暂动作的非常大的离散动作域，Horizon 引入了参数动作 DQN，这是 DQN 智能体的变体，可以基于一组特征过滤无效动作。对于连续的动作空间，Horizon 实现了深度确定性策略梯度和 SAC 智能体，这两种智能体都简单而有效。

(5)生产环境训练。一旦输入数据经过预处理和规范化，Horizon 就可以利用 PyTorch 的多图形处理器(graphics processing unit, GPU)功能，在非常大的数据样本上高效地执行分布式训练。与模拟环境相比，从一开始就在线训练强化学习智能体可能是不可取的。应用到生产系统的初始随机策略可能会让用户接触未经测试的实验策略，或者在安全关键系统的情况下，对系统产生不可逆的影响。因此，Horizon 建议对当前非强化学习生产策略收集的数据进行离线学习初始策略。

(6)反事实策略评估。与前面提出的观点类似，由于行为的不可预测性，无法在生产环境中直接评估正在训练的策略。因此，Horizon 使用反事实策略评估(counterfactual policy evaluation, CPE)方法，该方法能够基于历史数据估计策略的质量，而无须将其应用到生产系统中。在训练过程中，Horizon 执行以下 CPE 估计器之一：分步直接法估计器、分步重要性抽样估计器、分步双稳健估计器、顺序双稳健估计器、顺序加权双稳健估计器或 MAGIC 估计器。这些技术的一般思想是学习对环境奖励函数的估计，以预测没有观察到但可能发生的奖励。关于每种方法的更多细节，感兴趣的读者可以参考相关文献。

(7)优化模型服务。在实际应用中，生产环境可以在包含数千台机器的集群中运行，确保模型的高效和稳健服务非常重要。Horizon 通过使用 PyTorch 和 ONNX 格式来创建一个包含智能体配置的可移植包来应对这一挑战。应用到许多机器上的策略将把新的经验收集到生产日志中，这些经验可以被馈送到时间线预处理管道，并在学习过程的下一次迭代中使用。

3. Ray RLlib

如前所述，深度强化学习工作流通常包括经验收集和策略优化两个阶段。理论上，人们可以通过将特定的分布式系统应用于每个阶段并将它们拼接在一起来实现并行性。然而，在实践中，由于组件之间的紧密耦合和系统之间的高通信成本，这种方法是不合理的。因此，当前的深度强化学习库倾向于将深度强化学习智能体实现为单个强连接的过程，并将并行方法应用于整个过程，而不是单个模块。不幸的是，这种策略使得这种实现很难扩展、组合和重用。研究表明，尽管深度强化学习智能体的设计看起来有很大的差异，但在大多数智能体设计中都包含了如策略评估和基于梯度的优化等几部分内容。因此，显然需要一种实现高效抽象可组合并行组件的解决方案。该框架必须解决的一个关键问题是在深度强化学习智能体工作流的不同阶段充分处理高度不规则的计算模式。首先，方法任务的持续时间可以从毫秒(如采取行动)到数小时甚至数天(如接收来自环境的反馈)。其次，不同阶段的训练需要异构硬件(例如，经验采样通常在多个中央处理器(central processing unit, CPU)上运行，而策略优化在 GPU 上运行)。最后，深度强化学习方法包括用于细粒度模拟和数据处理的无状态任务，以及用于维护重放缓冲区和网络参数的有状态计算。为了满足这些要求，RLlib 围绕逻辑集中和分层控制模型的原则构建分布式深度强化学习组件，该模型建立在 Ray 框架之上，这是一个用于 Python 任务分布式执行的框架。与当前深度强化学习库中用于实现并行的传统分布式模型相比，RLlib 建议使用逻辑集中控制模型的分层版本。

　　RLlib 中深度强化学习智能体的实现从底层策略图的定义开始，它提供了神经网络的定义，以及访问网络参数和计算损失函数的接口。这个策略图可以在任何深度学习框架中指定，而 RLlib 目前支持 TensorFlow 和 PyTorch。对于与环境的交互，RLlib 提供了一个包装已定义的策略图和环境的策略评估器类，并提供了收集经验的示例方法。该策略评估器类对所有智能体都是通用的，可以实例化为一个 Ray 远程参与者，并在多个工作人员之间复制，以便并行收集经验。RLlib 智能体的最后一个组件是独立于方法的策略优化器，负责体验采样、网络参数更新和重放缓冲区管理等关键性能任务。为了分发经验集合，优化器启动了前面讨论过的许多远程评估器。然后，根据可用的资源，优化器要么在本地计算梯度，要么将此任务委托给远程评估者。一旦获得梯度，优化器就更新策略图本地副本的参数，并将它们广播给运行该策略的所有远程评估者。

参 考 文 献

[1] Coulom R. Efficient selectivity and backup operators in Monte-Carlo tree search[C]. International Conference on Computers and Games, Berlin, 2006: 72-83.

[2] Črepinšek M, Liu S H, Mernik M. Exploration and exploitation in evolutionary algorithms: A survey[J]. ACM Computing Surveys, 2013, 45(3): 1-33.

[3] Kocsis L, Szepesvári C. Bandit based Monte-Carlo planning[C]. European Conference on Machine Learning, Berlin, 2006: 282-293.

[4] Sutton R S, Precup D, Singh S. Between MDPs and semi-MDPs: Learning, planning, and representing knowledge at multiple temporal scales[J]. Artificial Intelligence, 1999, 112(1): 181-211.

[5] Dietterich T G. Hierarchical reinforcement learning with the MAXQ value function decomposition[J]. Journal of Artificial Intelligence Research, 2000, 13: 227-303.

[6] Parr R, Russell S. Reinforcement learning with hierarchies of machines[C]. Proceedings of the 10th International Conference on Neural Information Processing System, Cambridge, 1998: 1043-1049.

[7] Hauskrecht M, Meuleau N, Kaelbling L P, et al. Hierarchical solution of Markov decision processes using macro-actions[EB/OL]. http://arxiv.org/abs/1301.7381.[2021-08-01].

[8] da Silva B C, Konidaris G, Barto A. Learning parameterized skills[C]. Proceedings of the 29th

International Conference on Machine Learning, Edinburgh, 2012: 1679-1686.

[9] Parr R E. Hierarchical control and learning for Markov decision processes[D]. Berkeley: University of California, 1998.

[10] Thorndike E L. Review of animal intelligence: An experimental study of the associative processes in animals[J]. Psychological Review, 1898, 5(5): 551-553.

[11] Bellman R, Kalaba R. On the role of dynamic programming in statistical communication theory[J]. IRE Transactions on Information Theory, 1957, 3(3): 197-203.

[12] Bellman R. A Markovian decision process[J]. Journal of Mathematics and Mechanics, 1957, 6(5): 679-684.

[13] Watkins C J C H, Dayan P. Q-learning[J]. Machine Learning, 1992, 8(3-4): 279-292.

[14] Mnih V, Kavukcuoglu K, Silver D, et al. Human-level control through deep reinforcement learning[J]. Nature, 2015, 518(7540): 529-533.

[15] Hausknecht M, Stone P. Deep recurrent Q-learning for partially observable MDPs[EB/OL]. http://arxiv.org/abs/1507.06527.[2021-08-01].

[16] Wang Z Y, Schaul T, Hessel M, et al. Dueling network architectures for deep reinforcement learning[C]. Proceedings of the 33rd International Conference on Machine Learning, Anaheim, 2016: 1995-2003.

[17] Mnih V, Badia A P, Mirza M, et al. Asynchronous methods for deep reinforcement learning[C]. Proceedings of the 33rd International Conference on Machine Learning, Anaheim, 2016: 1928-1937.

[18] Fortunato M, Azar M G, Piot B, et al. Noisy networks for exploration[EB/OL]. http://arxiv.org/abs/1706.10295.[2021-08-01].

[19] Bellemare M G, Srinivasan S, Ostrovski G, et al. Unifying count-based exploration and intrinsic motivation[C]. Proceedings of the 30th Neural Information Processing Systems, New York, 2016: 1471-1479.

[20] Hessel M, Modayil J, van Hasselt H, et al. Rainbow: Combining improvements in deep reinforcement learning[EB/OL]. http://arxiv.org/abs/1710.02298.[2021-08-01].

[21] Horgan D, Quan J, Budden D, et al. Distributed prioritized experience replay[EB/OL]. http://arxiv.org/abs/1803.00933.[2021-08-01].

[22] Thrun S, Schwartz A. Finding structure in reinforcement learning[C]. Proceedings of the 34th International Conference on Neural Information Processing Systems, 1994: 385-392.

[23] Srinivas A, Krishnamurthy R, Kumar P, et al. Option discovery in hierarchical reinforcement learning using spatio-temporal clustering[EB/OL]. http://arxiv.org/abs/1605.05359.[2021-08-01].

[24] Krishnan S, Garg A, Liaw R, et al. SWIRL: A sequential windowed inverse reinforcement learning algorithm for robot tasks with delayed rewards[J]. The International Journal of

Robotics Research, 2019, 38(2/3): 126-145.

[25] Konidaris G, Kuindersma S, Grupen R, et al. Robot learning from demonstration by constructing skill trees[J]. The International Journal of Robotics Research, 2012, 31(3): 360-375.

[26] Jonsson A, Gómez V. Hierarchical linearly-solvable Markov decision problems[C]. Proceedings of the 26th International Conference on Automated Planning and Scheduling, London, 2016: 193-201.

[27] Goetschalckx R, Hamidi M, Tadepalli P, et al. Active imitation learning of hierarchical policies[C]. International Joint Conference on Artificial Intelligence, Milan, 2015: 3554-3560.

[28] McGovern A, Barto A G. Automatic discovery of subgoals in reinforcement learning using diverse density[C]. Proceedings of the 18th International Conference on Machine Learning, Williamstown, 2001: 361-368.

[29] Menache I, Mannor S, Shimkin N. Q-cut-dynamic discovery of sub-goals in reinforcement learning[C]. European Conference on Machine Learning, Berlin, 2002: 295-306.

[30] Zang P, Zhou P, Minnen D, et al. Discovering options from example trajectories[C]. Proceedings of the 26th Annual International Conference on Machine Learning, Montreal, 2009: 1217-1224.

[31] Digney B L. Learning hierarchical control structures for multiple tasks and changing environments[C]. Proceedings of the 5th International Conference on Simulation of Adaptive Behavior, Zurich, 1998: 321-330.

[32] Mcgovern E A. Autonomous discovery of temporal abstractions from interaction with an environment[D]. Amherst: University of Massachusetts Amherst, 2002.

[33] Hengst B. Discovering hierarchy in reinforcement learning with HEXQ[C]. International Conference on Machine Learning, Beijing, 2002: 243-250.

[34] Konidaris G, Barto A. Building portable options: Skill transfer in reinforcement learning[C]. International Joint Conference on Artificial Intelligence, Macao, 2007: 895-900.

[35] Konidaris G, Kuindersma S, Barto A G, et al. Constructing skill trees for reinforcement learning agents from demonstration trajectories[C]. Proceedings of the 30th International Conference on Neural Information Processing Systems, Vancouver, 2010: 1162-1170.

[36] Mankowitz D J, Mann T A, Mannor S. Adaptive skills, adaptive partitions(ASAP)[C]. Proceedings of the 30th International Conference on Neural Information Processing Systems, Barcelona, 2016: 1596-1604.

[37] Vigorito C M. Intrinsically motivated exploration in hierarchical reinforcement learning[C]. Congress on Evolutionary Computation, Vancouver, 2016: 1550-1557.

[38] Bacon P L, Harb J, Precup D. The option-critic architecture[C]. The 31st AAAI Conference on Artificial Intelligence, San Francisco, 2017: 1726-1734.

[39] Machado M C, Bellemare M G, Bowling M. A laplacian framework for option discovery in reinforcement learning[EB/OL]. http://arxiv.org/abs/1703.00956.[2021-08-01].

[40] Daniel C, van Hoof H, Peters J, et al. Probabilistic inference for determining options in reinforcement learning[J]. Machine Learning, 2016, 104: 337-357.

[41] Vezhnevets A S, Mnih V, Agapiou J, et al. Strategic attentive writer for learning macro-actions[C]. Proceedings of the 30th International Conference on Neural Information Processing Systems, Barcelona, 2016: 3486-3494.

[42] Mankowitz D J, Mann T A, Mannor S. Iterative hierarchical optimization for misspecified problems (IHOMP)[EB/OL]. http://arxiv.org/abs/1602.03348.[2021-08-01].

[43] Li Z R, Narayan A, Leong T. An efficient approach to model-based hierarchical reinforcement learning[C]. The 31st AAAI Conference on Artificial Intelligence, San Francisco, 2017: 3583-3589.

[44] Ponce H, Padilla R. A hierarchical reinforcement learning based artificial intelligence for non-player characters in video games[C]. Mexican International Conference on Artificial Intelligence, Cham, 2014: 172-183.

[45] Bai A J, Russell S. Efficient reinforcement learning with hierarchies of machines by leveraging internal transitions[C]. International Joint Conference on Artificial Intelligence, Melbouren, 2017: 1418-1424.

[46] Vezhnevets A S, Osindero S, Schaul T, et al. FeUdal networks for hierarchical reinforcement learning[C]. International Conference on Machine Learning, Washington D.C., 2017: 3540-3549.

[47] Florensa C, Duan Y, Abbeel P. Stochastic neural networks for hierarchical reinforcement learning[C]. International Conference on Learning Representation, Toulon, 2017: 1-17.

[48] Léon A, Denoyer L. Option discovery with budgeted reinforcement learning[EB/OL]. http://arxiv.org/abs/1611.06824.[2021-08-01].

[49] Kulkarni T D, Narasimhan K R, Saeedi A, et al. Hierarchical deep reinforcement learning: Integrating temporal abstraction and intrinsic motivation[C]. Proceedings of the 30th International Conference on Neural Information Processing Systems, Barcelona, 2016: 3682-3690.

第4章 智能博弈对抗对手建模方法

4.1 引　　言

多智能博弈对抗环境是一类典型的竞合(竞争-合作)环境,从博弈理论的视角分析,合理预测对手行为并安全利用对手弱点,可为己方决策提供有效依据。要解决博弈中非完全信息的问题,最直接的做法就是采取信息补全等手段将其近似转化为完全信息博弈模型。其中,对手建模(opponent modelling, OM)主要是指利用交互信息对对手行为进行建模,然后推理预测对手行为、推理发掘对手弱点并予以利用。本章主要围绕对手建模方法展开;4.2 节简要介绍对手建模面临的挑战、显式对手建模方法及隐式对手建模方法;4.3 节围绕即时策略类对抗中的在线对抗规划问题,从战术对抗规划、策略对抗规划和混合对抗规划三个方面展开介绍,并指出对抗规划的未来研究重点;4.4 节围绕序贯策略类对抗中的对手剥削问题,从对手建模式适变、对手感知式学习和对手生成式搜索三个方面展开介绍,并指出对手剥削的未来研究重点。

4.2 对手建模基础

从狭义上讲,对手建模作为一种典型的认知行为建模方法,主要研究的是如何对除自己以外的其他智能者进行行为建模,获得智能的行为模型,基于模型进行预测。对手建模也是一种典型的行为预测技术。当前,借助大数据及超强的计算能力,行为预测方法的研究呈现出专家知识驱动、数据驱动和混合驱动三种范式。从广义上看,对手建模主要是指对除智能体自身以外其他智能体建模,其中其他智能体可能是合作队友(合作博弈视角)、敌对敌人(对抗博弈视角)和自身的孪生版本(元博弈视角)。

4.2.1 对手建模简介

1. 对手建模的基本内涵

对手建模的相关研究由来已久,早期的一些工作主要采用博弈论框架进行,许多对手建模的方法受到博弈理论的启发而提出。博弈论是在现实世界竞争中人类行为模式的基石,研究理性参与者决策的相互作用及其均衡问题,使得个体通过竞争与合作实现自身利益最大化。在博弈论中，纳什均衡是博弈的最优解，可利用性衡量的是一个策略与纳什均衡策略之间的距离，其大小表征了纳什策略可利用性的强弱。建立对手模型的目的是使智能体能够适应对手并利用其弱点来提高决策能力，即使已知均衡解，利用准确的对手模型仍有可能获得更高的奖励。对手建模过程如图 4.1 所示，将可观测的历史数据作为输入，可以得到关于智能体某些属性的预测。

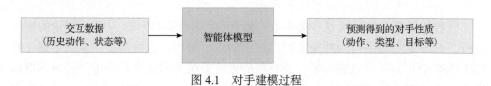

图 4.1　对手建模过程

2. 对手建模面临的挑战

多智能体博弈对抗面临信息不完全、动作不确定、对抗空间大规模和多方博弈难求解等挑战，在博弈对抗过程中，每个智能体的策略随着时间在不断变化，因此每个智能体所感知到的转移概率分布和奖励函数也在发生变化，故其动作策略是非平稳的。

根据智能体所处环境特性的不同，进行对手建模时所考虑的条件以及建模的方式也不同。现有的一些研究工作将其他智能体看成是环境的一部分，不考虑由智能体主体参与引起的非平稳，忽略其他智能体的影响，优化策略的同时假设了一个平稳的环境，将非平稳问题视为随机波动进行处理。在对手策略固定的情况下，将对手也视为平稳环境的一部分是一种有效的简化方法，然而，在对手策略是学习型缓慢变化或动态切换变化的情况下，需要充分考虑环境的非平稳性。在多智能体场景下，将智能体视为非平稳环境的一部分并不合理，因此，考虑环境的非平稳性，针对能够自主学习的对手，有必要进行对手建模，以预测对手的行为和评估对手的能力。非平稳问题主要采用在线学习、强化学习和博弈论理论进行建模。

从环境可观测性和对手行为变化程度两个维度对对手建模方法进行分析，目前应对"对手"的主要方法分为五类[1]：①忽略，即假设平稳环境；②遗忘，即采用无模型方法，忘记过去的信息同时更新最新的观测；③目标对手最佳响应，即针对预定义对手进行优化；④学习对手模型，即采用基于模型的学习方法学习对手动作策略；⑤心智理论循环推理，即智能体与对手之间存在递归推理。博弈对抗环境根据可观测性按递增顺序分为局部奖励、对手动作、对手动作与奖励、完善先验知识四类。环境的部分可观察性给智能体学习带来了很大的不确定性，如存在欺骗利用的环境中，有些奖励可能是虚假的。此外，在对抗交互中，对手也在不断地适应和学习，因此对手改变其行为的能力也是需要重要考虑的方面，按其行为变化剧烈程度由低到高分为固定策略、缓慢改变、剧烈变化。不同的方法均对对手进行类似的假设，有些方法假设对手策略固定，那么在非平稳环境无法适用。面对拥有适变[2]、动态切换[3]的非平稳策略的对手[4]，对手建模已然成为智能体博弈对抗时必须拥有的能力，并结合集中式训练分散式执行、元学习、多智能体通信建模等为非平稳问题的处理提供了技术支撑[5]。由环境可观测性、对手行为变化程度和智能体应对对手的主要方法组成的博弈对抗空间复杂性如图 4.2 所示。

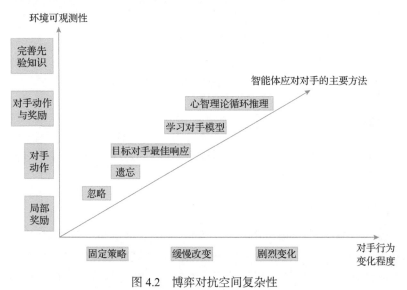

图 4.2　博弈对抗空间复杂性

3. 对手建模方法的分类

目前的大部分研究将对手建模方法分为隐式对手建模和显式对手建模。如图 4.3 所示，显式对手建模通常直接根据观测到的对手历史行为数据进行推理优化，通过模型拟合对手行为策略，掌握对手意图，降低对手信息缺失带来的影响，并且对其他方法的适配兼容效果更好。隐式对手建模则直接将对手信息作为自身博弈模型的一部分处理对手信息缺失的问题，通过最大化智能体期望奖励的方式将对手的决策行为隐式引进自身模型，构成隐式对手建模方法。显式对手建模提供了一种直接的方式来表示智能体的行为，但在没有一定先验知识的情况下，建立精确的模型需要大量的样本。对于不完美信息领域，对手信息的缺乏，使得显式对手建模难以实现。隐式对手建模则是编码智能体某些方面的行为特征，而不做出明确的预测。

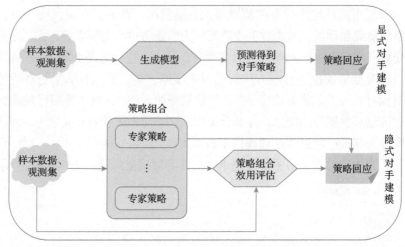

图 4.3　显式对手建模与隐式对手建模

4.2.2　显式对手建模方法

常用的显式对手建模方法分为计划行动意图识别方法、行为分类与类型推理方法、策略重构方法、概率推理方法[6]。

1. 计划行动意图识别

计划行动意图识别(plan activity and intention recognition, PAIR)[7]方法是一类典型符号主义的人工智能方法，主要采用层次化计划库或畴理论，预测对手的意图和可能的计划，丰富的计划库有助于识别复杂的行为模式。根据智能体之间的竞合关系，意图识别可以分为面向非对抗非合作的无关识别[8]和面向合作的有意识别[9]。智能体有意通过隐式通信的方式将自己的行为告知其他合作队友，面向对抗的对抗识别[10]，智能体采用欺骗的方式防止敌对敌人识别。

2. 行为分类与类型推理

行为分类方法根据不同信息源，运用机器学习的方法学习选定模型的参数，根据预测模型的多种属性预测风格类别，然后将风格类别标签(如攻击型/中立型/防御型、松凶型/紧凶型/松弱型/紧弱型)分配给对手[11]。类型推理方法[12]是假设对手是几种已知类型中的一种，并使用在实时交互过程中获得的新观察来更新信念，其中对手"类型"有可能是"黑盒"。

3. 策略重构

策略重构方法通过建立模型对对手的行动做出明确的预测来重建对手的决策

过程。假设模型有固定的结构，可根据被观察对手的行为，预测其行为概率，学习满足条件的任意模型结构。这类方法包括有条件行为概率模型方法[13]、案例推理方法[14]、紧致模型表示方法[15]和效用重构方法[16]。

4. 概率推理

概率推理方法包括基于图模型的贝叶斯概率推理方法和对抗推理方法。基于图模型的贝叶斯概率推理方法[17]，使用各种图模型对对手的决策过程及偏好进行建模，预测对手的可能行为，采用图形化表示有助于提高计算效率，但无法扩展至序贯决策。对抗推理是一种认知推理方法，可用于意图识别与欺骗推理[18]。

4.2.3　隐式对手建模方法

通常显式对手建模主要试图通过观察对手在不同情况下的行为来推断对手的策略，通过为对手建立一个模型来实现。隐式对手建模[19]试图找到一个好的对抗策略而不需要直接识别对手。因此，与显式对手建模不同的是，并没有对对手的行动从当前状态中分离出来进行分析。另外，显式对手建模需要对手在线对局的数据进行模型的实时估计和策略制定，而隐式对手建模采用的方法是首先离线计算出若干策略组合，然后通过对对手的对局数据来评估这些策略组合的效用，从而避免了在线对手建模存在的计算量大、响应慢等问题。然而隐式对手建模也需要克服探索与利用之间的矛盾，虽然其在在线博弈之前已经预先准备好若干种不同对手模型的对抗策略，但在比赛中找到其中的最优策略需要花费一定的代价，因此平衡探索与利用之间的矛盾，即何时开始与停止探索寻优是隐式对手建模方法中最大的问题。总体来看，隐式对手建模方法是一类策略表征学习方法。

1. 强化学习

基于深度值网络的深度强化学习对手网络方法[20]包含一个预测状态值的策略学习模块和一个推断对手策略的对手学习模块，根据过去的观察隐式地预测对手的属性，在此基础上还使用了混合专家网络改进值估计的方法。深度策略推理方法和引入循环神经网络的深度循环策略推理方法[21]，通过制定辅助手段来额外学习这些策略特征，直接从其他智能体的原始观察中进行学习。

2. 元学习

基于元学习的隐式对手建模方法主要通过与对手进行有限的交互，生成对手用于训练，从而获得利用不同对手的能力。Wu 等[22]设计的学会剥削框架采用元学习的方法进行隐式对手建模，提出了一个多样性正则化的策略生成算法，可以自动产生难被利用的和多样化的对手，提高了算法的鲁棒性和泛化能力。AI-Shedival 等[23]提出了一种模型无关的连续自适应对手的元学习方法。针对多智能体的情况，Kim 等[24]设计了一种多智能体策略梯度优化元学习方法。

3. 在线学习

在线对抗过程中，通常一开始很难进行对手建模，对抗过程中对手可能会随机切换风格，导致建立的单个对手模型不确定性很高。当前面向在线对抗的隐式对手建模方法主要分两种：一种是多臂机组合在线凸优化方法，其主要利用已经获得的对手模型信息进行在线动态对手建模与优化[25]；另一种是在线无悔学习方法，其将在线序贯决策过程构建成在线/对抗马尔可夫决策过程模型[26]，通过采样生成多个策略，采用多臂机在线凸优化控制动态后悔值[27]。

4.3　面向即时策略类对抗的对抗规划

规划是指决定行动序列以完成给定目标的过程。根据目标的不同，规划可以分为三类：①对抗规划[28]，规划的目标是攻击和摧毁敌人，并阻止敌人实现其目标；②中立规划，规划的目标并不影响其他规划的目标，或者影响可以被忽略；③友好规划，规划的目标是提升环境状态或者帮助其他规划实现目标。对抗规划是即时策略博弈领域的挑战性问题，在线博弈对抗过程中，智能体面临不确定性威胁环境和非平稳性对手，它需要在有限时间内根据博弈对抗态势推理对方的行动，在具有巨大的状态空间和动作空间中快速做出己方行动规划。规划领域的主流研究集中在单个智能体的中立规划任务，并不考虑对抗性的存在；实际中很多领域都有对抗性的存在，对手会积极主动地阻断我方完成目标，同时试图完成自身的目标，而这些目标往往是针锋相对和冲突的。除了对手之外，由于实时条件和隐藏信息约束的存在，规划过程变得更加复杂。对抗规划可划分为两个相互影响的部分，即对抗推理和反制规划，主要表示在一个对抗环境中一方通过计算求解对手的确定性状态、意图和行为，制定反制计划的动态规划过程。当前即时策略博弈中在线对抗规划方法的研究主要可分为战术对抗规划、策略对抗规划和混合对抗规划。

4.3.1　战术对抗规划

1. 极大极小树搜索

极大极小树搜索算法通过将敌我双方的行为都以树状结构进行表示，枚举每一种可能情况，比较每个动作可能导致对手采取的行动效果，搜索至终止情况的残局状态并对该状态评估，得到当前应采取的行动。由于此种方法构建的博弈树比较大，搜索到叶子节点需要花费的时间是无法接受的，因此大多数博弈树搜索方法采取深度受限搜索方法，借用估值函数估算辅助决策，在极大极小博弈树搜索过程中，理性假设各玩家都会选择可以达到对己方有利的博弈态势，Max 玩家总是希望博弈态势估值较大，Min 玩家希望博弈态势变成对 Max 玩家来说估值较小的态势，其本质就是对博弈树进行有限深度的展开，寻找最优策略路径，如图 4.4所示。

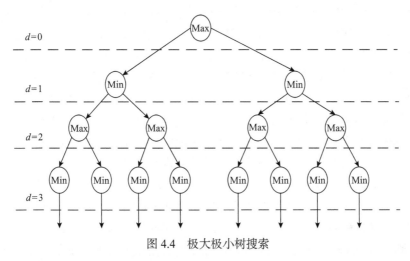

图 4.4　极大极小树搜索

极大极小树搜索的基本原理就是对博弈树进行一定层数的展开，寻找最优策略路径，并走出路径中的第一步策略。Churchill 等基于 Alpha-Beta 算法，提出了考虑时长的 Alpha-Beta(Alpha-Beta consider duration, ABCD)方法[29]和考虑时长的UCT 方法[30]。其中 ABCD 方法解决了即时策略博弈对抗过程中存在的动作同时执行以及动作持续执行两个问题。

2. 蒙特卡罗树搜索

MCTS 本质上是一种基于最佳优先搜索和蒙特卡罗估值的前向树搜索算法。通过随机采样方式来获得相关数据，构建博弈树模型以用于搜索，基于统计结果得出最终决策。针对即时策略游戏中环境动态变化的问题，MCTS 以实时搜索的方式产生在线决策。基本的 MCTS 算法包括在预先设置的计算资源内(一般指迭代次数或者运行时间)迭代地构建一棵非对称的搜索树,然后停止搜索并返回根节点上的最优动作。搜索树中的每个节点表示状态，指向子节点的定向链接表示导致后续状态的动作。

　　MCTS 的成功主要取决于树策略，在 MCTS 相关研究中，Chung 等[31]提出了一个用于战术规划的蒙特卡罗规划框架，并在基于开放的即时策略(open real-time strategy, ORTS)框架的博弈中进行了测试。Churchill 等[32]将 MCTS 算法应用于战斗中单个单元的底层控制。Balla 等[33]应用 MCTS 算法在即时策略博弈 Wargus 中进行战术攻击决策。类似的，Soemers[34]在《星际争霸》中使用 UCT 进行战术规划。Uriarte 等[35]在《星际争霸》中使用 MCTS 进行军事演练。到目前为止，已经有大量研究工作关注提高多智能体对抗环境中 MCTS 的性能。

　　Ontañón[36]提出了朴素 MCTS 来提高采样效率，基于朴素采样假设，将从组合臂获得的奖励视为从每个底层赌博臂获得的个人奖励之和。当分支因子增加时，朴素 MCTS 实验结果令人满意，但仅限于在小场景中。Uriarte[37]使用抽象博弈状态来减少《星际争霸》中的分支因子，但是这种方法不能胜过脚本内置的 AI。Shleyfman 等[38]指出，在计算时间接近结束时产生的分支没有足够的开发时间进行良好的估计，这可能会误导搜索，建议在候选项生成阶段和候选项评估阶段之间分配计算资源。两阶段采样算法在候选项生成阶段收集关于每个值的辅助信息，该辅助信息是对每个值的奖励贡献的估计，假设是线性的，接下来，使用这些信息，基于熵生成组合臂，剩余的时间用于寻找最佳的组合臂。Ontañón[39]提出了一种由信息引导的 MCTS，它利用先验信息来改善 MCTS 的性能，并通过两个不同的模型，即校准的朴素贝叶斯(calibrated naive Bayes, CNB)和行动型相互依赖模型(action-type interdependence model, AIM)，后者由于更好地表示了合法和非法行动之间的依赖关系而获得了更好的性能。但是这种方法需要使用大量专业博弈对抗数据进行预训练。Sironi 等[40]通过自适应调整 MCTS 参数，以提高智能体在游戏中的性能。

　　3. 组合多臂赌博机

　　UCT 采用 UCB1[41]作为树策略，用以平衡探索和利用，是目前最著名的 MCTS 实现方法之一。在 UCT 算法中，它将每个子节点的选择看成多臂赌博机问题，子节点的值是蒙特卡罗仿真得到的近似期望奖励，因此这些奖励是分布未知的随机变量。如果多个子节点具有相同的最大值，通常会进行随机选择。针对分支因子变得非常大，UCT 的性能下降问题，Ontañón[42]提出将选择阶段建模成组合多臂赌博机(combinatorial multi-armed bandits, CMAB)问题，比较适合即时策略博弈的组合决策空间。在 CMAB 中，智能体必须在每个周期中激活一个赌博臂，希望组合臂获得最大的预期奖励。

　　由于即时策略博弈环境的巨大复杂度，在计算时间有限的情况下，巨大的状态空间和动作空间使得目前大多数 MCTS 方法只能在小规模场景中有效。这类聚焦战术层行动的对抗规划方法没有全局视野，需要更高层级的策略来引导。

4.3.2　策略对抗规划

对于策略对抗规划方法的研究，一些工作引入了抽象机制[43]，包括动作抽象和状态抽象，将原始动作替换为脚本动作，例如，Justesen 等[44]提出的 Script-UCT 方法，大大降低了搜索空间。

1. 组合贪婪搜索

Churchill 等[30]提出的基于爬山算法的组合贪婪搜索(portfolio greedy search, PGS)方法，不是为了优化每个单元选择采取哪种行动，而是为每个单元选择最优的脚本来控制单元动作。与其他搜索算法相比，这些算法在大中型单元战斗中的性能明显优于纯脚本玩家，并且显示出了巨大的控制效率。如图 4.5 所示，初始脚本动作默认为 NOK-AV，统一迭代阶段采取一方固定不变的情况优化另一方，采用 Playout 方法进行效果评估，直到决策时间结束，输出局部最优解。

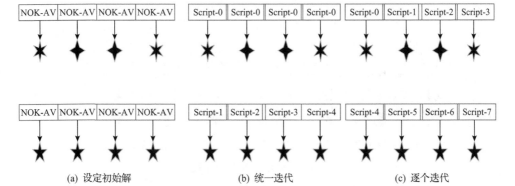

图 4.5　组合贪婪搜索方法

Moraes 等[45]发现了 PGS 方法中的不一致问题，由于在快速推理中依赖脚本化的对手模型，可能无法返回可能的最佳动作，他们提出了一种嵌套贪婪搜索(nest greedy search, NGS)方法，其工作方式与 PGS 方法相同，不同之处在于 NGS 方法处理对手建模的方式。NGS 方法贪婪地寻找对手对每个单位/动作组合的最佳反应，并计算针对该反应的最佳动作。

2. 组合在线演化

Che 等[46]提出了基于演化迭代的策略选择组合在线演化(portfolio online evolution, POE)方法，实验结果表明 POE 方法效果好于 PGS 方法。如图 4.6 所示，

POE 方法主要流程包括设置初始基因组,在变异阶段对基因组进行随机变异操作,在交叉阶段对基因组进行随机两两交换,在选择阶段采用 Playout 方法筛选效果好的基因组至决策时间结束。

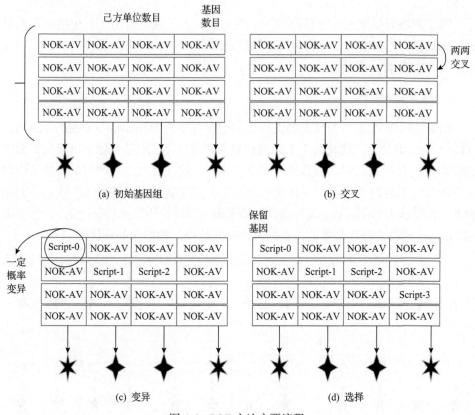

图 4.6　POE 方法主要流程

3. 分层策略选择

Lelis[47]提出了分层策略选择(stratified strategy selection,SSS)方法,该方法使用类型系统将玩家的单位划分为不同类型,并假定相同类型的单位必须遵循相同的策略。将一个脚本分配给一组被判断为属于同一类型的单元。一个类型系统决定如何使用属性来划分单位,如当前的生命值、攻击范围和武器伤害,类型数量越多,策略越精细;反之,数量越少,策略越粗糙。SSS+是一个变体,使用自适应类型系统和元推理方法来平衡搜索之间的策略粒度。如图 4.7 所示,SSS 算法采用类型系统,SSS+采用自适应类型系统,初始设定默认均为 NOK-AV,依据类型进行种群划分,然后进行逐群体迭代交替至决策时间结束。

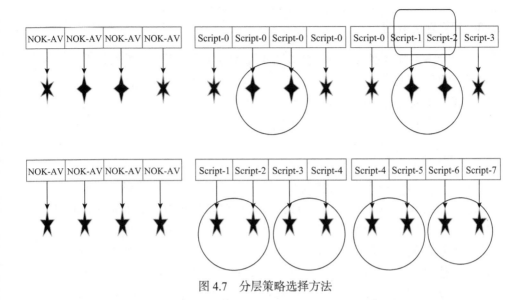

图 4.7　分层策略选择方法

4. 非对称抽象采样

由于分支数变得非常高，基于 MCTS 的规划方法不能很好地扩展到更大的即时策略博弈场景，Moraes 等[48]提出要利用行动抽象方法提升朴素 MCTS 的扩展性并设计了两种方法。在第一种方法 A1N 中，从一组脚本中进行朴素采样，而不是从一组低层级动作导出的抽象动作子集中采样。在第二种方法 A2N 中，单位动作是从两组不同的脚本中采样的。这些依赖于动作抽象方法的主要缺点是它们依赖硬编码的策略，将智能体的行为限制在脚本动作的集合中，而且对对手策略的动态适应探索不够，使智能体容易被对手利用。

5. 投票式策略创建

Silva 等[49]提出通过投票式策略创建(strategy creation via voting, SCV)试图解决以上两个缺点，该方法包括一个新颖的策略生成机制，该机制建立在一组硬编码脚本的基础上，通过投票机制生成新的策略。此外，SCV 实施了一种策略适应技术，使用从不同策略之间的匹配数据集训练的逻辑回归模型，在每一个固定数量的决策周期后，它会检测对手采用的策略，并相应地调整自己的策略。

为了找到一个最优的抽象可以显著提高智能体的策略水平，Mariño 等[50]使用进化算法来进化一组由脚本诱导的抽象，并找到最佳抽象，与 SCV 类似，通过改变每个策略的参数，从一个较小的集合中产生一个较大的策略库。在诱导抽象空间中，使用 PGS 或 SSS 作为搜索算法，通过与所有其他个体进行一组即时策略博弈对抗来评估个体。

4.3.3　混合对抗规划

由于策略对抗规划通常会牺牲短期的战术表现来获得更好的长期策略决策。战术对抗规划方法则相反。近年来，国内外学者还提出了很多混合对抗规划方法，主要是通过将两大类方法集成到一种方法中来执行两种类型的规划。这种混合方式很好地模仿了人类进行策略和战术规划的方式。

1. 规划知识引导

一些基于领域知识的策略规划方法采用由专家提供的各种编码知识。分层任务网络(hierarchical task networks, HTN)是即时策略博弈中最常用的领域可配置规划器。HTN 是一种分层结构，由一个目标节点和多个子节点组成，这些子节点代表原始任务或非原始任务，智能体可以立即执行基本任务，而对于非基本任务必须使用某种方法将其分解成基本任务。Ontañón 等[51]首次提出了结合 HTN 规划和博弈树搜索的对抗性分层任务网络(adversarial HTN, AHTN)规划算法，即为博弈对抗各方均构造一个 HTN，采用极大极小搜索方法，在每次迭代中，相应玩家的 HTN 被扩展，并且原始动作被执行，AHTN 适用于持续性和同时性动作，性能优于 μRTS (μ real time strategy) 中的内置智能体。如图 4.8 所示，AHTN 算法采用 Alpha-Beta 剪枝方法为每个分支加入一个评估，利用递归函数对未来行动进行预估。

由于 AHTN 没有考虑任务失败的概率，忽略了任务之间的关系。Sun 等[52]在 AHTN-R(adversarial hierachical task network-repair, 带修复的对抗性分层任务网络)中解决了这些问题，提出了一种任务修复机制，可以检测失败的任务并进行重规划，从预定义的列表中选择一个替代任务。Sun 等[53]在 AHTN(adversarial hierachical task network, 对抗性分层任务网络)中采用对手策略来模拟对手行为生成博弈树的 Min 节点。Neufeld 等[54]提出了一种基于 HTN 与 MCTS 的混合规划算法。利用 HTN 进行策略规划，利用 MCTS 进行战术规划。每个 HTN 基元任务都用一个评估函数来表示，该函数被传递给朴素 MCTS。每个评估函数旨在引导朴素 MCTS 生成特定任务。其中函数的权重是手动调整的。实验结果表明，相对于 AHTN 和朴素 MCTS，这种混合规划方法性能有了很大提高。

2. 行动语法识别

组合分类语法(combinatory categorial grammar, CCG)是一种高效的、语言表达的语法形式主义，用于自然语言处理中生成和识别自然语言句子。CCG 把特定语言的结构(词汇)从语法中分离出来。由于其识别性和生成性，CCG 恰好非常适合识别和生成计划。Geib 等[55]利用组合分类语法作为计划识别方法。计划识别是从一系列观察到的行动中确定智能体目标的过程。Kantharaju 等[56]提出了 Lex_Learn 算法，通过给一系列动作分配类型标签学习抽象动作的词典。为了识别长时间段计划，作者使用一种新的学习算法 Lex_Greedy 来泛化 CCG，该算法通过贪婪方法缩减了抽象的数量。在计划识别过程中，由于采用了广度优先搜索(breadth-first search, BFS)方法，对于更大的场景，词汇贪婪学习词典将仍然包含每个动作类型的大量类别，这将影响 BFS 方法的识别性能，Kantharaju 等[57]提出使用 MCTS 算法进行大规模计划识别。针对即时策略博弈，Kantharaju 等[58]提出了对抗组合分类语法(adversarial CCG, ACCG)规划算法。如图 4.9 所示，在规划领域中使用 CCG 从一组即时策略博弈对抗回放日志中识别计划，根据识别的对手计划，基于极大极小算法采用类似 AHTN 的算法生成己方计划。

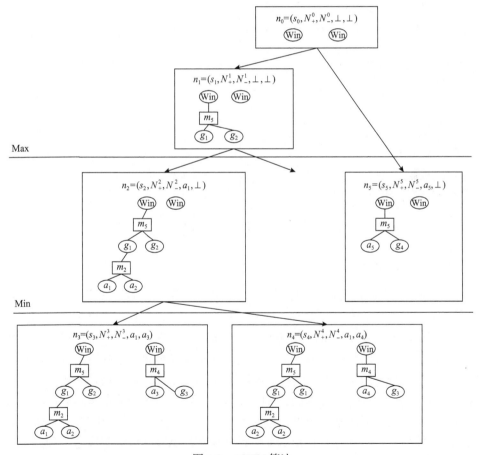

图 4.8　AHTN 算法

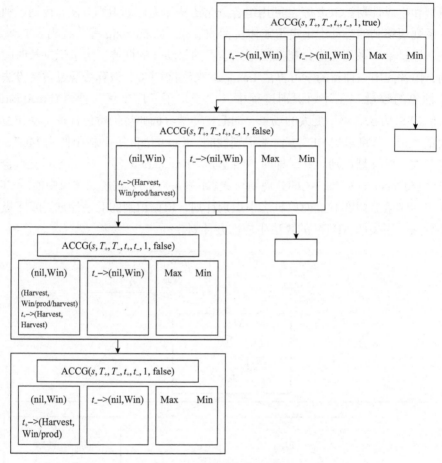

图 4.9　对抗组合分类语法

3. 木偶采样搜索

Barriga 等[59]提出了木偶采样搜索方法，这是一种新型对抗搜索框架，其依赖于在预定义的非确定性脚本中插入许多公开的选择点，其脚本可以是硬编码的、基于机器学习的、基于搜索的或基于规则的智能体。它通过使用可以将选择点暴露给前瞻搜索过程的脚本来减少搜索空间，搜索仅在暴露的选择点集合上执行，这显著减少了分支因子。为了提高"木偶搜索"的战术性能，Barriga 等[59]提出策略战术（strategy tactics，ST）算法，试图将其与朴素 MCTS 结合起来，利用卷积神经网络模型预测木偶搜索的输出，并生成策略，然后利用朴素 MCTS 为备选策略生成战术规划。Moraes 等[60]提出的非对称抽象算法 A3N，可以看成是一种混合规划方法，朴素 MCTS 被修改为在两个抽象层次中搜索。其中战术规划采用非受限搜索，策略规划采用受限搜索。Yang 等[61]提出了引导朴素采样（guided naive sampling, GNS）算法。

4. 学习引导搜索

Yang 等[61]提出一种决策树集成的 MCTS 算法。首先利用历史数据学习基于决策树的策略，然后上层采用 Bagging 和随机森林等集成学习的方法引导下层搜索。训练后的模型可通过朴素采样预测每个单位的合法行为概率，其工作方式与 AlphaGo 非常相似，其采用的朴素采样可很好地应对即时策略博弈的多分支因子。Tavares 等[62]提出了基于抽象的强化学习方法。Lu 等[63]提出了基于 MAXQ 引导的分层蒙特卡罗在线规划方法，通过在 MCTS 算法中引入 MAXQ 分层任务结构，减少搜索空间并指导搜索过程，从而显著减少计算开销，而计算开销的减少使得 MCTS 能够在有限的时间执行更深入的搜索以找到更优的规划策略。

4.3.4　未来研究重点

当前，即时策略博弈对抗规划方法研究已然取得了一些进展。围绕其对抗推理和应对规划两个子过程，未来可以利用对手及玩家建模方法，分析对手的行动特点，推理对手可能采取的行动；借助人机协同方法，组织人在回路的在线临机规划；充分发挥数据驱动的学习范式的优势辅助对抗规划生成。

1. 对手及玩家建模

对手建模的目标是学习对手的模型，这个模型可以利用博弈对抗数据集进行离线学习，或者在博弈对抗过程中进行在线学习。通过对手建模，可以获得对手池，方便训练出更高阶的智能体。其中在线对手建模和有限理性对手建模仍是大难题。玩家建模主要是学习玩家多种不同的可能模型，如博弈风格、博弈行为、性格特征、博弈技能表现等。

2. 人机协同在线临机规划

人机协同规划是人工智能实用化的必然要求，同时人工智能为人机协同提供了强大支撑。传统的规划按照不同的时机可以划分为两个阶段，三种规划，即博弈对抗前的预先规划、临战规划和博弈对抗时的临机规划。其中临机规划直面瞬息万变的博弈对抗态势，相关成果直接影响战局发展，凭借简单的方法难以有效支撑高层决策，因而成为当前规划中亟须解决的瓶颈问题。采用人机协同的方式可以提升智能体的规划能力，打通人与智能体之间的知识循环。最新的一些研究探索了人与单智能体协同、人与多智能体组队博弈对抗问题。此外，研究如何利用自然语言指令引导博弈对抗，或许也能催生出更懂人类口头或书面指令的博弈智能体。

3. 基于学习的规划方法

规划和学习是人工智能的两个著名范式和子领域。规划注重设计行动序列以实现指定的目标或一组目标，而学习侧重于交互提升。虽然这两种范式在博弈对抗领域都取得了巨大成功，但它们都存在一些缺点。规划方法需要环境模型以及规划任务的准确描述，这在更复杂的环境中可能不容易获得。对于学习方法，当处理更复杂的环境时，如果没有提供任何指导，智能体可能会花费很多时间探索次优行为。然而，这两种范式可以相互补充，从某种意义上说，每个范式都可以用来弥补另一个范式的不足。尽管目前关于搜索方法的研究成果众多，但即时策略博弈战术层对抗规划的实时性要求极强，在战斗单位数量众多时，抽象机制的存在也仅能保证搜索有限的动作空间，导致搜索所得解的最优性不足。可以借鉴Muzero 的算法思路，将学习到的模型融入在线搜索过程，由学习模型引导搜索过程[64]。未来可以采用分层、分布式、并行技术和机器学习的方法提升 MCTS 方法的性能，采用深度学习方法评估博弈对抗态势，学习博弈态势表示；采用监督学习、战术搜索与强化学习方法学习行动策略；采用多样性对手建模与强化学习的方法学习全局行动策略。

4.4　面向序贯策略类对抗的对手剥削

在线博弈对抗过程中，可以用两种方式生成己方策略，第一种是从悲观视角出发的博弈最优(game theory optimal, GTO)，即采用离线蓝图策略进行对抗，第二种是从乐观视角出发的剥削式对弈，即在线发掘对手可能的弱点，以最大化己方收益的方式剥削对手。对手剥削是棋牌类博弈领域的挑战性问题，在线博弈对抗过程中，发现对手弱点并充分利用己方认知优势剥削对手。在纳什均衡解概念中，双方都采用均衡策略，任何偏离均衡策略的一方所获得的收益将减小。对于非完全理性的对手，其策略和纳什均衡策略之间的"距离"，为其他均衡策略玩家创造了可利用性。在求解(近似)纳什均衡解时，可利用性是均衡策略质量的衡量标准，指该策略在预期中相对于最坏情况下的对手策略所达到的少于博弈价值的量，通常也将这个差值称为一个策略的可利用度，其衡量了对手采用纳什均衡策略获利的程度，也即因未采用纳什均衡策略，对手用强有力的应对策略对其做出惩罚的程度，这是对策略最坏情况下质量的度量，故其常被用来评估各种策略学习方法。由于大规模非完美信息博弈中的均衡策略难以求解，均衡策略是一种基于对手完美理性假设的静态策略，它在面对不同对手时缺乏动态策略调整的能力，尤其是在面对次优对手时无法取得更大收益，均衡策略在多智能体环境中的有效性缺少理论保证。对手剥削方法则强调根据对手实际行为调整己方策略，它不追求在整个博弈解空间中寻找一个最优的"不动点"，而是希望将问题分解至与不同对手对抗的子博弈空间中寻找可行解，因此在对手策略非完美理性(或者说可利用度大于零)的假设前提下，采用对手剥削方法是更加直接有效、轻量灵活的选择。对手剥削可划分为两个相互影响的部分：博弈推理和反制策略生成，主要表现在博弈对抗过程中，推理对手的状态和可能采取的行动，搜索己方反制对手剥削的策略。当前关于棋牌类博弈中在线对手剥削方法的研究主要分为对手建模式适变、对手感知式学习和对手生成式搜索。以下以德州扑克为例，介绍对手剥削方法。

4.4.1　对手建模式适变

对手建模式适变类方法依赖对手的显式或隐式模型，通过对手模型分析生成适应对手变化的适变反制策略。

1. 推理、预测与估计

推理、预测与估计类方法主要试图推理对手可能的状态进而补全不完全可观的信息，预测对手可能采取的行动进而找到应对措施，估计对手可能的手牌牌力和赢牌潜力进而分析己方的赢率等。这类方法包括采用聚类方法推理对手的博弈风格类型，采用频率统计类方法预测对手的动作偏好，采用神经网络类方法预测对手可以采取的行动，评估对手的状态值和己方的赢率等。如图 4.10 所示，Li 等[65]提出使用模式识别树和 LSTM 网络估计器显式地进行对手建模，其中底层的常规模式识别树用于在线对抗中进行对手行为模式的识别，每轮博弈结束后保存至默认模式识别树中，上层的摊牌赢率估计器和对手弃牌率估计器分别用于估计己方赢率和对手弃牌率，然后基于决策算法给出最终反制策略。

2. 机会发掘与欺骗

机会发掘与欺骗类方法主要试图分析博弈对抗态势下对手策略是否暴露弱点、是否"有机可乘"，进而己方可以极大化地剥削对手，或者己方牌力差时采用"诈唬"的方法吓退强劲对手，己方牌力强时采用"慢打"的方法引诱对手下更多注等。Ganzfried[66]从安全的角度研究了重复零和博弈的对手剥削问题，给出了安全策略的完整特性，在线实时对抗过程中，通过利用对手模型预测对手状态及可能采取的行动并发掘可以剥削对手的机会，开发了一种剥削次优策略对手并保证安全的方法。如图 4.11 所示，通过观测计算对手模型，发掘可以安全剥削对手的机会，反制策略的生成变成了安全策略选择问题。

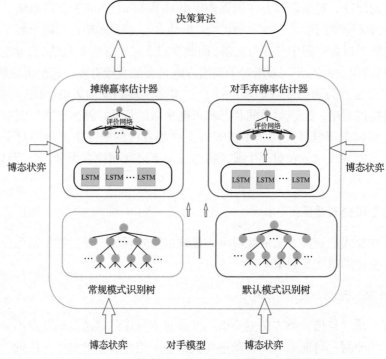

图 4.10　基于模式估计器和 LSTM 网络的对手建模

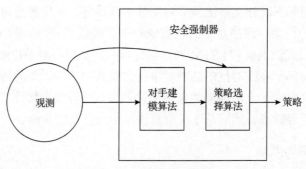

图 4.11　安全剥削对手方法

3. 策略空间探索优化

策略空间探索优化类方法主要试图在博弈策略空间上探索剥削对手可能性的方法。Ganzfried 等[67]提出基于先验知识,利用贝叶斯优化模型获得对手模型的后验分布,辅助剥削对手的反制策略生成。此外还有一些方法利用先验分布,模拟与对手的对抗交互过程并得出博弈收益结果,利用博弈策略分析方法分离出策略之间的传递压制和循环压制关系,通过预先计算出多个可行对抗策略,然后利用后验采样方法或在线凸优化类方法生成反制策略。如图 4.12 所示，Tian[68]提出利用狄利克雷过程模型和中国餐馆过程模型，在已有策略空间中生成安全剥削对手的反制策略。

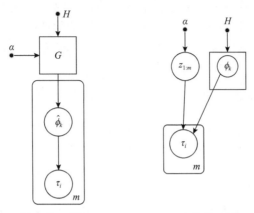

(a) 狄利克雷过程模型　　　　　(b) 中国餐馆过程模型

图 4.12　狄利克雷过程模型和中国餐馆过程模型

4.4.2　对手感知式学习

对手感知式学习方法主要通过假设对手也在学习己方模型，与对手共同学习演化是其主要思路，其中假设对手也在学习，故在对手建模过程中要考虑到这一层推理关系。

1. 认知建模与推理

认知建模的方法主要试图从认知行为学的角度，采用心智理论分析对手的行动，进而得出己方策略[69]。基于心智理论的推理方法得到了广泛研究[70]，其中递归推理[71]方法对嵌套信念进行建模（例如，"我相信你相信我相信……"），并模拟对手的推理过程来预测他们的行动，递归持续推理对手的可能模型，预测行为的可能性，基于层次推理与无悔学习的方法可以很好地为在线对抗学习提供支撑。

2. 学习意识稳定塑造

相比传统对手模型学习方法，学习意识稳定塑造类方法通过引入一个包含对手值函数的二（高）阶项来考虑对手策略的变化。Foerster 等[72]提出对手具有学习意识的学习（learning with opponent learning aware, LOLA）算法，假定对手也具有学习能力，该算法需要在与对手交互学习的环境下学习对手模型，此外，Letcher 等[73]将前瞻搜索与 LOLA 算法结合，提出了用于微分博弈中对手建模的稳定对手塑造方法。

3. 协同演化与集成

协同演化与集成类方法主要采用与对手协同交互的方式学习克制对手的模型。协同演化方法利用对手模型和演化学习方法生成对抗策略池[74]。集成方法采用多个已训练好的专家策略，对未知对手行为预测的准确率比单个分类器的结果更高，可以为基于已有异构分类模型快速构造通用的对手模型提供支撑，提高对未知对手的预测性能，提高模型泛化能力[75]。

4.4.3 对手生成式搜索

对手生成式搜索类方法不需要利用确切的对手模型，但需要将对手行动纳入反制策略的生成过程中，分析对手可能采取的行动。

1. 受限博弈响应生成

受限博弈响应生成类方法主要试图分析对手的可能性倾向和可能不会采取的行动，在原有的纳什均衡最优策略基础上生成限定的反制策略。其中博弈最佳响应方法，通过观察对手的动作频率，并结合近似均衡策略的信息与观察值以构建对手模型，根据对手模型计算并生成最佳响应，不断进行实时更新[76]。例如，为了生成鲁棒的反制策略，可以使用统计数据分析和挖掘方法分析对手的倾向性策略，基于专家知识，利用剪枝生成行动受限的纳什响应策略等。此外，局部最佳响应、统计数据偏差响应[77]、有限理性定量响应和安全最佳响应[78]也常用于针对对手的反制策略制定。Ponsen 等[79]提出利用 MCTS 与受限纳什响应生成鲁棒的反制策略，如图 4.13 所示，其中参数 p 表示模型的信任度。

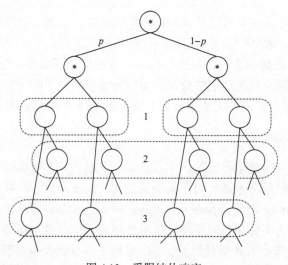

图 4.13　受限纳什响应

2. 在线蒙特卡罗持续重解

在线蒙特卡罗持续重解类方法主要试图对在线对抗过程中双方状态进行分离，构造领域无关的小型博弈，进而运行蒙特卡罗采样方法重新求解在线反制策略。Šustr 等[80]基于在线结果采样法和信息集蒙特卡罗采样提出了蒙特卡罗重解法。此外，Brown 等[81]提出在对手建模时要平衡安全与可利用性，基于安全嵌套有限深度搜索的方法可以生成安全对手剥削的反制策略。

3. 值函数有限深度搜索

值函数有限深度搜索类方法试图利用神经网络估计最优值函数辅助在有限深度搜索生成反制策略。Brown 等[82]提出了基于深度强化学习的值函数方法。Kovařík 等[83]给出了当前三种博弈模型中的值函数（可达最优值函数、反事实最优值函数和全局最优值函数）。Milec 等[84]基于值函数，利用有限深度最佳响应，限定纳什响应方法生成反制策略。如图 4.14 所示，DeepStack 采用的就是基于反事实值函数的在线重解方法[85]。

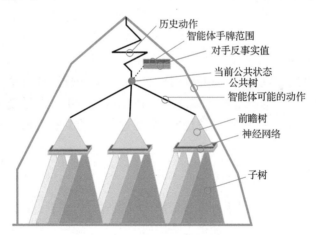

图 4.14　基于反事实值函数在线重解方法

4.4.4　未来研究重点

1. 有限理性与欺骗建模

有限理性是指介于完全理性和非完全理性之间的在一定限制下的理性。通常情况下，博弈局中人被认为是绝对理性的，然而在现实的场景中人类参与者往往无法做出最佳策略，其行为可能偏离博弈中的均衡解。在棋牌类博弈过程中，高水平的参与者逐渐适应对手的打法后，试图"操控"博弈过程时也会表现出非理性行为。例如，通过设计巧妙的"陷阱"，暂时放弃短期的最优收益，诱使对手做出错误的决策，以获得长期收益。欺骗与反欺骗是一种广泛存在的对抗形式，在棋牌类领域更是屡见不鲜，欺骗是一类典型的偏离理性假设的行为。在不完全信息博弈中，由于信息的不对称性，欺骗十分普遍，参与者可以通过采用"诈唬"的手段混淆对手的认知，欺骗对手从而达到赢得对局的目的。欺骗方法研究是博弈学习中的难点，如何有效地利用欺骗手段并识别对手的欺骗，如何通过模拟欺骗性交互来实施欺骗和检测欺骗，如何分析欺骗性自主智能体的建模推理和行为机制均有待深入研究。

2. 多样的策略学习方法

基于异构模型的对抗集成学习，即当对手模型由不同方法学习得到时，获得的是参数不一致的异构模型，此时可以采用集成学习方法组织博弈对抗训练。基于同构模型的神经演化学习，即对手模型由相同的方法学习得到时，获得的是参数模型一致的同构模型，此时可以采用神经演化学习方法组织博弈对抗训练。基于种群演化的多样性课程学习，即当面对复杂的任务时，智能体需要掌握多种不同技能，此时可以采用分阶段课程学习或多样性自主课程学习，通过种群课程训练和演化选择学习技能。面向未知对手模型的元学习，即当对手模型未知时，智能体需要与未知对手进行对抗，可以利用元学习方法，通过学习历史交互信息，在线生成难以被利用对手和多样性对手模型来指导博弈对抗训练。基于模型的在线无悔学习，即当面向可能随意变换风格的对手，对手模型的在线利用主要采用在线无悔学习方法，通过分析交互过程中的动态后悔值来指导博弈对抗训练。

3. 适变无悔反制策略生成

如何应对多种风格的对手一直是智能体策略应对的难点，此前的一些研究将着力点放在了多目标博弈对手建模方法的研究上，最新的一些研究重点为策略的无悔性，这是一类在安全保底的博弈理念驱动下，寻找安全策略的方法。

参 考 文 献

[1] Hernandez-Leal P, Kaisers M, Baarslag T, et al. A survey of learning in multiagent environments: Dealing with non-stationarity[EB/OL]. http://arxiv.org/abs/1707.09183.[2021-05-06].

[2] Bakkes S C J, Spronck P H M, van den Herik H J. Opponent modelling for case-based adaptive game AI[J]. Entertainment Computing, 2009, 1(1): 27-37.

[3] Hernandez-Leal P, Munoz de Cote E, Sucar L E. A framework for learning and planning against switching strategies in repeated games[J]. Connection Science, 2014, 26(2): 103-122.

[4] Hernandez-Leal P, Zhan Y S, Taylor M E, et al. An exploration strategy for non-stationary opponents[J]. Autonomous Agents and Multi-agent Systems, 2017, 31(5): 971-1002.

[5] Papoudakis G, Christianos F, Rahman A, et al. Dealing with non-stationarity in multi-agent deep reinforcement learning[EB/OL]. http://arxiv.org/abs/1906.04737.[2021-05-06].

[6] Albrecht S V, Stone P. Autonomous agents modelling other agents: A comprehensive survey and open problems[J]. Artificial Intelligence, 2018, 258: 66-95.

[7] Mirsky R, Keren S, Geib C. Introduction to Symbolic Plan and Goal Recognition[M]. San Francisco: Morgan & Claypool Publishers, 2021.

[8] Avrahami-Zilberbrand D, Kaminka G A. Incorporating observer biases in keyhole plan recognition (efficiently!)[C]. The Association for the Advance of Artificial Intelligence, Vancouver, 2007: 944-949.

[9] Geib C W, Goldman R P. Plan recognition in intrusion detection systems[C]. Proceedings DARPA Information Survivability Conference and Exposition II, Anaheim, 2001: 46-55.

[10] Mirsky R, Stern R, Gal K, et al. Sequential plan recognition: An iterative approach to disambiguating between hypotheses[J]. Artificial Intelligence, 2018, 260: 51-73.

[11] Ahmad M A, Elidrisi M. Opponent classification in poker[C]. Proceedings of the 3rd International Conference on Social Computing, Behavioral Modeling, and Prediction, Bethesda, 2010: 398-405.

[12] Albrecht S V, Crandall J W, Ramamoorthy S. An empirical study on the practical impact of prior beliefs over policy types[C]. The 29th AAAI Conference on Artificial Intelligence, Austin, 2015: 1988-1994.

[13] Zhang Y, Radulescu R, Mannion P. Opponent modelling using policy reconstruction for multi-objective normal form games[C]. Proceedings of the Adaptive and Learning Agents Workshop(ALA-20) at AAMAS, Auckland, 2020: 2080-2082.

[14] Kolodner J. Case-Based Reasoning[M]. San Mateo: Morgan Kaufmann Publishers Inc., 2014.

[15] Carmel D, Markovitch S. Learning models of intelligent agents[C]. The Association for the Advance of Artificial Intelligence, Portland, 1996: 62-67.

[16] Baarslag T, Hendrikx M J C, Hindriks K V, et al. Learning about the opponent in automated bilateral negotiation: A comprehensive survey of opponent modeling techniques[J]. Autonomous Agents and Multi-Agent Systems, 2016, 30(5): 849-898.

[17] Doshi P, Zeng Y F, Chen Q Y. Graphical models for interactive POMDPs: Representations and solutions[J]. Autonomous Agents and Multi-agent Systems, 2009, 18(3): 376-416.

[18] Kott A. Adversarial Reasoning: Computational Approaches to Reading the Opponent's Mind[M]. Boca Raton: Chapman & Hall/CRC, 2006.

[19] Bard N, Johanson M, Burch N, et al. Online implicit agent modelling[C]. Proceedings of the

International Conference on Autonomous Agents and Multi-agent Systems, St. Paul, 2013: 255-262.

[20] He H, Boyd-Graber J, Kwok K, et al. Opponent modeling in deep reinforcement learning[C]. Proceedings of the 33rd International Conference on Machine Learning, New York, 2016: 1804-1813.

[21] Hong Z W, Su S Y, Shann T Y, et al. A deep policy inference Q-network for multi-agent systems[C]. Proceedings of the 17th International Conference on Autonomous Agents and Multi-agent Systems, Stockholm, 2018: 1388-1396.

[22] Wu Z, Li K, Zhao E, et al. L2E: Learning to exploit your opponent[EB/OL]. http://arxiv.org/abs/2102.09381.[2021-05-06].

[23] AI-Shedival M, Bansal T, Burda Y, et al, Continuous adaptation via meta-learning in nonstationary and competitive environments[EB/OL]. http://arxiv.org/abs/1710.03641.[2021-05-06].

[24] Kim D, Liu M, Riemer M, et al, A policy gradient algorithm for learning to learn in multiagent reinforcement learning[EB/OL]. http://arxiv.org/abs/2011.00382v3.[2021-05-06].

[25] Bard N D C. Online agent modelling in human-scale problems[D]. Edmonton: University of Alberta, 2016.

[26] Farina G, Kroer C, Sandholm T. Online convex optimization for sequential decision processes and extensive-form games[C]. Proceedings of the AAAI Conference on Artificial Intelligence, Hawaii, 2019: 1917-1925.

[27] Mealing R A. Dynamic opponent modelling in two-player games[D]. Manchester: University of Manchester, 2015.

[28] Ouessai A, Salem M, Mora A M. Online adversarial planning in μRTS: A survey[C]. International Conference on Theoretical and Applicative Aspects of Computer Science, Skikda, 2019: 1-8.

[29] Churchill D, Saffidine A, Buro M. Fast heuristic search for RTS game combat scenarios[C]. The 8th Artificial Intelligence and Interactive Digital Entertainment Conference, Stanford, 2012: 8-14.

[30] Churchill D, Buro M. Portfolio greedy search and simulation for large-scale combat in StarCraft[C]. Proceedings of the IEEE Conference on Computational Inteligence in Games, Niagara Falls, 2013: 1-8.

[31] Chung M, Buro M, Schaeffer J. Monte Carlo planning in RTS games[C]. IEEE Symposium on Computational Intelligence and Games, New York, 2005: 117-124.

[32] Churchill D, Buro M. Heuristic search techniques for real-time strategy games[D]. Edmonton: University of Alberta, 2016.

[33] Balla R K, Fern A. UCT for tactical assault planning in real-time strategy games[C].

International Joint Conference on Artificial Intelligence, Pasadena, 2009: 40-45.

[34] Socmers D. Tactical planning using MCTS in the game of StarCraft[D]. Netherlands: Maastricht University, 2014.

[35] Uriarte A, Ontañón S. Game-tree search over high-level game states in RTS games[C]. Proceedings of the 10th AAAI Conference on Artificial Intelligence and Interactive Digital Entertainment, Raleigh, 2014: 73-79.

[36] Ontañón S. The combinatorial multi-armed bandit problem and its application to real-time strategy games[C]. Proceedings of the 9th AAAI Conference on Artificial Intelligence and Interactive Digital Entertainment, Bellevue, 2013: 58-64.

[37] Uriarte A. Adversarial search and spatial reasoning in real time strategy games[D]. Philadelphia: Drexel University, 2017.

[38] Shleyfman A, Komenda A, Domshlak C. On combinatorial actions and CMABs with linear side information[J]. Frontiers in Artificial Intelligence and Applications, 2014, 263: 825-830.

[39] Ontañón S. Informed Monte Carlo tree search for real-time strategy games[C]. IEEE Conference on Computational Intelligence and Games, Santorini, 2016: 1-8.

[40] Sironi C F, Liu J L, Perez-liebana D, et al. Self-adaptive MCTS for general video game playing[C]. International Conference on the Applications of Evolutionary Computation, Parma, 2018: 358-375.

[41] Auer P, Cesa-Bianhi N, Fischer P. Finite-time analysis of the multiarmed bandit problem[J]. Machine Learning, 2002, 47(2): 235-256.

[42] Ontañón S. Combinatorial multi-armed bandits for real-time strategy games[J]. Journal of Artificial Intelligence Research, 2017, 58: 665-702.

[43] Barriga N A. Search, abstractions and learning in real-time strategy games[D]. Philadelphia: Drexel University, 2017.

[44] Justesen N, Tillman B, Togelius J, et al. Script-and cluster-based UCT for StarCraft[C]. Computational Intelligence and Games, Dortmund, 2014: 1-8.

[45] Moraes R O, Mariño J R H, Lelis L H S. Nested-greedy search for adversarial real-time games[C]. Proceedings of the 14th AAAI Conference on Artificial Intelligence and Interactive Digital Entertainment, Edmonton, 2018: 67-73.

[46] Wang C, Chen P, Li Y D, et al. Portfolio online evolution in StarCraft[C]. Proceedings of the 20th AAAI Conference on Artificial Intelligence and Interactive Digital Entertainment, Phoenix, 2016: 114-120.

[47] Lelis L H S. Stratified strategy selection for unit control in real-time strategy games[C]. The 26th International Joint Conference on Artificial Intelligence, Melbourne, 2017: 3735-3741.

[48] Moraes R O, Mariño J R H, Lelis L H S, et al. Action abstractions for combinatorial multi-armed

bandit tree search[C]. The 14th Artificial Intelligence and Interactive Digital Entertainment Conference, Edmonton, 2018: 74-80.

[49] Silva C R, Moraes R O, Lelis L H S, et al. Strategy generation for multiunit real-time games via voting[J]. IEEE Transactions on Games, 2019, 11(4): 426-435.

[50] Mariño J R H, Moraes R O, Toledo C, et al. Evolving action abstractions for real-time planning in extensive-form games[C]. Proceedings of the AAAI Conference on Artificial Intelligence, Hawaii, 2019: 2330-2337.

[51] Ontañón S, Buro M. Adversarial hierarchical-task network planning for complex real-time games[C]. Proceedings of the 24th International Joint Conference on Artificial Intelligence, Buenos Aires, 2015: 1652-1658.

[52] Sun L, Jiao P, Xu K, et al. Modified adversarial hierarchical task network planning in real-time strategy games[J]. Applied Sciences, 2017, 7(9): 872-890.

[53] Sun L, Zhu A S, Li B, et al. HTN guided adversarial planning for RTS games[C]. IEEE International Conference on Mechatronics and Automation, Beijing, 2020: 1326-1331.

[54] Neufeld X, Mostaghim S, Perez-Liebana D. A hybrid planning and execution approach through HTN and MCTS[C]. The 3rd Workshop on Integrated Planning, Acting and Execution, Berkeley, 2019: 37-45.

[55] Geib C, Kantharaju P. Learning combinatory categorial grammars for plan recognition[C]. Proceedings of the AAAI Conference on Artificial Intelligence, New Orleans, 2018: 3007-3014.

[56] Kantharaju P, Ontañón S, Geib C. Extracting CCGs for plan recognition in RTS games[C]. Proceedings of the Workshop on Knowledge Extraction in Games, Hawaii, 2019: 9-16.

[57] Kantharaju P, Ontañón S, Geib C W. Scaling up CCG-based plan recognition via Monte-Carlo tree search[C]. Proceedings of the IEEE Conference on Games, London, 2019: 1-8.

[58] Kantharaju P. Learning decomposition models for hierarchical planning and plan recognition[D]. Philadelphia: Drexel University, 2020.

[59] Barriga N A, Stanescu M, Buro M. Puppet search: Enhancing scripted behavior by look-ahead search with applications to real-time strategy games[C]. Proceedings of the 11th AAAI Conference on Artificial Intelligence and Interactive Digital Entertainment, Santa Cruz, 2015: 9-15.

[60] Moraes R O, Lelis L H S. Asymmetric action abstractions for multi-unit control in adversarial real-time games[C]. Proceedings of the AAAI Conference on Artificial Intelligence, New Orleans, 2018: 876-883.

[61] Yang Z Z, Ontañón S. Guiding Monte Carlo tree search by scripts in real-time strategy games[C]. Proceedings of the 15th AAAI Conference on Artificial Intelligence and Interactive Digital Entertainment, Atlanta, 2019: 100-106.

[62] Tavares A R, Chaimowicz L. Tabular reinforcement learning in real-time strategy games via options[C]. IEEE Conference on Computational Intelligence and Games, Maastricht, 2018: 1-8.

[63] Lu L N, Zhang W P, Gu X Q, et al. HMCTS-OP: Hierarchical MCTS based online planning in the asymmetric adversarial environment[J]. Symmetry, 2020, 12(5): 719.

[64] Schrittwieser J, Antonoglou I, Hubert T, et al. Mastering Atari, Go, Chess and Shogi by planning with a learned model[J]. Nature, 2020, 588(7839): 604-609.

[65] Li X, Miikkulainen R. Opponent modeling and exploitation in poker using evolved recurrent neural networks[C]. Proceedings of the Genetic and Evolutionary Computation Conference, Kyoto, 2018: 189-196.

[66] Ganzfried S. Computing strong game-theoretic strategies and exploiting suboptimal opponents in large games[D]. Pittsburgh: Carnegie Mellon University, 2015.

[67] Ganzfried S, Sun Q Y. Bayesian opponent exploitation in imperfect-information games[C]. IEEE Conference on Computational Intelligence and Games, Maastricht, 2018: 1-8.

[68] Tian Z. Opponent modelling in multi-agent systems[D]. London: University College London, 2021.

[69] Rusch T, Steixner-Kumar S, Doshi P, et al. Theory of mind and decision science: Towards a typology of tasks and computational models[J]. Neuropsychologia, 2020, 146: 107488.

[70] Doshi P, Qu X, Goodie A S, et al. Modeling human recursive reasoning using empirically informed interactive partially observable Markov decision processes[J]. IEEE Transactions on Systems, Man, and Cybernetics-Part A: Systems and Humans, 2012, 42(6): 1529-1542.

[71] Doshi P, Gmytrasiewicz P, Durfee E. Recursively modeling other agents for decision making: A research perspective[J]. Artificial Intelligence, 2020, 279: 103202.

[72] Foerster J N, Chen R Y, Al-Shedivat M, et al. Learning with opponent-learning awareness[C]. Proceedings of the 17th International Conference on Autonomous Agents and Multi-agent Systems, Stockholm, 2018: 122-130.

[73] Letcher A, Foerster J, Balduzzi D, et al. Stable opponent shaping in differentiable games[EB/OL]. http://arxiv.org/abs/1811.08469.[2021-05-06].

[74] Schreven C V. Deepbot-poker[EB/OL]. https://github.com/tamlhp/deepbot-poker.[2021-05-06].

[75] Ekmekci O, Sirin V. Learning strategies for opponent modeling in poker[C]. Workshops at the 27th AAAI Conference on Artificial Intelligence, Washington, 2013: 1-7.

[76] Ganzfried S, Sandholm T. Game theory-based opponent modeling in large imperfect-information games[C]. The 10th International Conference on Autonomous Agents and Multi-agent Systems, Taipei, 2011: 533-540.

[77] Johanson M, Bowling M H. Data biased robust counter strategies[C]. Artificial Intelligence and Statistics, Clearwater Beach, 2009: 264-271.

[78] Ganzfried S, Sandholm T. Safe opponent exploitation[J]. ACM Transactions on Economics and Computation, 2015, 3(2): 1-28.

[79] Ponsen M J V, de Jong S, Lanctot M. Computing approximate Nash equilibria and robust best-responses using sampling[J]. The Journal of Artificial Intelligence Research, 2011, 42: 575-605.

[80] Šustr M, Kovařík V, Lisý V. Monte Carlo continual resolving for online strategy computation in imperfect information games[C]. Proceedings of the 18th International Conference on Autonomous Agents and Multi-agent Systems, Montreal, 2019: 224-232.

[81] Brown N, Sandholm T. Safe and nested endgame solving for imperfect-information games[C]. Workshops at the 31st AAAI Conference on Artificial Intelligence, San Francisco, 2017: 1-14.

[82] Brown N, Bakhtin A, Lerer A, et al. Combining deep reinforcement learning and search for imperfect-information games[C]. Proceedings of the 34th Conference on Neural Information Processing Systems, Vancouver, 2022: 17057-17069.

[83] Kovařík V, Seitz D, Lisý V, et al. Value functions for depth-limited solving in zero-sum imperfect-information games[EB/OL]. http://arxiv.org/abs/1906.06412.[2021-05-06].

[84] Milec D, Lisý V. Continual depth-limited responses for computing counter-strategies in extensive-form games[EB/OL]. http://arxiv.org/abs/2112.12594.[2021-05-06].

[85] Moravčík M, Schmid M, Burch N, et al. DeepStack: Expert-level artificial intelligence in heads-up no-limit poker[J]. Science, 2017, 356(6337): 508-513.

第5章 协作式即时策略博弈对抗决策智能体设计

5.1 引　　言

复杂环境下，智能体在多人即时策略(real-time strategy, RTS)博弈中掌握策略、理解战术以及进行团队协作是人工智能研究领域的重大挑战。相比于序贯博弈对抗，协作式即时策略博弈的整个对抗过程即时进行，强调多智能体之间紧密协作，不断通过学习探索、利用经验提升自身性能。协作式即时策略博弈所研究的内容与大量的现实系统紧密关联，能为解决未来现实世界协同对抗问题提供新的有效途径。其中，典型应用包括各类即时策略游戏、机器人足球、多机器人灾难救援、自动驾驶和无人集群对抗等。近年来，随着深度学习和强化学习的深度融合发展，协作式即时策略博弈对抗决策方法在机器博弈领域取得了长足进步，面向《星际争霸》、《王者荣耀》、《刀塔2》等即时策略博弈验证平台，研发的各类 AI 程序在比赛中获得较好名次，或在人机对抗比赛中战胜了人类顶级选手。本章围绕《星际争霸》展开：5.2 节简要介绍《星际争霸》游戏基础，将《星际争霸》问题抽象成协作式即时策略对抗问题，分析其状态空间复杂度，总结该问题的研究挑战，有针对性地总结应对这些挑战的关键技术；5.3 节介绍《星际争霸》AI 的构建工作，包括《星际争霸》AI 研究历程、AI 环境、AI 实现，并基于 SMAC 平台给出算法实验案例。

5.2　面向《星际争霸》的即时策略博弈对抗决策

5.2.1 《星际争霸》游戏基础

《星际争霸》是一款即时战略游戏(图 5.1)，与围棋相比，这款游戏虽然也属于零和博弈，但具有不完全信息、输入输出状态空间庞大、存在海量先验信息、游戏预测困难等特点。《星际争霸 2》[1]的基本要素可分为经济、生产力、部队、科技、侦察和地图，玩家可以选择人族、虫族、神族等不同种族势力。每个种族均包括多种生命角色、战斗装备、功能建筑等多类型单元。

---

①《星际争霸》的一个常用版本，将在 5.3.2 节详细介绍。

(a) 宏观管理

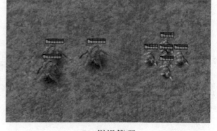
(b) 微操管理

图 5.1 《星际争霸》游戏画面

《星际争霸》游戏可以划分为战略层、战术层和微管理/微操作层等三个层面。

(1)战略层：负责收集资源、建造单位和提升实力等战略要素。战略层包含基础建设、技术树管理(构建顺序)和资源管理等与游戏经济相关的任务。高层战略决策还包括军队构成和高层次的进攻时机。一般来说，拥有更好的宏观管理的玩家将拥有一支更强大的军队，以及更稳固的防守方案。

(2)战术层：主要涉及不同数量的单位之间的协调。因此，在考虑地图地形的同时，还要考虑军队的定位和分队的行动。而分队行动涉及各小组之间的协调。相比之下，战略层的决策涉及长期规划。此外，侦察是一种跨战术层与战略层的任务，即发现对手的基地、军队构成和单元行动。例如，战争迷雾造成信息不完整，这种效应隐藏了地图上不靠近玩家单位或建筑物的所有区域。这使得侦察对于战略决策以及战术单位移动是至关重要的，可以有效避免突然袭击。

(3)微管理/微操作层：微管理/微操作也是《星际争霸》的一个重要方面，具有高技能上限，需要专业玩家单独练习。在《星际争霸》的常规完整游戏中，通常是多个人类玩家相互竞争，或人类玩家与内置游戏 AI 竞争。每个玩家都需要收集资源，建造建筑物，并成立部队，通过征服其他玩家的领土和摧毁其基地来击败对手。在战斗中，适当的微操作可以最大化对敌人造成的伤害，同时最小化自己所受到的伤害，这需要一系列的高技能操作。例如，一个有效的操作方式是"集中火力"，即命令单位联合攻击，并杀死一个又一个敌人单位。又如"放风筝"，即根据装甲类型将单位组合成队形，让敌人单位在追逐的同时保持足够的距离，这样就能承受很少或几乎不受伤害，协调单位的走位从不同方向攻击，或利用地形优势击败敌人。

《星际争霸》具有以下特点。

(1)属于多智能体问题。多个参与者争夺领土和资源。

(2)注重多智能体之间的协作。每个玩家控制数百个单位，需要协作以达成一个共同的目标。

（3）典型的不完全信息游戏。地图只能通过本地摄像头部分观察到游戏信息，为了让玩家整合信息，必须主动移动摄像头；此外，战争迷雾的存在，使玩家无法观察地图上未被访问的区域，有必要积极探索地图以确定对手的状态。

（4）动作空间巨大。玩家通过点击鼠标界面，在大约 10^8 种可能性的组合空间中选择动作。并且动作空间是动态的，即随着游戏的进行，合法行为的集合也会发生变化。

（5）游戏通常持续成千上万的框架和动作，玩家很早之前决定的后果可能无法被及时体现，导致在游戏信度分配中存在丰富的挑战和探索。

5.2.2　问题复杂度分析

以一个典型的 128×128 像素地图为例，在任何时候，地图上有 $50 \sim 400$ 个单元，每个单元都可能存在一个复杂的内在状态（剩余的能量和击打值、待输出动作等），这些因素将导致可能的状态空间极其庞大。即便是仅仅考虑每个单元在该地图上可能的位置，400 个单元就有共计 $(128 \times 128)^{400} = 16384^{400} \approx 10^{1685}$ 种可能。

如果按分支因子 b 和游戏深度 d 来分析《星际争霸》的复杂度，整个游戏的复杂度用 b^d 来计算。对比其他游戏，国际象棋中 $b \approx 35$、$d \approx 80$，围棋中 $b = 30 \sim 300$、$d = 150 \sim 200$。在《星际争霸》中，假定一个玩家控制 $50 \sim 200$ 个单元，分支因子 b 的范围是 $u^{50} \sim u^{200}$（u 是每个单元可以执行动作的平均数）。为进一步估算 u 值，假设：①一个友军单位的射程内最多有 16 个敌人；②当 AI 在玩《星际争霸》时，只需要考虑每个单位在 8 个基本方向上的移动（而不是在任何时间点向地图上的任何地方发出移动命令）；③关于建造行动，人族的工人单位只在他们当前的位置建造（如果他们需要移动，则认为这是首先发出移动动作，然后建造）；④只考虑人族。基于这些假设，《星际争霸》中的单位可以执行 $1 \sim 43$ 个动作，典型值为 $20 \sim 30$。动作有间歇时间，因此并非所有单位都能在每一帧执行所有动作，那么可以保守估计每一帧每个单位大约有 10 个动作。此处仅考虑单元的动作，忽略建造物可执行的动作。基于以上结果，分支因子 $b \in [10^{50}, 10^{200}]$。考虑典型的游戏时间长度大约为 25min，按每秒 24 帧计算得 $d \approx 36000$。

5.2.3　研究挑战

与序贯策略博弈相比，协作式即时策略博弈相关研究更具有挑战性，主要体现在以下几点。

（1）多玩家共存、多异构智能体合作。与序贯策略博弈多方交替进行动作不同，即时策略博弈中多玩家同时推动游戏情节发展，不同的玩家可以同时进行动作。博弈往往具有不同的角色单元和功能建筑，如何更好地发挥每个单元的功能也是需要考虑的问题。

(2)实时对抗及动作持续性。即时策略博弈是"实时"的，意味着玩家需要在很短的时间内进行决策并行动。与棋类游戏中玩家有几分钟的决策时间不同，《星际争霸》游戏环境以 24 帧/s 的频率改变。若以环境改变 8 帧玩家进行一个动作的平均水平来看，玩家仍需要以每秒 3 个动作的频率进行博弈。不仅如此，玩家输出的动作有一定的持续性，需要在一定的时间持续执行，而非棋类游戏玩家的动作是间断的、突发的、瞬时的。

(3)非完整信息博弈和强不确定性。多数即时策略游戏是部分可观测的，玩家仅能观察到已经探索的部分地图情况。在《星际争霸》中，因为战争迷雾的存在，玩家只能看到自己所控制的游戏角色当前所处环境的情况，其他环境信息无法获知。而棋类游戏玩家可以获取全棋盘的情况。多数即时策略游戏具有不确定性，即决策过程中采取的动作都有一定概率促成最后的胜利。

(4)巨大的搜索空间及多复杂任务。即时策略游戏更复杂，其在状态空间的规模上和每个决策环节可选择的动作序列均非常大。例如，就状态空间而言，一般的棋类游戏状态空间在 10^{50} 左右，德州扑克的状态空间约为 10^{160}，围棋的状态空间约为 10^{170}。而《星际争霸》一个典型地图上的状态空间远超所有这些棋类游戏的状态空间，约为 10^{1685}。

5.2.4　关键技术分析

在分析关键技术之前，本节介绍状态和观察量表示、动作表示和奖励函数的基本设计方法。

(1)状态和观察量表示。智能体局部的观察包括视线范围内的盟军和敌方部队的信息，如距离、相对坐标 x 和 y、能量、盾、单位类型等。此外，智能体可以访问视野中盟军单位的上一个动作，还可以观察周围的地形特征(特别是地形是否可通行和地形高度)。在训练期间，地图上所有单位的附加状态信息也可以使用，并允许以集中的方式训练分散的策略，包括：观察中的单位特征，以及与地图中心相对的所有智能体的坐标、冷却/能量、所有智能体的最后行动。全局状态仅允许在训练期间使用，不得在执行期间使用。

(2)动作表示。智能体可以采取的离散操作有移动(四个方向：东、南、西、北)、攻击、治愈(仅适用于医疗兵)、停止等至少 7 个动作，与环境中的敌方数目有关。对于治疗单位，只能使用治愈动作而不是攻击动作。智能体只允许对射程内的敌人执行攻击动作(图 5.2)，或对范围内的盟友执行治愈动作。智能体可以执行的最大动作数介于 7~70，具体取决于场景。为了确保任务的分散化，智能体被限制只能对它们射击范围内的敌人使用攻击动作。在《星际争霸 2》中，当一个没有任务的单位受到攻击时，它会在没有明确命令的情况下自动对正在攻击它的敌人单位发起反击，通过禁用自动回应敌人的攻击和靠近的敌人单位来限制游戏对智能体的这种影响。

（3）奖励函数的基本设计方法。智能体只获得共享的团队奖励，并且需要推断自己对团队成功的贡献。《星际争霸》多智能体挑战平台提供了一个默认的奖励方案，可以使用一组标志进行配置。具体来说，奖励可以是稀疏的，赢（输）一个情节的奖励可以是+1（–1），或者是处理能量/盾的伤害、接受能量/盾的伤害、杀死一个敌人单位、杀死盟军、赢得一局、输掉一局等事件之后的密集的即时奖励。

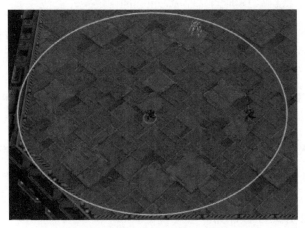

图 5.2　单个智能体的视野范围和攻击范围

本节主要研究《星际争霸》中的博弈对抗决策方法，应用在《星际争霸》中的主流强化学习方法有 COMA 策略梯度算法、VDN 算法、QMIX 算法、QTRAN算法，下面着重介绍这几种算法的核心思想与流程，对其他相关算法及理论证明感兴趣的读者请阅读论文原文。

1. COMA 策略梯度算法

许多现实世界中的问题被建模为协作多智能体系统（如自动驾驶车辆的协调），非常需要新的有效的强化学习方法学习系统的分散策略。为此，牛津大学的Foerster 等[1]提出了一种基于策略梯度的多智能体强化学习算法，即 COMA 策略梯度。COMA 策略梯度采用集中式训练分布式执行（centralized training and decentralized execution, CTDE）框架，适用于多智能体协作任务，如图 5.3 所示。其中，集中式部分是联合行为值函数网络，即集中式网络在各个智能体之间共享。分布式部分是策略网络，即所有智能体的 Actor 网络共享参数。训练过程是利用集中式的行为值函数来指导策略网络的训练。在协作环境中，联合动作通常只会返回全局性的收益，这使得每个智能体很难推断出自己对团队成功的贡献度。利用团队奖励拟合出的值函数不能评价每个智能体的策略对整体的贡献度，为了解决多智能体信度分配问题，COMA 策略梯度使用了一个反事实[①]基线，即边缘化单个智能体的行为，同时保持其他智能体的行为不变。COMA 策略梯度还使用了一种评价表示法，允许在一次向前传递中有效地计算反事实基线。

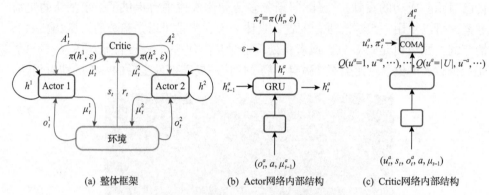

(a) 整体框架　　　　　　　(b) Actor网络内部结构　　　　(c) Critic网络内部结构

图 5.3　COMA 策略梯度算法框图

对于智能体 a，用 u^a 表示其动作，τ^a 表示其历史观测-动作序列，π^a 表示其策略。u 表示所有智能体的联合动作，u'^a 表示智能体 a 采用的任一动作，u^{-a} 表示所有其他智能体(除智能体 a 外)的联合动作，s 表示系统全局状态，则智能体 a 的反事实基线可由式(5.1)计算：

$$A^a(s,u) = Q(s,u) - \sum_{u'^a} \pi^a(u'^a \mid \tau^a) Q(s,(u^{-a},u'^a)) \tag{5.1}$$

等式右边第二项实际上是在计算关于 Q 的期望值，需要遍历智能体 a 动作空间里的所有动作，而保持其他智能体动作 u^{-a} 不变。该式计算的 $A^a(s,u)$ 能够根据每个智能体的策略有所区分，即为单个策略对整体策略贡献度大小的评价。

有了目标函数，下一步计算梯度并优化更新。COMA 策略梯度计算公式如下：

$$g_k = E_\pi \left[\sum_a \nabla_{\theta_k} \log \pi^a(u^a \mid \tau^a) A^a(s,u) \right] \tag{5.2}$$

其中，k 表示迭代次数；θ_k 表示第 k 次迭代时的参数。

此外，$A^a(s,u)$ 的更新采用 TD(λ) 算法，并使用周期性更新参数的目标网络来计算目标值。COMA 策略梯度算法如算法 5.1 所示。

---

① "反事实"指的是生活中的一种心理现象，即思维活动针对的不是已发生的事实，而是与事实相反的另一种可能性。

算法 5.1　COMA 策略梯度

初始化参数 θ_1^c、$\hat{\theta}_1^c$、θ^π

For 每个训练片段 e **do**

　　初始化样本池

　　For $e_c = 1$ 到 BatchSize $/ n$ **do**

　　　　对每个智能体，s_1 为初始状态，$t = 0$, $h_0^a = 0$

　　　　While s_t 不是终止状态 **and** $t < T$ **do**

　　　　　　$t = t + 1$

　　　　　　For 每个智能体 a **do**

　　　　　　　　$h_t^a = \text{Actor}(o_t^a, h_{t-1}^a, u_{t-1}^a, a, u; \theta_t)$

　　　　　　　　从 $\pi(h_t^a, \varepsilon)$ 采样 u_t^a

　　　　　　　　获取奖励 r_t 和下一个状态 s_{t+1}

　　　　　　End for

　　　　End while

　　　　向样本池添加样本

　　End for

　　从样本池采集样本

　　For $t = 1$ 递增至 T **do**

　　　　使用状态、动作和奖励批量展开 RNN

　　　　使用 θ_i^c 计算 TD(λ) 目标 y_t^a

　　End for

　　For $t = T$ 递减到 1 **do**

　　　　$\Delta Q_t^a = y_t^a - Q(s_i^a, u)$

　　　　计算 Critic 梯度 $\Delta \theta^c = \nabla_{\theta^c} (\Delta Q_t^a)^2$

　　　　更新 Critic 权重 $\theta_{i+1}^c = \theta_i^c - \alpha \Delta \theta^c$

　　　　每 c 步重置　$\hat{\theta}_i^c = \theta_i^c$

　　End for

　　For $t = T$ 递减到 1 **do**

　　　　计算 COMA 值 $A^a(s_t^a, u) = Q(s_t^a, u) - \sum_u Q(s_t^a, u, u^{-a}) \pi(u \mid h_t^a)$

　　　　累加 Actor 梯度　$\Delta \theta^\pi = \Delta \theta^\pi + \nabla_{\theta^\pi} \log \pi(u \mid h_t^a) A^a(s_t^a, u)$

　　　　更新 Actor 权重 $\theta_{i+1}^\pi = \theta^\pi + \alpha \Delta \theta^\pi$

　　End for

End for

反事实基线作为 Actor 网络的优化目标，使用了历史观测、动作序列作为网络的输入，因此采用 COMA 策略梯度网络结构中的门控循环单元(gated recurrent units, GRU)层来处理时序数据。该算法在一定程度上解决了信度分配问题，然而，当应用到实际的多智能体任务中时，集中式的值函数由于没有考虑多智能体本身的特点，集中式的行为值函数很难收敛和训练。既然行为值函数很难训练，那么由它来指导局部策略的优化过程必然也难出效果。所以 COMA 策略梯度一般难以推广到大规模智能体环境中。

2. VDN 算法

同 COMA 策略梯度算法一样，多智能体学习的 VDN 算法[2]也是考虑协作任务的多智能体强化学习算法，即所有的智能体共享同一个奖励值(即团队奖励)。与 COMA 策略梯度算法不同，VDN 算法是一种基于值函数的方法。

多智能体强化学习任务中，值函数分解的思想来源于"集中式行为值函数"和"独立单智能体强化学习"的结合。一方面，目前普遍的基于值函数的多智能体强化学习算法，主要采用集中式的行为值函数来指导策略网络训练，这类算法虽然一定程度上解决了置信分配问题，但难以应用到实际的大规模多智能体任务中。因为集中式的行为值函数没有考虑多智能体本身的特点，很难收敛和训练。另一方面，如果将每个智能体视为单独个体，每个个体分别利用单智能体强化学习方法进行训练，忽略了环境的动态性，也难以学到最优解。因此，产生了介于两种方法之间的值函数分解思想。

在值函数分解思想中，每个智能体都有自己的个体行为值函数，中心式的行为值函数可以分解为每个行为值函数的某种组合。为了区分行为值函数，这里称个体行为值函数为效用函数。行为值函数的分解可以表示为每个智能体效用函数的组合。效用函数有以下几个作用：①细化了值函数的结构形式，使得联合行为值函数的训练更方便和更有针对性；②该分解式的结构可以用于集中式训练，因此克服了多智能体中动态环境的问题；③效用函数用于从集中式值函数中构造和提取每个智能体的局部策略，从而使得该算法用于大规模多智能体系统中。

VDN 算法在值函数可分解的假设上又做了一个更强的线性假设，即假设联合行为值函数是每个智能体效用函数的线性和。该网络可以学会将团队价值函数分解为单个智能体的价值函数之和，并且在一系列部分可观测的多智能体领域中进行的实验表明，学习此类价值分解会带来更好的结果。

VDN 算法可以在仅有全局奖励的情况下学习不同智能体自己的动作价值函数，从而解决由部分可观察导致的伪奖励(spurious reward)和懒惰智能体(lazy agent)问题。伪奖励和懒惰智能体本质上是多智能体信用分配问题。伪奖励指在独立式学习的方法中从单个智能体的角度来看，环境是部分观察的，所以智能体可能会收到来自队友(未观察到的)动作的伪奖励信号。懒惰智能体指假设只有两个智能体，在集中式学习的方法中可能会导致只有一个智能体是活跃的，另一个智能体是懒惰的，当一个智能体学习了有用的策略，不鼓励第二个智能体学习时，就会发生这种情况，因为其探索会阻碍第一个智能体并导致较差的团队奖励。

假设 $Q((h^1, h^2, \cdots, h^d), (a^1, a^2, \cdots, a^d))$ 是多智能体团队的整体 Q 函数。其中，d 是智能体个数，h^i 是智能体 i 的历史序列信息，a^i 是其动作。该 Q 函数的输入集中了所有智能体的观测和动作，可通过团队奖励 r 来迭代拟合。为了得到各个智能体的值函数，做出如下假设：

$$Q((h^1, h^2, \cdots, h^d), (a^1, a^2, \cdots, a^d)) \approx \sum_{i=1}^{d} \tilde{Q}_i(h^i, a^i) \tag{5.3}$$

该假设表明团队的 Q 函数可以通过求和的方式近似分解成 d 个 Q 子函数，分别对应 d 个不同的智能体，且每个 Q 子函数的输入为该对应智能体的局部观测序列和动作，互相不受影响，如图 5.4 所示。

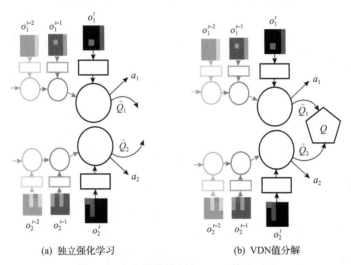

(a) 独立强化学习　　　　　　　(b) VDN 值分解

图 5.4　独立强化学习与 VDN 算法对比

这样，每个智能体就有了自己的值函数，那么就可以根据自己的局部值函数来进行决策：

$$a^i = \arg\max_{a^{i'}} \tilde{Q}_i(h^i, a^{i'}) \tag{5.4}$$

这里的 $\tilde{Q}_i(h^i, a^{i'})$ 并不是任何严格意义上的 Q 函数。因为并没有理论依据表明一定存在一个奖励函数，使得该 $\tilde{Q}_i$ 满足贝尔曼方程。

为了减少训练参数同时避免懒惰智能体的出现，将智能体的参数进行共享，给出了"智能体不变性"的定义。

定义 5.1（智能体不变性）　对智能体序号的任意排列 $p : \{1, \cdots, d\} \to \{1, \cdots, d\}$，有 $\pi(p(\overline{h})) = p(\pi(\overline{h}))$ 成立，称 π 具有智能体不变性。

　　该性质表明交换智能体的观测次序和交换智能体的策略次序是等价的，即各智能体地位平等，功能相似。但是当环境中存在异质智能体时，则无须要求算法具有智能体不变性。与 COMA 策略梯度算法相似，如果智能体之间要共享网络参数，则每个智能体的动作输出将取决于该智能体的观测结果以及编号。

　　如图 5.5 所示，VDN 算法将复杂的学习问题分解为更容易学习的局部子问题，结构更简洁。通过 VDN 算法分解得到的 Q_i 可以让智能体根据自己的局部观测选择贪婪动作，从而执行分布式策略。其集中式训练方式能够在一定程度上保证整体 Q 函数的最优性。端到端训练和参数共享使其收敛速度非常快，针对一些简单的任务，该算法既快速又有效。但是 VDN 算法以简单的求和方式将整体 Q 函数完全分解开，使得多智能体 Q 网络的拟合能力受限，即值函数分解缺少有效性的理论支持，对于一些比较大规模的多智能体优化问题，它的学习能力将会大打折扣。图中，V_1、V_2 为状态值函数，ADV_1、ADV_2 为优势函数。

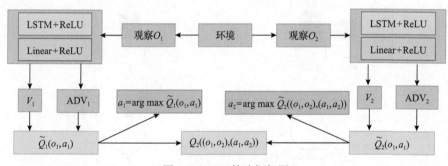

图 5.5　VDN 算法框架图

3. 单调值函数分解网络

　　在现实世界中，一组智能体必须协调它们的行为，同时以一种分散的方式行动。通常实验中都是采用集中式框架训练智能体。在这种环境中，全局状态信息是可用的，通信限制被解除。在拥有额外全局信息的条件下，学习联合动作值是一种极具吸引力的集中式学习方式，但提取分散执行策略的最佳策略还难以确定，因此就出现了用于深度多智能体强化学习的单调值函数分解网络——QMIX[3]。它是一种新颖的基于值函数的算法，可以以集中的端到端方式训练去中心化的策略。QMIX 算法使用一个网络来估计联合动作值，它是每个智能体动作值的复杂非线性组合，并且仅以局部观测为条件。QMIX 算法在结构上强调联合动作值在每个智能体动作值中是单调的，这允许在非策略学习中，联合动作值易于处理的最大化，并保证集中和分散策略之间的一致性。它就是使全局 Q 值最大的联合动作的每一个分量，也能使局部 Q 值最大（单调性），所以在集中训练过程中得到的最优联合动作，在分散执行时每个动作也是最优的（一致性）。VDN 算法以简单的求和方式对整体值函数进行分解，因此网络的函数表达能力受到很大限制，难以拟合出真实的整体 Q 值。如果直接使用普通的神经网络对整体 Q 值进行分解，提升网络的函数表达能力的同时会遇到非单调性问题，导致 VDN 算法难以保证分布式策略的最优性。单调性是指通过分布式策略计算出来的动作和通过全局 Q 函数计算出来的动作，在"性能最优"上需要保持一致。记 Q_{tot} 为团队整体值函数，Q_i 为单个智能体值函数，值函数分解的单调性需要满足如下条件：

$$\frac{\partial Q_{\text{tot}}}{\partial Q_i} \geqslant 0, \quad i = 1, 2, \cdots, n \tag{5.5}$$

QMIX 算法的思想是设计一个神经网络，如图 5.6 所示的混合网络，输入为 $Q_i(\tau^i, u_t^i)$，输出为 $Q_{\text{tot}}(\tau, u)$，使其满足单调性约束，增强网络的函数拟合能力，从而弥补 VDN 算法的不足。QMIX 在 VDN 算法的基础上，对从单智能体值函数到团队值函数之间的映射关系进行了改进，在映射过程中将原来的线性映射转换为非线性映射，并通过超网络的引入将额外状态信息加入到映射过程，值函数的表达能力进一步增强，提高了模型性能。QMIX 算法在混合网络中考虑了联合行为值函数对效用函数的约束，因此无法适用于不可分解的任务，以及满足分解条件但不满足单调性的任务。

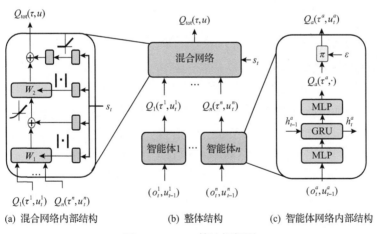

图 5.6　QMIX 算法框架图

4. 分解与转换学习网络

VDN 和 QMIX 都采用集中训练与分散执行框架，它们将联合动作值函数分解为单独的值函数来分散执行。由于 VDN 和 QMIX 在分解时的结构约束（如可加性和单调性），它们只能解决小部分可分解的多智能体强化学习任务。本节介绍一种新的多智能体强化学习算法，即 QTRAN 算法[3]。该算法摆脱了这种结构

约束，并采用了一种新的方式，将原始的联合动作值函数转换为一个易于分解
的函数，具有相同的最优动作。QTRAN 是比 VDN 或 QMIX 更通用的分解方法，
因此相比以前的方法覆盖了更广泛的多智能体强化学习任务。实验表明，在一
些特殊博弈场景中（如加大对非合作行为的惩罚力度），QTRAN 具有更大的应用
潜力[4]。

用 $\overline{u}_i = \arg\max_{\eta_i} Q_i(\tau_i, u_i)$ 表示智能体 i 的最优局部动作。其中，$\overline{u} = [\overline{u}_i]_{i=1}^N$ 表示
联合最优局部动作；$Q = [Q_i]_{i=1}^N \in \mathbb{R}^N$ 表示联合值函数向量。QTRAN 算法给出了
可分解的充分条件。

定理 5.1　　如果 $\sum_{i=1}^N Q_i(\tau_i, u_i) - Q_{jt}(\tau, u) + V_{jt}(\tau) \begin{cases} = 0, & u = \overline{u} \\ \geqslant 0, & u \neq \overline{u} \end{cases}$ 成立，则采取联合动
作值函数 $Q_{jt}(\tau, u)$ 可以由 $[Q_i(\tau_i, u_i)]$ 分解得到，其中，τ 表示联合动作观察历史，
$V_{jt}(\tau) = \max_u Q_{jt}(\tau, u) - \sum_{i=1}^N Q_i(\tau_i, \overline{u}_i)$。

QTRAN 算法如算法 5.2 所示。

算法 5.2　QTRAN-base（基础算法）和 QTRAN-alt（改进算法）

初始化样本池 D

用随机参数 θ 初始化 $[Q_i]$、Q_{jt} 和 V_{jt}

初始化目标网络参数 $\theta^- = \theta$

For eposide $= 1$ to M **do**

　　对每个智能体 i，初始化状态量 s^0 和观察量 $o^0 = [O(s^0, i)]_{i=1}^N$

　　For $t = 1$ to T **do**

　　　　对每个智能体 i，依概率 ε 选择随机动作 u_i^t，否则 $u_i^t = \arg\max_{u_i^t} Q_i(T_i^t, u_i^T)$

　　　　执行动作 u_i^t，返回观察量和奖励值 (o^{t+1}, r^t)

　　　　将 $(\tau^t, u^t, r^t, \tau^{t+1})$ 存储到 D

　　　　从 D 中随机小批量采样

　　　　令 $y^{dqn}(r, \tau'; \theta^-) = r + \gamma Q_{jt}(\tau', \overline{u}'; \theta^-), \overline{u}' = \left[\arg\max_{u_i} Q_i(\tau_i, u_i; \theta^-) \right]_{i=1}^N$

　　如果是 QTRAN-base 算法，最小化损失更新参数 θ：

　　　　$L(\tau, u, r, \tau'; \theta) = L_{td} + \lambda_{opt} L_{opt} + \lambda_{nopt} L_{nopt}$

　　　　$L_{td}(\tau, u, r, \tau'; \theta) = \left[Q_{jt}(\tau, u) - y^{dqn}(r, \tau'; \theta^-) \right]^2$

$$L_{opt}(\tau,u,r,\tau';\theta) = \left[Q'_{jt}(\tau,\overline{u}) - \hat{Q}_{jt}(\tau,\overline{u}) + V_{jt}(\tau) \right]^2$$

$$L_{nopt}(\tau,u,r,\tau';\theta) = \left(\min\left[Q'_{jt}(\tau,u) - \hat{Q}_{jt}(\tau,\overline{u}) + V_{jt}(\tau), 0 \right] \right)^2$$

如果是 QTRAN-alt 算法,最小化损失更新参数 θ:

$$L(\tau,u,r,\tau';\theta) = L_{td} + \lambda_{opt} L_{opt} + \lambda_{nopt\text{-}min} L_{nopt\text{-}min}$$

$$L_{td}(\tau,u,r,\tau';\theta) = \left[Q_{jt}(\tau,u) - y^{dqn}(r,\tau';\theta^-) \right]^2$$

$$L_{opt}(\tau,u,r,\tau';\theta) = \left[Q'_{jt}(\tau,\overline{u}) - \hat{Q}_{jt}(\tau,\overline{u}) + V_{jt}(\tau) \right]^2$$

$$L_{nopt\text{-}min}(\tau,u,r,\tau';\theta) = \frac{1}{N}\sum_{i=1}^{N}\min_{u_i \in U}\left[Q'_{jt}(\tau,u_i,u_{-i}) - \hat{Q}_{jt}(\tau,u_i,u_{-i}) + V_{jt}(\tau) \right]^2$$

按频率 I 更新网络参数 $\theta^- = \theta$

End for

End for

QTRAN 是一种分解多种多智能体强化学习任务的联合动作值函数的学习算法。QTRAN 通过适当地将联合动作值函数转化为个体动作值函数,采用集中式训练和完全分散执行的方法。QTRAN 能够处理比同类强化学习方法更丰富的任务,框架如图 5.7 所示。

5.3 《星际争霸》智能博弈 AI 构建

5.3.1 《星际争霸》AI 研究历程

在《星际争霸》中,玩家需要根据即时游戏状态执行任务,并击败敌人。《星际争霸》AI 的设计面临多智能体协作、空间和时间推理、对手规划和对手建模等挑战。

近年来,微观管理作为《星际争霸》AI 设计的基础问题得到了广泛关注与研究。Usunier 等[5]引入带有情景零阶优化算法的贪婪 MDP 来处理微观管理场景,其性能优于 DQN 和策略梯度。BiCNet[6]是一种用于《星际争霸》的多智能体深度强化学习方法,以 Actor-Critic 强化学习为基础,利用双向神经网络学习协作。BiCNet 成功地学习了一些合作策略,并能适应各种任务。在上述工作中,研究者主要开发集中式方法来发挥微观管理的作用。Foerster 等[7]关注微观管理的分散控制,提出了一种多智能体的 Actor-Critic 算法。为了稳定经验重放和解决非平稳性问题,采用了指纹(fingerprints)和重要采样,提高了最终性能。Shao 等[8]遵循分散式微观管理任务,提出参数共享多智能体梯度下降 SARSA(λ)算法。为了恢复

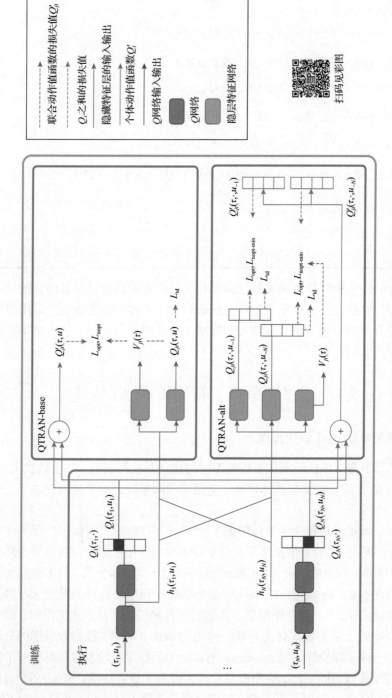

图 5.7　QTRAN-base和QTRAN-alt算法框架图

各种微观管理场景之间的知识，他们还将课程迁移学习结合到这种方法中，提高了样本效率，并在人规模场景中优于 BiCNet。Kong 等[9]基于主从体系结构，提出主从多智能体强化学习(master-slave multi-agent reinforcement learning, MS-MARL)。MS-MARL 包括组合动作表示、独立推理和可学习交流，该方法在微观管理任务方面优于其他方法。Tang 等[10]提出了采用神经网络拟合 Q 学习(neural network fitted Q-learning, NNFQ) 和卷积神经网络拟合 Q 学习(convolutional neural network fitted Q-learning, CNNFQ)在简单的《星际争霸》地图中构建单位。这些模型能够找到有效的建造序列，并最终击败敌人。Zambaldi 等[11]将关系型深度强化学习引入《星际争霸》，迭代推理具有自注意的实体之间的关系，并用它来指导无模型的深度强化学习策略。该方法提高了传统深度强化学习方法的采样效率、泛化能力和可解释性。Sun 等[12]开发了基于深度强化学习的智能体 TStarBot，该智能体采用平面动作结构，能在一场完整的游戏中击败 1 级到 10 级内置对手。Lee 等[13]专注于《星际争霸 2》的 AI，并提出了一种新颖的模块化架构，将多个模块的职责划分开。每个模块控制游戏的一个方面，两个模块使用自博弈深度强化学习方法进行训练。这个方法能够击败具有难度级别的内置 AI。Pang 等[14]研究了一种用于《星际争霸 2》的两级分层强化学习方法。

构建《星际争霸》AI 的技术不断涌现，最近几年，AI 的人机对抗测试备受瞩目。2011 年 3 月，DeepMind 创始人 Demis Hassabis 在一次演说中提出用 AI 智能挑战《星际争霸》的目标。2018 年 11 月，Facebook AI 团队的《星际争霸》人工智能 CherryPi，取得了 2018《星际争霸》AI 全球挑战赛的亚军，输给了依靠规则的三星 SAIDA，纯人工智能并没有占据上风。2019 年 1 月，DeepMind 的《星际争霸》人工智能 AlphaStar 首次击败了职业选手，将《星际争霸》AI 研究推向新高度。这场表演赛共计 11 场，人类只取得了 1 场胜利。DeepMind 训练了三款不同的 AlphaStar，根据特点可以描述为"普通型"、"操作超越人类胜利极限型"和"拟人化型"。展示的 AlphaStar 此前进行了一周的自我对练学习，其中最强的一款 AlphaStar 在一周内的练习量相当于人类 200 年的练习量，这一点和围棋的 AlphaGo 很像。AlphaStar 还存在一些缺点，例如，AlphaStar 反应速度慢(300ms，比人还慢)，也会出现操作失误(误伤自己部队，不小心攻击自己的建筑)。但 AlphaStar 在游戏中的距离感、走位判断、"兵感"(决战前判断能不能打赢)等判断能力已经明显强于人类。例如，在与职业选手 MaNa 的一场对决中，AlphaStar 用了一系列漂亮的"三线追猎拉扯"操作逆转了比赛。2020 年，启元世界开发的《星际争霸》AI "星际指挥官"，从工程和算法两个层面各进行了深层次的优化，实现 1%算力条件下接近顶尖科技公司的同等水平——以 2:0 完胜人类玩家《星际争霸》中国冠军，以及中国星际最强人族冠军、黄金总决赛三连冠冠军。2022 年 1 月，中国科学院自动化研究所开发的 CPAC 在 AAAI 举办的《星际争霸》AI 大赛中(游戏版本为《星际争霸：母巢之战》）获得第四名，在 Facebook 举办的 CherryPi 中位居第六。

5.3.2　《星际争霸》AI 环境

　　《星际争霸》游戏因为修补漏洞或调整游戏属性等，版本不断更新。从最初的"史前时代"（1.0.0 版～1.0.3 版），到"母巢之战"，再到《星际争霸 2》的出现。目前在人工智能领域，被广泛使用作为测试基准的是《星际争霸：母巢之战》（*StarCraft: Brood War*）（尤其是 1.16.1 版）和《星际争霸 2》两个系列。为方便算法的开发和验证，在构建《星际争霸》AI 环境时，会根据目标有所简化。常见的平台接口包括 PySC2、SMAC、μRTS，如图 5.8 所示。

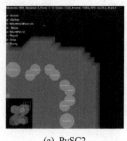 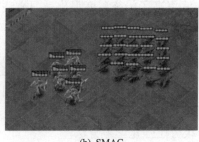 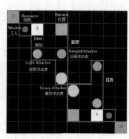

(a) PySC2　　　　　　　　　(b) SMAC　　　　　　　　(c) μRTS

图 5.8　《星际争霸》AI 环境

　　PySC2 是 DeepMind 基于 SC2LE 开发出的 Python 组件，使得研究者可以更方便地使用 Python 编写《星际争霸 2》的强化学习程序。PySC2 中还额外包含 7 个小游戏（地图），分别是坐标寻路、寻找收集矿物、寻找消灭跳虫、枪兵 vs 蟑螂、枪兵 vs 毒爆跳虫、采集矿物和瓦斯、建造枪兵，以降低学习的难度，如图 5.8（b）所示的 PySC2 运行界面。

　　SMAC 利用 PySC2 和《星际争霸 2》应用程序接口（application programming interface, API）的原始接口与游戏进行通信。然而，SMAC 在概念上不同于 PySC2 的强化学习环境，如图 5.8（a）所示。PySC2 的目标是学习完整的《星际争霸 2》游戏，是一项竞争性任务，其中集中化的强化学习智能体接收 RGB 像素作为输入，并使用类似于人类玩家的玩家级别控制执行宏观和微观操作，SMAC 只专注于单元微观管理，每个单元都由一个独立的强化学习智能体控制，该智能体只对局部观测进行限制，以该单元为中心的有限视野为条件。玩家必须训练智能体团队在具有挑战性的战斗场景中取胜，在游戏内置脚本 AI 的集中控制下与敌对军队作战。SMAC 由 22 个战斗场景组成，这些场景可用于智能体微观操作策略学习方法的研究。

　　μRTS 内置了各种类型的地图，规模从 2×2 到 256×256 不等，不同的地图有不同的作战配置。图 5.8（c）显示了在 10×10 规模地图中 μRTS 的运行截图。对抗双方分为红蓝双方，也可描述为 max 和 min（一般约定 max 为我方，min 为敌方）。

每方都可以控制六种类型的军事单元，分别是工人、轻型攻击者、重型攻击者、远程攻击者、兵营和基地。所有类型的单元具有相同的状态属性（归属方、位置、生命值、是否可执行动作），但是具有不同的原子动作。基地主要生产工人。工人既可以收集资源，也可以建造兵营，还可以攻击敌人。轻型攻击者、重型攻击者和远程攻击者都属于作战单元，主要负责消灭敌方单元，但是它们具有不同的生命值、攻击力和攻击范围。兵营负责生产上述三种作战单元。所有的移动单元都可执行移动操作，所有单元都可执行等待操作，等待时长默认为 10 个决策周期。资源为双方共有，任意一方都能使用。

三种平台比较如表 5.1 所示。

表 5.1   《星际争霸》AI 环境

参数	平台接口		
	PySC2	SMAC	μRTS
设置	竞争	合作	合作
控制	玩家级别	单位级别	单位级别
操作	宏观&微观	微观	微观
目标	掌握完整游戏	合作多智能体强化学习基准	合作多智能体强化学习基准
观察	RGB 像素	特征向量	特征向量
可重复性	是	否	否

综合比较，本章的算法将在微观操作层面开展验证，选用《星际争霸》多智能体挑战平台训练学习算法。

5.3.3   《星际争霸》AI 实现

1. 实验设置

（1）硬件配置。本实验使用 QTRAN（QTRAN-base 和 QTRAN-alt）算法，参数设置如表 5.2 所示。

表 5.2   参数设置

参数	数值	说明
steps	2000000	步数
episode	1	轮数
γ	0.99	折扣因子
optimizer	RMS	优化器
evaluate_cycle	5000	模型评价的频率

续表

参数	数值	说明
evaluate_epoch	32	模型评价的代数
learning_rate	5×10^{-4}	学习率
batch_size	32	批尺寸
buffer_size	5×10^3	缓存大小
target_update_cycle	200	目标网络更新频率
noise_dim	16	噪声维度
entropy_coefficient	0.001	熵系数

在硬件配置为 i7 CPU、16GB 内存的笔记本电脑上运行，使用 Pytorch 框架实现多智能体强化学习方法。选用分散微观管理场景 SMAC 作为验证平台。

(2)地图场景。SMAC 场景大致可以分为简单、困难和极难三类。本实验使用 3m 地图(图 5.9)设置下的作战场景，如表 5.3 所示。

图 5.9　3v3 场景(3m 地图)位置随机初始化

表 5.3　地图 3m 设置参数

地图	同盟单元	敌方单元	种族	智能体类型
3m	3 枪兵	3 枪兵	人族地面兵种	同构

(3)测试基准。

CommNet[15]：在网络中引入通信通道，通过多智能体通信来获得其他智能体的隐藏变量。

G2ANet[16]：通过软注意力机制获取智能体之间关系的重要性权重，用图神经网络计算其他智能体对自己的贡献度，从而弱化了真正有相互作用智能体的影响。

QMIX、VDN、COMA 三种算法的介绍见 5.2.4 节。

2. 结果分析

已知训练 200 万步，QTRAN-base 算法的收敛过程如图 5.10 所示。

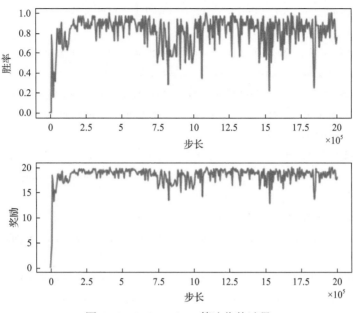

图 5.10　QTRAN-base 算法收敛过程

在 3m 场景中，根据训练的结果（图 5.11）可以看出，VDN、QMIX、QTRAN-base 这三种算法表现较好，在该场景中的测试胜率都超过了 90%。在初步实验中，发现 QTRAN-base 算法比 QTRAN-alt 算法性能好，稳定性高。

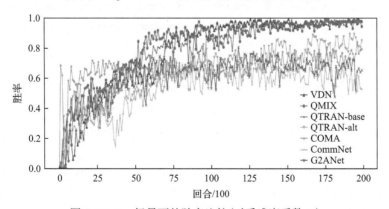

图 5.11　3m 场景下的胜率比较（对手难度系数=7）

本节只进行了单一场景下的实验，感兴趣的读者可以复现其他场景，进一步对比分析各个算法的性能。

参 考 文 献

[1] Foerster J, Farquhar G, Afouras T, et al. Counterfactual multi-agent policy gradients[C]. Proceedings of the AAAI Conference on Artificial Intelligence, New Orleans, 2018, 32(1): 2974-2982.

[2] Sunehag P, Lever G, Gruslys A, et al. Value-decomposition networks for cooperative multi-agent learning[EB/OL]. https://arxiv.org/abs/1706.05296.[2021-10-01].

[3] Rashid T, Samvelyan M, de Witt C S, et al. QMIX: Monotonic value function factorisation for deep multi-agent reinforcement learning[C]. International Conference on Machine Learning, Stockholm, 2018: 4295-4304.

[4] Son K, Kim D, Kang W J, et al. QTRAN: Learning to factorize with transformation for cooperative multi-agent reinforcement learning[C]. International Conference on Machine Learning, Long Beach, 2019: 5887-5896.

[5] Usunier N, Synnaeve G, Lin Z, et al. Episodic exploration for deep deterministic policies: An application to StarCraft micromanagement tasks[EB/OL]. https://arxiv.org/abs/1609.02993. [2021-10-01].

[6] Peng P, Wen Y, Yang Y D, et al. Multiagent bidirectionally-coordinated nets: Emergence of human-level coordination in learning to play StarCraft combat games[EB/OL]. https://arxiv.org/ abs/1703.10069.[2021-10-01].

[7] Foerster J, Nardelli N, Farquhar G, et al. Stabilising experience replay for deep multi-agent reinforcement learning[C]. International Conference on Machine Learning, Sydney, 2017: 1146-1155.

[8] Shao K, Zhu Y H, Zhao D B. StarCraft micromanagement with reinforcement learning and curriculum transfer learning[J]. IEEE Transactions on Emerging Topics in Computational Intelligence, 2019, 3(1): 73-84.

[9] Kong X Y, Xin B, Liu F C, et al. Revisiting the master-slave architecture in multi-agent deep reinforcement learning[EB/OL]. https://arxiv.org/abs/1712.07305.[2021-10-01].

[10] Tang Z T, Zhao D B, Zhu Y H, et al. Reinforcement learning for build-order production in StarCraft II[C]. 2018 Eighth International Conference on Information Science and Technology, Cordoba, 2018: 153-158.

[11] Zambaldi V, Raposo D, Santoro A, et al. Relational deep reinforcement learning[EB/OL]. https://arxiv.org/abs/1806.01830.[2021-10-01].

[12] Sun P, Sun X H, Han L, et al. TStarBots: Defeating the cheating level builtin AI in StarCraft II in the full game[EB/OL]. https://arxiv.org/abs/1809.07193.[2021-10-01].

[13] Lee D, Tang H R, Zhang J O, et al. Modular architecture for StarCraft II with deep reinforcement

learning[C]. The 14th Artificial Intelligence and Interactive Digital Entertainment Conference, Edmonton, 2018: 187-193.

[14] Pang Z J, Liu R Z, Meng Z Y, et al. On reinforcement learning for full-length game of StarCraft [C]. Proceedings of the AAAI Conference on Artificial Intelligence, Honolulu, 2019, 33 (1): 4691-4698.

[15] Sukhbaatar S, Szlam A, Fergus R. Learning multiagent communication with backpropagation[J]. Advances in Neural Information Processing Systems, 2016, 29: 1-9.

[16] Liu Y, Wang W X, Hu Y J, et al. Multi-agent game abstraction via graph attention neural network[C]. Proceedings of the AAAI Conference on Artificial Intelligence, New York, 2020: 7211-7218.

第6章 竞争式序贯博弈对抗决策智能体设计

6.1 引　言

博弈论作为研究军事、政治、社会、经济等各领域中竞争与合作的理论，其思想几乎无处不在。近年来，人工智能技术的飞速发展使博弈论"如虎添翼"——早期被认为难以求解的大量复杂博弈问题正逐渐被层出不穷的新人工智能算法攻克。其中，高效搜索、安全剪枝、并行优化、子博弈求解、自博弈等技术的发展，为解决复杂环境、超大规模、不完全不确定条件下的智能决策问题提供有力的支撑。德州扑克是当前竞争式序贯博弈对抗中极具挑战性的问题，也是大规模不完全信息动态博弈算法测试的基准之一，是继围棋之后最受关注的人工智能领域难题之一。2018 年，美国陆军签订了高达千万美元的合同，以赞助德州扑克求解技术的研究工作。本章以德州扑克为研究对象展开：6.2 节介绍德州扑克基础知识，分析德州扑克问题复杂度，剖析关键技术；6.3 节总结德州扑克 AI 研究历程，介绍德州扑克智能博弈系统，从两人无限注和多人无限注德州扑克开展实验验证。

6.2　面向德州扑克的序贯博弈对抗决策

6.2.1　无限注德州扑克规则

针对计算机博弈，以下分别介绍两人无限注和多人无限注德州扑克博弈规则[①]。

1. 两人无限注德州扑克博弈规则

在每局对抗开始前，每个玩家拥有的筹码量均为 20000，双方玩家根据位置分为"小盲注"位(P1)和"大盲注"位(P2)。小盲注位需要强制先下注 50，大盲注位需要强制先下注 100。在每局对抗结束后，玩家的筹码重新设置为 20000(因此每局对抗之间都是独立的，便于算法的开发和测试)，并交换双方玩家的位置(减小位置优势)。

一局德州扑克中有 52 张除掉大小王的扑克牌，由 pre-flop(翻牌前)、flop(翻

---

① 为便于算法的开发和测试，计算机博弈领域的德州扑克规则与实际游戏规则稍有差异。

牌)、turn(转牌)和 river(河牌)四轮组成。如图 6.1 所示,在 pre-flop 轮,每位玩家发放两张底牌,底牌只有玩家自己可以看到,其他玩家无法知晓。在之后的三轮中,一共发放了 5 张公共牌,其中 flop 轮 3 张、turn 轮 1 张、river 轮 1 张,公共牌双方玩家都能看到。

在第一轮下注时,每个人都会拿到两张盖着的手牌,根据自己的手牌情况,选择下注。

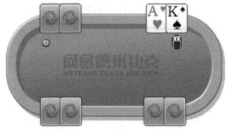

(a) 翻牌前下注

三张公共牌将被发出,牌手根据自己的手牌与桌面三张公共牌的组合情况下注。

(b) 翻牌下注

第四张公共牌被发出,开始第三轮下注。

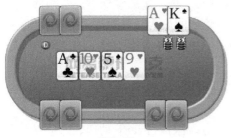

(c) 转牌下注

最后一张公共牌发出,河牌发出后进行最后一轮下注,然后牌手最终摊牌。

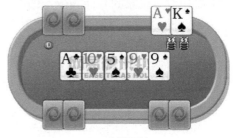

(d) 河牌下注

图 6.1　德州扑克四个阶段[①]

决定参与者胜负的方法是:比较每个玩家的底牌与公共牌所能组成的最大牌型,牌型较大者获胜。各个牌型大小顺序依次为皇家同花顺、同花顺、四条(金刚)、葫芦、同花、顺子、三条、两对、对子和高牌,如图 6.2 所示。

在每一轮发完牌后,双方需要轮流进行动作,对于 pre-flop 轮第一个进行动作的玩家为小盲注位(P1),对于其他三轮第一个进行动作的玩家均为大盲注位(P2)。玩家可以执行的动作包含 call(跟注)、check(过牌)、raise(加注)、fold(弃牌)。

call 动作表示下注的总筹码量增加到与上一个玩家相同。在执行 call 动作时,如果该动作是本轮第一个执行的动作或者上一个玩家没有加注,该动作被称为 check(不需要向底池中加入筹码)。

① http://sports.163.com/special/poker_rule/。

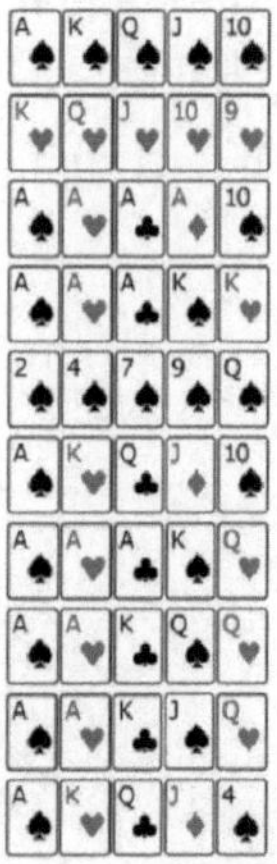

牌型	英文名称	中文名称	解释
	royal flush	皇家同花顺	同一花色最大的顺子
	straight flush	同花顺	同一花色的顺子
	four-of-a-kind	四条(金刚)	四张相同+单张
	full house	葫芦	三张相同+对子
	flush	同花	同一花色
	straight	顺子	花色不一样的顺子
	three-of-a-kind	三条	三张相同+两张单牌
	two pair	两对	两个对子
	one pair	对子	一对
	no pair	高牌	花色不同不连的单牌

图 6.2　德州扑克 5 张牌组合大小

raise 动作表示下注的总筹码量在增加到与上一个玩家相同的基础上再额外下注。当一个玩家进行 raise 动作后,下一个玩家可以接着进行 raise 动作,但是一轮对抗中双方玩家的合计 raise 动作次数最多为 4。每一次的额外下注金额数,最小为 100(也就是大盲注),且应该大于等于该轮中的最大额外下注筹码量。另外,下注的筹码量不能超过剩下的筹码量。如果下注的筹码量等于剩下的筹码量,则该次动作被称为 all-in(全压)动作。

fold 动作表示放弃加注,结束这场对抗,直接认为是输掉了这场比赛,失去了已经下注的所有筹码。

当双方玩家均执行 call 动作后,或者在一方玩家执行 raise 动作、另一方玩家执行 call 动作后,结束本轮操作。当一方玩家执行 fold 动作后,结束本场对抗。当一方玩家执行 all-in 动作且另一方玩家执行 call 动作后,立刻发完剩下的牌,进行最后的牌型比较。

完成 4 轮的发牌和下注后,双方玩家根据自己的两张底牌和 5 张公共牌,组合出最大牌型进行比较,具有较大牌型的人获得所有的下注量,若双方打平则平分下注量。对于相同的牌型,首先依次比较参与牌型计算的扑克牌数字,数字大者获胜,若均相同再比较剩下的扑克牌数字。花色之间不进行比较。

在进行牌型比较时,双方玩家需要亮出自己的底牌。如果一方玩家执行 fold 动作,则不需要亮出自己的底牌。

2. 多人无限注德州扑克对抗规则

多人无限注德州扑克对抗规则和两人无限注大部分相同,接下来以六人无限注德州扑克为例阐述两者区别。

六人分别用 A1~A6 表示,A1 为小盲注位,A2 为大盲注位,A1~A6 按顺时针围成一圈，在 pre-flop 轮 A3 先行动，其他轮都是 A2 先行动 (如果 A2 已经 fold 了，从 A2 按顺时针查找第一个没 fold 的玩家开始行动)。

每一轮下注结束的判断标准是，该轮所有没 fold 的玩家都已经行动了，且他们的下注总额都一样。

每一局对抗结束交换顺序，A2 变 A1，A3 变 A2，…。

6.2.2　问题复杂度分析

德州扑克是继围棋之后最受关注的人工智能领域难题之一，也是大规模不完全信息动态博弈算法测试的基准之一。本节从状态空间、信息集数量和信息集下动作数量三个方面分析德州扑克问题的复杂度，为读者深入了解德州扑克问题提供支撑。

1. 状态空间

两人无限注德州扑克中，在 pre-flop 轮，所有玩家的私有手牌组合数为 $C_{52}^2 C_{50}^2$，在 flop 轮组合数为 $C_{52}^2 C_{50}^2 C_{48}^3$，各阶段的组合数以此类推。如表 6.1 所示，分别比较了从单个玩家和两个玩家以及同构 (同构代表使用手牌同构的无损抽象算法) 后的状态数。

表 6.1　两人无限注德州扑克各阶段状态数

阶段	两人状态数	单人状态数	同构后状态数
pre-flop	1624350	1326	169
flop	28094757600	25989600	1286792
turn	1264264092000	1221511200	55190538
river	55627620048000	56189515200	2428287420

每个阶段的下注动作 (包括 fold、call 和 raise) 独立于可能的状态数，因此 raise 的区间决定了两人德州扑克博弈树的 "宽度"，影响下一轮的状态数。德州扑克玩家无论持有什么样的底牌，可以选择的行为组合相同，所以在计算状态空间复杂度时，可以用可能的底牌组合数与可选择行为数相乘，状态空间约为 3.162×10^{17}。

2. 信息集数量

假设每阶段只允许加注四次，在枚举可继续到下一阶段的动作序列时，玩家不弃牌。-、r、c、f 分别代表该阶段首次决策、raise、call 和 fold。在 pre-flop 轮，决策点有-、c、cr、crr、crrr、r、rr、rrr 共 8 个，可以进行到下一阶段的动作连续序列为 cc、crc、crrc、crrrc、rc、rrc、rrrc 共 7 个，终止在该阶段的序列为 f、rf、rrf、rrrf、crf、crrf、crrrf 共 7 个，以此类推可得各阶段的序列个数[1]

如表 6.2 所示。

表 6.2　两人无限注德州扑克各阶段序列数

阶段	决策点	连续序列	终止序列
pre-flop	8	7	7
flop	10	9	8
turn	10	9	17
river	10	9	17

整个博弈树上的信息集数量为

$$|I| = C_{52}^2 \times 8 + C_{52}^2 C_{50}^3 \times 7 \times 10 + C_{52}^2 C_{50}^3 C_{47}^1 \times 7 \times 9 \times 10$$
$$+ C_{52}^2 C_{50}^3 C_{47}^1 C_{46}^1 \times 7 \times 9 \times 10 \approx 3.19 \times 10^{13}$$

3. 信息集下动作数量

根据 Ganzfried[1] 给出的方法来计算，信息集下动作的数量为 3.598×10^{13}，规模庞大。即使使用目前先进的均衡求解算法，即 CFR 算法，每个信息集下的动作采用双精度浮点型存储，也需要约 500TB 随机存取存储器(random access memory, RAM)用于存储行为策略。针对两人无限注德州扑克的状态数、信息集数和信息集下动作数规模庞大的问题，本章将在 6.2.3 节中介绍基于抽象的 CFR 算法，压缩博弈问题规模，求解博弈问题的近似纳什均衡解。

6.2.3　关键技术分析

1. 博弈抽象方法

与完全信息博弈不同，非完美信息博弈难以分解为可独立求解的子博弈问题，因为非完美信息博弈分解得到的子博弈的最优策略可能依赖其他子博弈的策略与输出。德州扑克状态空间过于庞大，无法遍历所有的状态以寻求最优解。通常采用抽象的方法，对此类状态空间庞大的博弈进行求解。对于非完美信息博弈领域问题的求解，通常将问题抽象简化为一个相对简单的问题，得到一个简化解，之后通过增加约束，逐渐逼近完全信息博弈所对应抽象问题的解。目前，现有的比赛扑克 AI 往往使用抽象算法，生成更小的博弈，之后使用自定义均衡搜索算法来解决抽象出后的博弈问题。针对德州扑克，由于其状态空间过于庞大，不可能通过遍历所有的状态求最优解。为此，通过抽象的方法对德州扑克的博弈模型进行简化求解。通常简化求解过程分为以下三步[2]，如图 6.3 所示。

(1)在保留原始模型策略结构的前提下，将其抽象为较小的博弈模型。

(2)通过均衡求解算法求解较小博弈模型的近似纳什均衡解。

(3)将求得的纳什均衡解映射到原始博弈空间中。

另外，从自身角度选择策略对问题进行求解，往往能取得更好的效果。

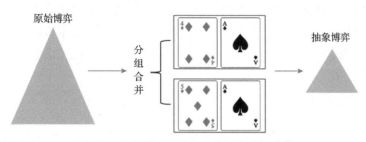

图 6.3　大规模博弈抽象简化均衡求解过程

抽象算法能对当前的博弈进行描述，产生一个更小但策略上相似的博弈，甚至产生完全类似的抽象博弈。常见的抽象技术包括以下两种[3]。

1)动作抽象

在有大型或无限动作空间的博弈中，由于动作行为的复杂性，博弈求解难度大大增加。此时，有效的动作抽象有助于减少搜索降低问题的复杂度。例如，在德州扑克中，在 100 元大盲注设置下，下注 2000~2999 元的行为差别不大。在动作抽象的过程中，可以将差距较小的动作抽象为同一动作，以此将动作空间离散化。动作抽象存在的问题是，玩家会执行一些在已抽象模型外的动作。针对这一情况，需要定义一个动作映射函数，将动作映射到建模好的动作抽象上，相关的映射方法有随机算法映射、确定性几何映射、随机几何映射和伪谐波映射等，但对离线决策没有较大影响。

2)信息抽象

信息抽象是将相似状态信息合并为相同的类或桶。信息抽象分为无损信息抽象和有损信息抽象。常见的无损信息抽象算法，如 GameShrink 算法[4]是一个自下而上的动态算法，可以合并所有有序博弈的同构节点。GameShrink 存在抽象不准确、无法确定抽象类数量，以及计算量大等问题，Gilpin 等[5]针对这些问题，对 GameShrink 算法进行了优化。当抽象层次较高时，会发生信息丢失。求解该抽象问题的方法是使用有损信息抽象算法，如 GameShrink 算法的有损版本。有损信息抽象对无损信息抽象的有序同构节点进行了扩展，如将兄弟节点的子节点也视为有序同构节点。总之，信息抽象依赖相似信息，如果节点之间的相似度高，将大幅减少搜索空间，但是，如果相似度定义不准确，也会导致不良的结果。Brown 等[6]在 2014 年计算机扑克大赛(Annual Computer Poker Competition, ACPC)中，便使用了有损抽象，借助分层抽象以及蒙特卡罗反事实后悔值最小化(Monte Carlo counter factual regret minimization, MCCFR)算法，在两人无限注德州扑克中取得了显著的成绩。

在非完美信息博弈中，求解子博弈的过程被定义为近似解逼近过程，或通过求解不相交的子博弈来改进当前的结果[7]。在完全信息中，可将博弈分解为独立的子博弈求解。但在非完美信息博弈中，因为子博弈的最佳策略可能取决于其他未知子博弈的策略和输出，所以完全信息博弈中的分解方法不适用。因此，必须在传统子博弈技术的基础上加以改进。以下是一些针对非完美信息博弈的改进子博弈的解决方案。

2. 基础 CFR 算法

非完美信息博弈模拟了在只包含部分信息的情况下多智能体之间的策略交互，其中最成功的算法簇是 CFR 算法及其变体。CFR 是目前最先进的能够在大型非完美信息博弈中生成高效策略的技术之一，是一种在两人零和博弈中收敛到纳什均衡的迭代算法，保证在两人零和博弈中计算出近似纳什均衡策略。

后悔值最小化(regret minimization)算法是 CFR 的前身，2000 年，由 Hart 等[8]将其应用到计算机博弈领域，并在正则博弈对抗中取得了不错的效果。后悔是一个在线学习概念，引发了一系列性能强大的学习算法。博弈对抗中后悔值的作用是根据对过去对抗中行为动作的后悔程度来调整将来的动作选择策略。

定义 6.1(平均整体后悔值)　玩家 i 在第 t 回合的对抗中所采取的策略为 σ_i^t，则玩家 i 在 T 次对抗中的平均整体后悔值为

$$R_i^T = \frac{1}{T} \max_{\sigma_i^* \in \Sigma_i} \sum_{t=1}^{T} \left[u_i(\sigma_i^*, \sigma_{-i}^t) - u_i(\sigma^t) \right] \tag{6.1}$$

R_i^T 是平均意义下每局玩家所选择的策略在与 T 轮迭代中奖励最大策略的奖励差值。如果产生某一玩家的策略使得当 $T \to \infty$ 时，$R_i^{T,+} / T \to 0$（其中 $R_i^{T,+} / T = \max\{R_i^T, 0\}$，表示后悔值都为非负），就称这个策略是后悔值最小的。

定义 6.2(平均策略)　$\bar{\sigma}_i^t$ 为玩家 i 从第 1 次到第 T 次过程的博弈对抗，$\pi_i^{\sigma^t}$ 为玩家 i 第 t 次博弈所采用的策略。特别地，对于每个信息集 $I \in L_i$，每个动作 $A \in A(I)$，有

$$\bar{\sigma}_i^t(I)(a) = \frac{\sum_{t=1}^{T} \pi_i^{\sigma^t}(I) \sigma^t(I)(a)}{\sum_{t=1}^{T} \pi_i^{\sigma^t}(I)} \tag{6.2}$$

在两人零和博弈中，若两个玩家的平均整体后悔值小于 ε，则平均策略遵循 2ε 均衡。若两个玩家重复多次对抗并不断调整策略，使得他们的平均整体后悔值

趋近于 0，则他们的平均策略就收敛到纳什均衡策略。因此，后悔值最小化算法可以作为一种计算近似纳什均衡的方法。

在正则博弈中的后悔值匹配(regret matching)是使后悔值最小化的简单迭代算法。后悔值匹配依据一个正比于正后悔值的动作概率分布，用随机的方式选择动作。对于可选动作集 A_i 中的每一个动作 a，存储该动作的每轮迭代计算得到的后悔值，在接下来的第 $T+1$ 轮迭代中，更新策略的计算公式为

$$\sigma_i^{T+1}(a) = \frac{R_i^{T,+}(a)}{\sum_{b \in A_i} R_i^{T,+}(b)} \tag{6.3}$$

从式(6.3)中可以看出，动作 a 的后悔值表示在过去 T 轮对抗中，玩家没有采取该动作而产生的累加后悔值。在理想化的情况下，可以通过使用正比于正后悔值的策略来减少之后博弈的后悔值。但注意到若对手也理解后悔值匹配算法并在对局过程中察觉到了我方策略的某种概率性偏向，则可以利用这种偏向针对性地选择动作。因此，后悔值匹配算法采用自训练的方式，通过自我博弈，反复迭代直到后悔值最小化。

传统上，后悔值最小化算法主要解决的是正则博弈问题。尽管在概念上可以将任何有限的扩展式博弈转换为等价的正则博弈，但表示大小的指数增长使得对转换后的博弈使用后悔值最小算法不切实际。例如，最简单的两人限制性德州扑克扩展式博弈，都有多达 10^{17} 种博弈状态。在如此大规模的博弈树中计算整体最小后悔值是不切实际的。而且德州扑克是序贯博弈，即博弈双方的动作有先后顺序，后行动者在观察到先行动者动作的基础上进行决策，因而后悔值最小化方法不能立即得到下一动作的可选策略。

对于德州扑克这种大型扩展式博弈，要计算并最小化平均整体后悔值 R_i^T 是不现实的。CFR 算法的基本思想是将整体后悔值分解为一组可独立最小化的后悔值，并在每个独立的信息集上引入虚拟后悔值的概念，通过不断迭代最小化每个信息集上的反事实后悔值从而最小化平均整体后悔值，此时得到的平均策略达到近似纳什均衡。首先考虑一个指定信息集 $I \in L_i$ 和玩家 i 在该信息集上的选择，定义 $u_i(\sigma, h)$ 为所有玩家遵循策略 σ 进行对抗并到达了动作序列时的期望效益值。

定义 6.3(反事实效益值)　在除了玩家 i 以外的所有玩家 $-i$ 都遵循策略 σ，而玩家 i 的策略为在到达信息集 I 的情况下，进行对抗至博弈树叶子节点 Z 时的期望。$\pi^{\sigma}(h, h')$ 是在策略组下，从动作序列 h 到 h' 的转移概率，则反事实效益值为

$$u_i(\sigma, I) = \frac{\sum_{h \in I, h' \in Z} \pi_{-i}^{\sigma}(h) \pi^{\sigma}(h, h') u_i(h')}{\pi_{-i}^{\sigma}(I)} \tag{6.4}$$

对于所有的 $a \in A(I)$，定义 $\sigma|_{I \to a}$ 为除了在信息集 I 上总是选择动作 a 以外，其余与 σ 完全相同的策略，则即时反事实后悔值(immediate counterfactual regret)为

$$R_{i,\text{imm}}^T(I) = \frac{1}{T} \max_{a \in A(I)} \sum_{t=1}^{T} \pi_{-i}^{\sigma^t}(I) \left[u_i(\sigma^t|_{I \to a}, I) - u_i(\sigma^t, I) \right] \tag{6.5}$$

直观上，这是玩家 i 在信息集 I 上所做决策的后悔值，由动作 a 的反事实效益值与信息集 I 的反事实效益值之间的差值，再乘上一个表示玩家 i 试图到达信息集 I 的反事实概率作为加权项。

寻找博弈中近似纳什均衡的关键点就是如何最小化每个信息集上的即时反事实后悔值。即时反事实后悔值的关键特征是可以通过仅控制 $\sigma_i(I)$ 来进行最小化，对于所有的 $I \in L_i$ 和 $a \in A(I)$ 有

$$R_i^T(I,a) = \frac{1}{T} \sum_{t=1}^{T} \pi_{-i}^{\sigma^t}(I) \left[u_i(\sigma^t|_{I \to a}, I) - u_i(\sigma^t, I) \right] \tag{6.6}$$

然后，有 $T+1$ 轮的策略为

$$\sigma_i^{T+1}(a) = \begin{cases} \dfrac{R_i^{T,+}(I,a)}{\displaystyle\sum_{a \in A(t)} R_i^{T,+}(I,a)}, & \displaystyle\sum_{a \in A(I)} R_i^{T,+}(I,a) > 0 \\[4mm] \dfrac{1}{|A(I)|}, & \text{其他} \end{cases} \tag{6.7}$$

式(6.7)揭示了反事实后悔值与更新下一轮策略中的动作概率分布之间的关系，即每种动作被选择的概率与其在过去已经进行的多轮博弈中没被选择而产生的累加的正后悔值成正比，若不存在正后悔值，则给每个动作分配均等的概率。

CFR 算法在现有条件下只能解决 10^{12} 规模的博弈问题，局限在于玩家 i 根据式(6.7)选择动作，则即时后悔值的上界为

$$R_{i,\text{imm}}^T(I) \leqslant \Delta_{u,i} \sqrt{|A_i|} / \sqrt{T} \tag{6.8}$$

从而有

$$R_i^T(I) \leqslant \Delta_{u,i} |L_i| \sqrt{|A_i|} / \sqrt{T} \tag{6.9}$$

其中，$|A_i| = \max_{h: p(h)=i} |A(h)|$。

这一结果表明，平均整体后悔值的上界与信息集的数量呈线性关系，CFR 算法

需要的迭代次数最多是博弈状态规模的二次方，这成为原始 CFR 算法的瓶颈。

3. CFR 变体

第 2 章简要介绍非完美信息博弈方法时对 CFR 变体已有概括性介绍，本节对 CFR 中的表格式变体、采样类变体和网络类变体进一步介绍，综述其发展历程。

1) 典型 CFR 变体

采用 CFR+的德州扑克 AI "仙王座"（Cepheus）首次破解两人有限注德州扑克的决胜方法，具有计算量少、适合大规模并行化等特点。CFR+的核心改进为在每个信息集上使用后悔匹配的变体，其后悔值被限制为非负数。表现"差"的动作在被证明有用之后，将被立即再次选中（而不是等待多轮迭代后其后悔值变成正值）。选用 $Q^t(I,a)$ 来替代反事实后悔值，更新过程如式（6.10）~式（6.12）所示：

$$Q^0(I,a) = 0 \tag{6.10}$$

$$Q^T(I,a) = \left[Q^{t-1}(I,a) + R^t(I,a) - R^{t-1}(I,a) \right]^+ \tag{6.11}$$

策略更新过程为

$$\sigma_i^{t+1}(a \mid D) = \begin{cases} \dfrac{Q_i^t(I,a)}{\sum\limits_{a' \in A} Q_i^t(I,a')}, & \sum\limits_{a' \in A} Q_i^t(I,a') > 0 \\ \dfrac{1}{|A|}, & 其他 \end{cases} \tag{6.12}$$

当当前策略可利用性趋近零时，平均策略可以作为最终输出策略。

CFR+从每一局的概率上来说虽然还是会输，但从长远来看可以取得统计学上显著的胜利。CFR+算法在较弱意义上破解了两人有限注德州扑克的决胜方法，这是非完美信息博弈中的里程碑事件。

CFR 算法的改进都是针对基础 CFR 算法每个阶段的不同"算子"操作展开的，例如，CFR+改进了后悔值匹配"算子"。权重衰减 CFR 算法的改进则是针对累计后悔值的计算。权重衰减 CFR 算法定义了三个因子 α、β、γ。针对累计正后悔值，加以权重 $\dfrac{t^\alpha}{t^\alpha + 1}$，针对累计负后悔值，加以权重 $\dfrac{t^\beta}{t^\beta + 1}$。并且每次迭代给平均策略加以权重 $\dfrac{t}{t+1}\gamma$。新的后悔值定义如下：

$$R_{i,\text{dis}}^T(I,a) = \begin{cases} \sum_{t=1}^{T}\left(\dfrac{t^\alpha}{t^\alpha+1}r_i^t(I,a)\right), & r_i^t(I,a) > 0 \\ \sum_{t=1}^{T}\left(\dfrac{t^\beta}{t^\beta+1}r_i^t(I,a)\right), & r_i^t(I,a) < 0 \end{cases} \tag{6.13}$$

平均策略定义如下:

$$\bar{\sigma}_{i,\text{dis}}^T(I,a) = \frac{\sum_{t=1}^{T}\left[\left(\dfrac{t}{t+1}\right)^\gamma \pi_i^{\sigma^t}(l)\sigma_i^t(I,a)\right]}{\sum_{t=1}^{T}\left[\left(\dfrac{t}{t+1}\right)^\gamma \pi_i^{\sigma^t}(l)\right]} \tag{6.14}$$

当 α、β、γ 都为 1 时,权重衰减 CFR 算法就退化成线性 CFR 算法。

2) CFR 变体分类

根据 CFR 流程的各阶段改进,衍生出一系列 CFR 变体算法。以 MCCFR 算法为基础,OS-MCCFR(结果抽样-MCCFR)和 ES-MCCFR(外部抽样-MCCFR)为代表,鲁棒采样类变体还有很多衍生算法簇,包括 MCCFR+[9]、Mini-batch MCCFR+[9]、VR-MCCFR[10]、Target CFR[11]等。此类衍生算法簇大都基于 OS-MCCFR 和 ES-MCCFR 改进而来,其遍历方式如图 6.4 所示。

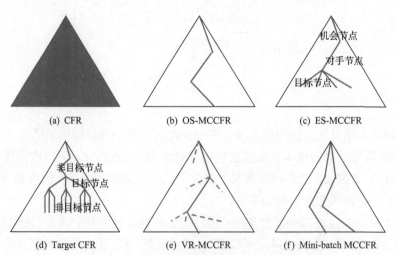

(a) CFR　　　　　(b) OS-MCCFR　　　　　(c) ES-MCCFR

(d) Target CFR　　　　　(e) VR-MCCFR　　　　　(f) Mini-batch MCCFR

图 6.4　采样类 CFR 变体博弈树遍历示意图

4. 子博弈求解

1) 非安全子博弈解

最直观子博弈解的形式是非安全子博弈,即划分好子博弈后,假设子博弈之前的博弈过程是固定的。但其缺点是非安全子博弈解缺乏理论支持,在很多情况下效果不佳,因为它对历史信息的假设过于绝对,也就导致其实用性较差。尽管如此,在一些简单的博弈环境下,还是可以使用它去求解简单的博弈问题。

2)子博弈重新求解

子博弈重新求解需要明确对手的可选动作范围,以及在上一轮条件下,对手选择各个动作能产生的收益值。子博弈重新求解可以重建一个策略,且只用于博弈的剩余部分。在子博弈重建求解过程中,每个对手会生成上一局态势下选择各动作的得分向量,向量中的每一个元素对应采取某一动作的收益值。该策略最大的好处在于增加了博弈主干的边界和子博弈可用的资源。然而,如果主博弈的策略是固定的,选择子博弈的最优解便不一定是全局最优的,因为对手选择的动作永远是固定的,计算其他动作的收益值没有意义。另外,多个动作的收益值相同也会使得策略效果不佳。

3)最大边际求解

基于子博弈重新求解的最大边际求解[1]技术能够优化子博弈策略,它定义了每个信息集的子博弈边际,进入子博弈树将得到一个惩罚值。最大边际能为强化子博弈找到一个纳什均衡策略。强化子博弈能够通过最大化最小边际求解,使用的迭代算法包括过间隙技术(excessive gap technique, EGT)[12]和 CFR 等。最大边际求解是比较保险的,但该策略所求出的解往往过拟合于假设的模型,所以其效果与子博弈重新求解的效果类似。

6.3 德州扑克智能博弈 AI 构建

6.3.1 德州扑克 AI 研究历程

在驱动计算机扑克 AI 能力不断提升的过程中,阿尔伯塔大学、卡内基梅隆大学等具有十分突出的贡献。

1. 阿尔伯塔大学扑克 AI 研究历程

加拿大阿尔伯塔大学计算机扑克研究组为人工智能领域输出了大批学术和应用成果,在德州扑克方面的研究更是取得重大突破,相关研究成果如表 6.3 所示。阿尔伯塔大学计算机扑克研究组使用基于规则的方法开发出第一个扑克程序,根据给定的博弈状态,输出特定的动作,能够击败较弱玩家。在此后的几年里,扑克程序中陆续出现了对手建模和神经网络建模等技术,计算机博弈水平显著提高。

2003 年,Billings 等[13]针对两人有限注德州扑克问题,提出了最优策略理论,虽然没有考虑对手的相关信息,但构建的智能体表现出了较高的博弈水平。

表 6.3　阿尔伯塔大学德州扑克 AI 相关研究成果

年份	程序名称	场景	智能水平	硬件配置
1997	Loki	M-L	IRC 服务器前 10%	—
1999	Poki	M-L	IRC 服务器前 10%	—
2002	PsOpti	2-L	击败 Poki	—
2003	Vexbot	2-L	击败 Poki 和 PsOpti	—
2006	Hyperboren	2-L	ACPC-2006 第一名	4 核 CPU 并行计算，耗时近 14 天
2007	Polaris	2-L	ACPC-2007 第一名	4 核 CPU 并行计算，耗时大于 14 天
2008	Hyperborean No-Limit	2-NL	ACPC-2008 第一名	—
2009	Hyperborean	3-L	ACPC-2009 第一名	—
2015	Cepheus	2-L	—	200 个计算节点集群，32GB RAM，1TB 内存，耗时 68.5 天
2017	DeepStack	2-NL	击败 33 位职业选手	转牌网络：6144CPU，超 175 核年 翻牌网络：20GPUs，0.5GPU 核年

注：M-L 表示多人有限注；2-L 表示两人有限注；2-NL 表示两人无限注；3-L 表示三人有限注。

2006 年，Sturtevant 等[14]进一步深入研究两人有限注德州扑克问题，将对手建模与博弈树搜索技术相结合，在合理的时间实现深度优先搜索。

2007 年，基于纳什均衡的著名扑克 AI 程序 Polaris 先在人机对战的扑克冠军赛中击败了人类玩家[15]，又在当年的 ACPC 中夺冠，为扑克研究带来了又一次新的突破。传统上，线性规划是解决扩展式博弈的先进技术之一，但线性规划难以应对指数级状态数量的博弈。

2007 年，Zinkevich 等[16]提出 CFR 算法，这是一种迭代算法，将整体最小后悔值分解到各个独立的信息集中计算局部最小后悔值，能成功解决多达 10^{12} 个状态的博弈问题。并且，在信息集大规模的两人零和博弈中，使用该方法收敛到纳什均衡解具有理论保证。随后，Risk 等[17]将 CFR 算法应用到扑克智能体上，并以显著性的优势获得了 ACPC 三人有限注德州扑克的冠军。

2015 年，Bowling 等[18]改进基础 CFR 算法，提出新变体 CFR+算法，并应用其开发的程序"仙王座"(Cepheus)首次破解了两人有限注德州扑克的决胜方法[19]，Cepheus 从每一局的概率上来说虽然还是会输，但从长远来看可以取得统计学上显著的胜利。基础的 CFR 算法及其一些变体，在处理大规模博弈上会面临两个挑战：内存和计算。Cepheus 采用定点计算和压缩的方式解决存储问题，结合剪枝和省略对平均策略的计算突破 CFR 算法在计算规模上的限制；跳过计算和存储平均策略的步骤，使用玩家的当前策略作为 CFR+算法的初始解。

2017 年，加拿大的阿尔伯塔大学、捷克的查理大学、布拉格的捷克技术大学的研究人员合作设计了一种新型的扑克 AI 程序 DeepStack，在两人无限注德州扑克上击败职业扑克玩家。DeepStack 结合了递归推理来处理不对称性信息，利用持续求解技术将计算集中到相关的决策上，并设计深度神经网络拟合后悔值，这是一种可用于非完美信息扩展博弈的通用算法。DeepStack[20] 通用算法使用了深度学习自博弈，学习策略战胜人类玩家。DeepStack 使用神经网络拟合评估函数、近似反事实后悔值。该深度反事实价值网络(deep counterfactual value network)以当前迭代的公开状态和范围、池底大小等手牌簇作为输入特征经过 7 层全连接的隐层输出后进行归一化处理，从而保证该值满足零和约束，最后映射为两个玩家的反事实后悔值。在比赛之前，通过生成随机扑克场景(底池大小、台面上的牌和范围)来训练深度反事实价值网络。该方法在理论上有两人零和博弈的收敛性证明作为支撑，并且在实践中也能得出比之前的方法更低的可利用性。

2019 年 5 月，DeepMind 和阿尔伯塔大学的研究人员提出可利用性下降新算法[1]，通过针对最坏情况对手的直接策略优化，计算两人零和非完美信息扩展博弈中的近似均衡。当遵循这种优化时，玩家策略的可利用性渐近地收敛为零，因此当两个参与者都采用这种优化时，联合策略会收敛到纳什均衡。与虚拟自对弈(fictitious self-play)和 CFR 不同，该收敛结果与优化的策略有关，而不是平均策略。

总体来说，阿尔伯塔大学计算机扑克研究组最早关注计算机扑克智能博弈研究，输出了大批学术与应用成果，形成了以 Cepheus、DeepStack 为代表的顶尖扑克 AI，不断刷新博弈对抗纪录，拉开了新一轮人机大战的序幕。

2. 卡内基梅隆大学扑克 AI 研究历程

除了阿尔伯塔大学计算机扑克研究组，近年来国际上也出现了一些研究智能博弈的组织和个人，在攻克德州扑克的新型图灵测试中成果丰硕。其中，卡内基梅隆大学的研究特别引人注目。

2017 年，Sandholm 教授的团队针对德州扑克的不完美信息博弈的特点，提出了一种在理论上和实践上都超越之前方法的子博弈求解技术，研发的德州扑克 AI Libratus[21] 在两人无限法德州扑克中击败人类顶级职业选手，引起学术界和社会各界的轰动。Libratus 主要由三个主要模块组成：①预先对博弈进行动作抽象和手牌抽象，计算蓝图策略(blueprint strategy)。由于直接对两人无限注德州扑克的不同决策点计算策略不可行，Libratus 针对大规模博弈树进行抽象压缩，然后使用了 CFR 的变体 MCCFR 算法来计算蓝图策略。同时，Libratus 通过一种基于遗憾值修剪法的采样方式改进了 MCCFR，允许修剪掉在博弈树中"失败"的分支，以便加快 MCCFR 算法的收敛。②嵌套子博弈求解算法，基于构建的更细粒度的抽象并进行实时求解。求解子博弈的目的是在子博弈中改变策略来提升蓝图策略。

与完美信息博弈中的子博弈求解技术不同，在不完美信息博弈中的子博弈求解方面存在一个主要挑战：一个玩家在子博弈中的最优策略可能依赖博弈其他部分的策略和结果。因此，不能只用子博弈的信息来解决子博弈。现有的使用实时子博弈求解方案需要假定对手按照蓝图策略进行博弈来解决这个问题。然而，对手可以通过简单地切换到不同的策略来利用这个基本假设。所以，该技术也被称为"不安全"的子博弈求解。不安全的子博弈求解缺乏理论上的求解质量保证，而且在许多情况下，效果不佳。因为不安全子博弈求解技术无法确保得到策略的可利用性一定比蓝图策略低。Libratus 利用安全子博弈求解技术确保了策略的可利用性不高于蓝图策略，保证了无论对手使用何种策略，Libratus 都能通过确保子博弈策略符合原始抽象的蓝图策略来实现这一点。③自我改进提升模块，随着时间的推移不断改进蓝图策略，利用所发现的对手策略中的潜在漏洞部分，计算出更接近纳什均衡的策略。

2018 年，Brown 等[22]提出了一种在非完美信息博弈中进行有限深度优先搜索的方法，允许对手在有限深度下为其余部分选择多种策略，并仅使用普通笔记本电脑上的计算资源(4 核的 CPU 和 16GB 内存)生成大师级的两人无限注德州扑克 AI "轻元"（Modicum），并击败了两个以前版本的顶级德州扑克 AI。

2019 年 2 月，Brown 等[23]又提出了基于神经网络的 CFR 变体，即 DCFR，用神经网络拟合累计后悔值和平均策略，打破表格式 CFR 的局限性，为大规模非完美信息动态博弈提供了新的解决思路。

2019 年 7 月，Brown 在 *Science* 上发表的多人德州扑克最新研究成果备受瞩目——多人无限注德州扑克 AI "聚联"（Pluribus）[24]在六人无限注德州扑克中战胜了人类职业选手。该算法的核心是采用自博弈方法不断学习和调整策略，并提高胜率，类似于 AlphaGo Zero，不需要任何的人类先验知识。Pluribus 的系统是在 Libratus 的基础上改进的。但与 Libratus 不同的是：①Pluribus 为多人扑克开发一个超人的人工智能是这一领域公认的里程碑。但 Pluribus 的目标不是一个具体的博弈论解概念，而是从实验层面解决多人扑克问题。从另一方面看，Pluribus 的成功表明，尽管它在对多人博弈中缺乏已知的强有力的理论保证，但在非完美信息下的、大规模的、复杂的多人博弈环境中，通过精心构造自博弈搜索算法仍然可以产生超越人类的策略。②Pluribus 采用了一个新的在线搜索算法，可以通过搜索前面的几个博弈步骤，来评估自己下一步可选的策略。在许多完美的信息博弈中，包括双陆棋、国际象棋和围棋，实时搜索对于获得超过人类的性能是必不可少的。因此，Pluribus 在与对手的实际比赛中，采取了非完美信息博弈中的深度限制搜索，通过实时搜索在比赛中发现更好策略。将自博弈形式与搜索形式相结合，已经在完全信息下的两人零和博弈中取得了令人瞩目的成功。③Pluribus 还拥有比 Libratus 更快的自我博弈算法。在线搜索算法和自我博弈算法的更新与结合，使得 Pluribus 能用比 Libratus 更强的处理能力和更少的内存来进行训练。Pluribus 策略的核心是通过自博弈来计算的。在自博弈中，AI 对自己的副本进行博弈，而不需要任何人类或先前的人工智能博弈的数据作为输入。从零开始随机采取动作，并随着它确定哪些动作以及这些动作的概率分布而逐渐改进，从而相对于早期版本的策略产生更好的结果。Pluribus 改进的 MCCFR 进行自博弈，通过自博弈为整个离线博弈生成蓝图策略。人工智能从完全随机播放开始，但通过学习击败自己的早期版本而逐渐改进。整个博弈的蓝图策略必然是粗粒度的。当决策点的数量足够少时，Pluribus 会进行实时搜索，以确定针对当前情况更好、更细粒度的策略。德州扑克是一种特殊的多方非合作博弈。在六人德州扑克对抗中，"强牌入彩池"的基本原理会让对抗自发退化成两人博弈问题。从大量牌局统计的结果来看，六人德州扑克在最后阶段往往成为一个两人零和博弈。这为两人博弈算法扩展到多人场景提供了一个支撑。此外，在程序接口层面，多人只是"单纯"增加了输入的特征数量，博弈树变得更加庞大，使用 MCCFR 类似的算法依然可以获得一个可行解。从 Pluribus 的实践效果来看，的确能取得不错的效果。然而，理论上这种纯粹的扩展方法并没有强有力的保证。

表 6.4 总结了卡内基梅隆大学德州扑克 AI 相关研究成果。

表 6.4　卡内基梅隆大学德州扑克 AI 相关研究成果

年份	程序名称	场景	智能水平	运行配置
2007	Tartanian	2-NL	ACPC-2007 第二名	—
2014	Tartanian7	2-NL	ACPC-2014 第一名	1153200 核时，128GB RAM
2015	Claudico	2-NL	ACPC-2014 第一名	200 万~300 万核时，128GB RAM
2016	Baby Tatanian8	2-NL	ACPC-2016 第一名	200 万核时，128GB RAM
2017	Libratus	2-NL	击败顶级职业选手	2500 万核时
2019	Pluribus	6-NL	击败顶级职业选手	2500 万核时，128GB RAM

3. 其他机构的扑克 AI 研究历程

除此之外，机器学习、最优化理论、决策论等领域的方法和观点被不断引入非完美信息博弈领域，并取得了较大的进展。Passos[25]在德州扑克中应用强化学习算法，并结合特定的对手模型，取得了不错的效果。浙江大学的研究人员结合蒙特卡罗树搜索和神经虚拟自对弈 (neural fictitious self play, NFSP)，提出了异步神经虚拟自对弈方法[26]，提升了在大规模非完美信息零和博弈上的表现。异步神经虚拟自对弈让 AI 学会在多个仿真环境中进行"自我博弈"，从而生成最优策略，该方法在德州扑克和多人射击游戏中均取得了不错表现。在国内，哈尔滨工业大学较早开始对德州扑克展开研究。2013 年，该团队利用手牌评估和对手建模方法构建的德州扑克 AI，在 ACPC 中的两人有限注德州扑克项目中位列第四名[27]；2014 年，该团队利用基于人工神经网络和风险占优策略构建的扑克 AI 在 ACPC 三人库恩(Kuhn)扑克项目中取得第三名[28]。2016 年，采用 CFR 算法开发的系统获得 ACPC 两人无限注德州扑克中排名第八的成绩[29]。国内研究起步晚于国外，但发展迅速，相关研究不断推动智能博弈的发展。

6.3.2　德州扑克智能博弈系统

与其他智能博弈系统的框架类似，基础的德州扑克智能博弈系统通常由服务端(引擎)、客户端(扑克 AI)以及通信协议构成。为满足"数据加载""资源管理""人机对战"等需求，扩展的德州扑克智能博弈系统框架如图 6.5 所示，增加了人机交互界面(用于人机对战界面显示)、扑克算法库(用于人机对战 AI 的加载)、数据库(用户管理、存储及加载样本数据、CFR 值等)、协议转换(连接其他不同协议的平台)等模块。为提高算法学习训练效率，可进一步部署分布式训练框架，支持基于种群的强化学习算法等。

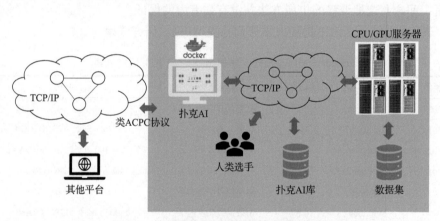

图 6.5　扩展的德州扑克智能博弈系统框架

服务端：主要实现建立房间控制对抗过程、调用扑克引擎、消息传输、管理调用本地 AI 玩家等功能。从引擎层面看，可以根据不同需求定制传输的信息内容与数据格式。现有使用广泛的德州扑克引擎有 ACPC 服务端、RLCard 等。从消息传输层面看，扑克智能博弈系统服务器分为"监听"和"接收"两个部分。监听通过套接字(socket)方式完成前端玩家与各个 AI 进行消息传递，接收通过使用消息总线的方式与智能体进行通信。具体通信逻辑见图 6.6。

客户端：主要用于部署测试 AI 算法。客户端 AI 接收到服务端预备消息后，进入房间，在对抗过程中不断接收服务端的对抗状态信息，生成决策动作后，按既定数据格式向服务端发送。

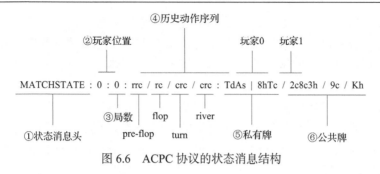

图 6.6 ACPC 协议的状态消息结构

通信协议：不同的扑克系统使用的通信协议不同，但为了缩短消息的传递时间，提高交互效率，通信协议中的消息需要简短且包含完整信息。根据类型不同，可将消息分为准备消息、状态消息和结束消息。以 ACPC 中通信协议的状态消息为例(图 6.6)，德州扑克智能博弈系统中一条完整的状态消息通常包括消息类型(状态消息头)、玩家位置(如小盲注位置编码为 0)、局数(在有限局数的设定下，局数可能影响对抗策略)、历史动作序列(包含各个阶段的历史动作，有助于对手牌力建模和诈唬识别)、私有牌和公共牌(关键的决策信息)。消息结构和数据类型的制定应需求而异。在真实的比赛中，对手的私有牌是不可见的，例如，玩家 0 接收到的状态消息，在私有牌玩家 1 位置的数据是空缺的。但当对手建模需要对手手牌数据作为标注时，可将对手手牌设置成可见。

数据传递流程：如图 6.7 所示，在对抗开始前，每个玩家向服务器发送创建

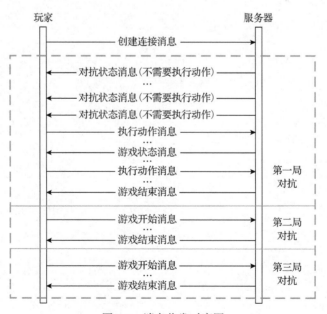

图 6.7 消息收发时序图

连接消息，当一个房间的连接人数到达设定人数后，服务器开始运行。在每一局对抗中，服务器将不断向玩家发送对抗状态消息，若该消息为需要执行动作的消息，则玩家需要向服务器执行动作消息。重复该流程执行对抗达到结束状态。此时，服务器将向所有玩家发送对抗状态消息。在第二局及之后的对抗开始前，每个玩家需向服务器发送玩家预备消息，若均为开始则服务器进行下一局对抗。当已进行的对抗局数到达设定的对战局数，或者某玩家的连接断开，或者某玩家在发送玩家预备消息时发送的为退出时，终止对抗，服务器自动断开所有玩家的链接。

6.3.3　两人无限注德州扑克 AI 实现

1. 实验设置

本节主要设计实现两人无限注德州扑克 AI。每局开局有效筹码为 10，小盲注为 1。raise 次数限制为 2 次。采用权重衰减 CFR 算法求解，使用 Johanson 等[30]提出的方法构建博弈树，加速最佳响应求解计算，在硬件配置为 i7 CPU、16GB内存的笔记本上运行。为缩小问题规模，本实验限定了对手和我方的手牌范围，如图 6.8 和图 6.9 所示。

为缩小博弈树规模，对参与方的动作进行对称抽象，如表 6.5 所示。表 6.5中，flop 轮次时，我方的下注动作抽象为彩池大小的 50%和 100%；turn 轮次时，

AA 1.000	AKs 1.000	AQs 1.000	AJs 1.000	ATs 1.000	A9s 1.000	A8s 1.000	A7s 0.000	A6s 0.000	A5s 0.000	A4s 0.000	A3s 0.000	A2s 0.000
AKo 1.000	KK 1.000	KQs 0.000	KJs 0.000	KTs 0.000	K9s 0.000	K8s 0.000	K7s 0.000	K6s 0.000	K5s 0.000	K4s 0.000	K3s 0.000	K2s 0.000
AQo 1.000	KQo 1.000	QQo 1.000	QJs 0.000	QTs 0.000	Q9s 0.000	Q8s 0.000	Q7s 0.000	Q6s 0.000	Q5s 0.000	Q4s 0.000	Q3s 0.000	Q2s 0.000
AJo 1.000	KJo 0.000	QJo 1.000	JJo 1.000	JTs 0.000	J9s 0.000	J8s 0.000	J7s 0.000	J6s 0.000	J5s 0.000	J4s 0.000	J3s 0.000	J2s 0.000
ATo 1.000	KTo 0.000	QTo 0.000	JTo 1.000	TT 1.000	T9s 0.000	T8s 0.000	T7s 0.000	T6s 0.000	T5s 0.000	T4s 0.000	T3s 0.000	T2s 0.000
A9o 1.000	K9o 0.000	Q9o 0.000	J9o 0.000	T9o 0.000	99 1.000	98s 0.000	97s 0.000	96s 0.000	95s 0.000	94s 0.000	93s 0.000	92s 0.000
A8o 0.000	K8o 0.000	Q8o 0.000	J8o 0.000	T8o 0.000	98o 0.000	88o 1.000	87s 0.000	86s 0.000	85s 0.000	84s 0.000	83s 0.000	82s 0.000
A7o 0.000	K7o 0.000	Q7o 0.000	J7o 0.000	T7o 0.000	97o 0.000	87o 0.000	77o 1.000	76s 0.000	75s 0.000	74s 0.000	73s 0.000	72s 0.000
A6o 0.000	K6o 0.000	Q6o 0.000	J6o 0.000	T6o 0.000	96o 0.000	86o 0.000	76o 0.000	66o 1.000	65s 0.000	64s 0.000	63s 0.000	62s 0.000
A5o 0.000	K5o 0.000	Q5o 0.000	J5o 0.000	T5o 0.000	95o 0.000	85o 0.000	75o 0.000	65o 0.000	55 1.000	54s 0.000	53s 0.000	52s 0.000
A4o 0.000	K4o 0.000	Q4o 0.000	J4o 0.000	T4o 0.000	94o 0.000	84o 0.000	74o 0.000	64o 0.000	54o 0.000	44 0.000	43s 0.000	42s 0.000
A3o 0.000	K3o 0.000	Q3o 0.000	J3o 0.000	T3o 0.000	93o 0.000	83o 0.000	73o 0.000	63o 0.000	53o 0.000	43o 0.000	33 0.000	32s 0.000
A2o 0.000	K2o 0.000	Q2o 0.000	J2o 0.000	T2o 0.000	92o 0.000	82o 0.000	72o 0.000	62o 0.000	52o 0.000	42o 0.000	32o 0.000	22 0.000

图 6.8　对手手牌范围

AA 1.000	AKs 1.000	AQs 1.000	AJs 1.000	ATs 1.000	A9s 1.000	A8s 1.000	A7s 0.000	A6s 0.000	A5s 0.000	A4s 0.000	A3s 0.000	A2s 0.000
AKo 1.000	KK 1.000	KQs 1.000	KJs 0.000	KTs 0.000	K9s 0.000	K8s 0.000	K7s 0.000	K6s 0.000	K5s 0.000	K4s 0.000	K3s 0.000	K2s 0.000
AQo 1.000	KQo 1.000	QQo 1.000	QJs 0.000	QTs 0.000	Q9s 0.000	Q8s 0.000	Q7s 0.000	Q6s 0.000	Q5s 0.000	Q4s 0.000	Q3s 0.000	Q2s 0.000
AJo 1.000	KJo 1.000	QJo 1.000	JJo 1.000	JTs 0.000	J9s 0.000	J8s 0.000	J7s 0.000	J6s 0.000	J5s 0.000	J4s 0.000	J3s 0.000	J2s 0.000
ATo 1.000	KTo 1.000	QTo 1.000	JTo 1.000	TT 1.000	T9s 0.000	T8s 0.000	T7s 0.000	T6s 0.000	T5s 0.000	T4s 0.000	T3s 0.000	T2s 0.000
A9o 1.000	K9o 0.000	Q9o 0.000	J9o 0.000	T9o 1.000	99 1.000	98s 0.000	97s 0.000	96s 0.000	95s 0.000	94s 0.000	93s 0.000	92s 0.000
A8o 1.000	K8o 0.000	Q8o 0.000	J8o 0.000	T8o 0.000	98o 1.000	88o 1.000	87s 0.000	86s 0.000	85s 0.000	84s 0.000	83s 0.000	82s 0.000
A7o 1.000	K7o 0.000	Q7o 0.000	J7o 0.000	T7o 0.000	97o 0.000	87o 0.000	77o 1.000	76s 0.000	75s 0.000	74s 0.000	73s 0.000	72s 0.000
A6o 1.000	K6o 0.000	Q6o 0.000	J6o 0.000	T6o 0.000	96o 0.000	86o 0.000	76o 0.000	66o 1.000	65s 0.000	64s 0.000	63s 0.000	62s 0.000
A5o 1.000	K5o 0.000	Q5o 0.000	J5o 0.000	T5o 0.000	95o 0.000	85o 0.000	75o 0.000	65o 0.000	55 1.000	54s 0.000	53s 0.000	52s 0.000
A4o 0.000	K4o 0.000	Q4o 0.000	J4o 0.000	T4o 0.000	94o 0.000	84o 0.000	74o 0.000	64o 0.000	54o 0.000	44 0.000	43s 0.000	42s 0.000
A3o 0.000	K3o 0.000	Q3o 0.000	J3o 0.000	T3o 0.000	93o 0.000	83o 0.000	73o 0.000	63o 0.000	53o 0.000	43o 0.000	33 0.000	32s 0.000
A2o 0.000	K2o 0.000	Q2o 0.000	J2o 0.000	T2o 0.000	92o 0.000	82o 0.000	72o 0.000	62o 0.000	52o 0.000	42o 0.000	32o 0.000	22 0.000

图 6.9　我方手牌范围

表 6.5　动作抽象参数设置

轮次	我方动作抽象			对手动作抽象		
	下注尺度	加注尺度	全压尺度	下注尺度	加注尺度	全压尺度
flop	50%，100%	40%	—	50%，100%	50%	—
turn	50%，100%	40%	—	50%，100%	50%	55%
river	50%，100%	40%	—	50%，100%	50%	70%

对手下注超过彩池大小的 55%，即视为下注 100%，用全压尺度（也叫"驴尺度"）
设定阈值。

2. 结果分析

决策水平分析：在 flop 轮次，彩池大小=2，公共牌为 Kd、Jd、8s，对手动作
为下注 100%的彩池大小，我方动作策略如表 6.6 所示。

其中，花色为：d（方片）、s（黑桃）、c（梅花）、h（红桃）。当我方手牌为 AA、
AK、KK、QQ、JJ、TT、88、AQ、AJ、AT、A8、KQ、KJo、QJo[①]时，构成三条
（KKK、888、JJJ）、听四条（KKKK、8888、JJJJ）、听三条（AAA、TTT、QQQ、

---

① QJo 中的 o 代表 Q 和 J 不同花色。

表 6.6　决策结果

我方私有手牌	跟牌概率/%	弃牌概率/%
AA、AK、KK、QQ、JJ、TT、88、AQ、AJ、AT、A8、KQ、Kjo、QJo	100	0
Ac9d、Ac9h、Ac9s、Ah9c、Ah9d、Ah9s、As9c、As9d、As9h、Ac9c、Ah9h、A7o、A6o、A5o、7s7c、7s7h、7h7c、6s6c、6s6h、6h6c	0	100
Ad9c、Ad9h、Ad9d	55.7	44.3
As9s	11.2	88.8
9d9s、9d9c、9d9h	99.7	0.03
9c9s、9s9h	26.6	73.4
9c9h	52.2	47.8
7d7c、7d7h、7d7s、6d6c、6d6h、6d6s	98.2	1.8

KKK)、两端听顺(KQJ)、中间听顺(AKJ)、听同花等大牌，100%跟牌。当我方是 Ac9d、Ac9h、Ac9s、Ah9c、Ah9d、Ah9s、As9c、As9d、As9h、Ac9c、Ah9h、A7o、A6o、A5o 只能听对子，构成的牌型较小，7s7c、7s7h、7h7c、6s6c、6s6h、6h6c 属于中队，对手加注可能命中顶对的概率较大，所以当手牌中为这类牌型时我方应及时止损，选择弃牌。当手牌中有方片时，可以同花听牌，特别是类似 7d7c、7d7h、7d7s、6d6c、6d6h、6d6s、9d9s、9d9c、9d9h 的手牌，还有三条听牌的概率，胜率有所提升，可以选择跟牌。

算法收敛性分析：使用权重衰减 CFR 和 CFR+实时求解各阶段的子博弈，算法收敛结果如图 6.10 所示。从图中可以看出，权重衰减 CFR 的收敛速度明显快于 CFR+。

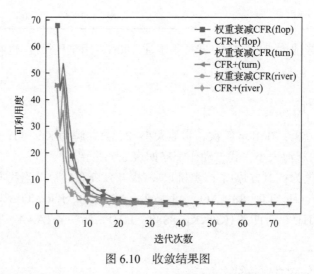

图 6.10　收敛结果图

6.3.4 多人无限注德州扑克 AI 实现

1. 实验设置

本节主要设计实现六人无限注德州扑克 AI。每局开局有效筹码为 20000，小盲注为 50。采用 Yuan 等[31]提出的方法(MuCFVnet)构建多人德州扑克 AI，加速最佳响应求解计算，在硬件配置为 80 核 CPU、4 块 TITAN RTX GPU、128GB 内存的服务器上运行。其他五个对手分别为：松凶型对手(rule based loose aggressive, RB-LA)(起手牌范围很宽，风格激进，经常会在翻牌前和翻牌后加注或者诈唬)、紧凶型对手(rule based tight aggressive, RB-TA)(与松凶型玩家不同的是，紧凶型对手攻守兼备，起手牌范围较窄，相对胜率较高)、MCCFR-OM(MCCFR opponent modelling)对手(决策方法结合 MCCFR 与对手建模)、MCCFR-OM-RB 对手(决策方法结合 MCCFR、对手建模和规则)和集成投票型对手(EV)(基础投票模型为 MCCFR、对手建模模型和近端策略优化模型)。

2. 结果分析

实验结果如图 6.11 和图 6.12 所示，在 1000 局对战中，MuCFVnet 赢得总筹码数量最大，胜率最大，性能优于 MCCFR 的变体算法。其次，集成投票的方法表现欠佳，甚至不如基于规则的算法。最后，值得注意的是基于规则的松凶型总筹码数量位居第一，说明了紧凶型打法效果十分显著，现实扑克游戏中也是如此。

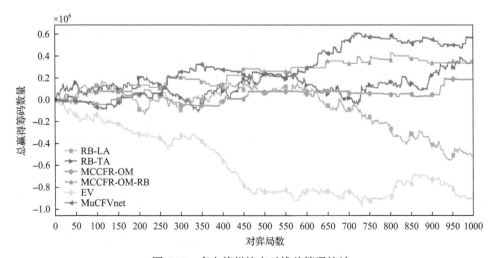

图 6.11　多人德州扑克对战总筹码统计

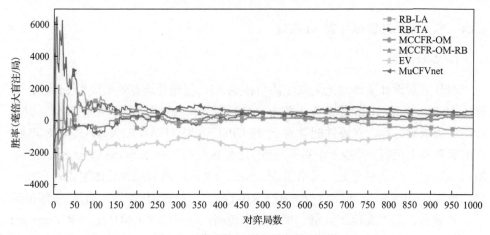

图 6.12　多人德州扑克对战胜率统计

参 考 文 献

[1] Ganzfried S. Reflections on the first man vs. machine no-limit Texas Hold'em competition[J]. ACM SIGecom Exchanges, 2016, 14(2): 2-15.

[2] Wright J R. Modeling human behavior in strategic settings[D]. Vancouver: University of British Columbia, 2016.

[3] Plonsky O, Apel R, Ert E, et al. Predicting human decisions with behavioral theories and machine learning[EB/OL]. https://arxiv.org/abs/1904.06866.[2021-10-01].

[4] Gilpin A, Sandholm T. Lossless abstraction of imperfect information games[J]. Journal of the ACM, 2007, 54(5): 25-57.

[5] Gilpin A, Sandholm T. Better automated abstraction techniques for imperfect information games, with application to Texas Hold'em poker[C]. Proceedings of the 6th International Joint Conference on Autonomous Agents and Multiagent Systems, Honolulu, 2007: 1-8.

[6] Brown N, Ganzfried S, Sandholm T. Hierarchical abstraction, distributed equilibrium computation, and post-processing, with application to a champion no-limit Texas Hold'em agent[C]. Proceedings of the 2015 International Conference on Autonomous Agents and Multiagent Systems, Istanbul, 2015: 7-15.

[7] Brown N, Sandholm T. Safe and nested subgame solving for imperfect-information games[C]. Proceedings of the 31st International Conference on Neural Information Processing Systems, Los Angeles, 2017: 689-699.

[8] Hart S, Mas-Colell A. A simple adaptive procedure leading to correlated equilibrium[J]. Econometrica, 2000, 68(5): 1127-1150.

[9] Li H, Hu K L, Ge Z B, et al. Double neural counterfactual regret minimization[EB/OL].

https://arxiv.org/abs/1812.10607.[2021-10-01].

[10] Schmid M, Burch N, Lanctot M, et al. Variance reduction in Monte Carlo counterfactual regret minimization VR-MCCFR for extensive form games using baselines[C]. Proceedings of the AAAI Conference on Artificial Intelligence, Hawaii, 2019: 2157-2164.

[11] Jackson E G. Targeted CFR[C]. Workshops at the 31st AAAI Conference on Artificial Intelligence, San Francisco, 2017: 1-3.

[12] Nesterov Y. Excessive gap technique in nonsmooth convex minimization[J]. SIAM Journal of Optimization, 2005, 16(1): 235-249.

[13] Billings D, Burch N, Davidson A, et al. Approximating game-theoretic optimal strategies for full-scale poker[C]. Proceedings of the 8th International Joint Conference on Artificial Intelligence, Acapulco, 2003: 661-668.

[14] Sturtevant N R, Bowling M H. Robust game play against unknown opponents[C]. Proceedings of the 5th International Joint Conference on Autonomous Agents and Multiagent Systems, Hakodate, 2006: 713-719.

[15] Johanson M B. Robust strategies and counter-strategies: Building a champion level computer poker player[D]. Edmonton: University of Alberta, 2007.

[16] Zinkevich M A, Johanson M, Bowling M H, et al. Regret minimization in games with incomplete information[J]. Advances in Neural Information Processing Systems, 2007, 20: 1-8.

[17] Risk N A, Szafron D. Using counterfactual regret minimization to create competitive multiplayer poker agents[C]. Proceedings of the 9th International Conference on Autonomous Agents and Multi-agent Systems, Toronto, 2010: 159-166.

[18] Bowling M, Burch N, Johanson M, et al. Head-sup limit hold'em poker is solved[J]. Science, 2015, 347(6218): 145-149.

[19] Lockhart E, Lanctot M, Pérolat J, et al. Computing approximate equilibria in sequential adversarial games by exploitability descent[EB/OL]. https://arxiv.org/abs/1903.05614.[2021-10-01].

[20] Li J J, Koyamada S, Ye Q W, et al. Suphx: Mastering mahjong with deep reinforcement learning [EB/OL]. https://arxiv.org/abs/2003.13590.[2021-10-01].

[21] Brown N, Sandholm T. Superhuman AI for heads-up no-limit poker: Libratus beats top professionals[J]. Science, 2018, 359(6374): 418-424.

[22] Brown N, Sandholm T, Amos B. Depth-limited solving for imperfect-information games[C]. Advances in Neural Information Processing Systems, Montreal, 2018: 7663-7674.

[23] Brown N, Lerer A, Gross S, et al. Deep counterfactual regret minimization[C]. International Conference on Machine Learning, Long Beach, 2019: 793-802.

[24] Blair A, Saffidine A. AI surpasses humans at six-player poker[J]. Science, 2019, 365(6456): 864-865.

[25] Passos N M D S. Poker learner: Reinforcement learning applied to Texas Hold'em poker[D]. Porto: The University of Porto, 2011.

[26] Zhang L, Wang W, Li S J, et al. Monte Carlo neural fictitious self-play: Approach to approximate Nash equilibrium of imperfect-information games[EB/OL]. https://arxiv.org/abs/1903.09569. [2021-10-01].

[27] Zhang J J, Wang X, Yao L, et al. Using risk dominance strategy in poker[J]. Journal of Information Hiding and Multimedia Signal Processing, 2014, 5(3): 546-554.

[28] 滕雯娟. 基于虚拟遗憾最小化算法的德州扑克机器博弈研究[D]. 哈尔滨: 哈尔滨工业大学, 2015.

[29] 代佳宁. 基于虚拟遗憾最小化算法的非完备信息机器博弈研究[D]. 哈尔滨: 哈尔滨工业大学, 2017.

[30] Johanson M, Waugh K, Bowling M H, et al. Accelerating best response calculation in large extensive games[C]. The 22nd International Joint Conference on Artificial Intelligence, Macao, 2011: 258-269.

[31] Yuan W L, Hu Z Z, Luo J, et al. Imperfect information game in multiplayer no-limit Texas Hold'em based on mean approximation and deep CFVnet[C]. China Automation Congress, Beijing, 2022: 2459-2466.

第7章 混合式序贯博弈对抗决策智能体设计

7.1 引 言

第6章主要详细介绍了在不完全信息序贯博弈中,以德州扑克为代表的多智能体竞争式序贯博弈对抗决策方法。在不完全信息序贯博弈中,还存在着多智能体竞争和协作同时存在的场景。以桥牌、斗地主为代表的多智能体混合式序贯博弈对抗问题,博弈环境更加复杂,智能体之间既有合作又有竞争,每个智能体不但要发挥自主角色个体技能,还能通过合作策略发挥集体力量。在合作的同时,不仅需要估计对手的信息,还需要估计队友的信息。如何快速有效地求解合作条件下信息状态集大规模的不完全信息博弈问题,已成为人工智能领域的重要挑战之一。纵观多智能体混合式序贯博弈发展现状,短时间内人工智能很难在竞技上与人类抗衡。本章将分别以斗地主和桥牌为例展开:7.2 节介绍斗地主的游戏规则,分析问题复杂度以及关键技术;7.3 分析斗地主 AI 研究历程,介绍 AI 的开发过程;7.4 节介绍桥牌的规则,分析问题复杂度及关键技术;7.5 节介绍桥牌 AI 的研究现状以及叫牌 AI 的实现。

7.2 面向斗地主的序贯博弈对抗决策

7.2.1 斗地主规则

斗地主是国内流行的三人扑克牌游戏(图 7.1)。三人分别扮演地主和两个农民的角色,两个农民可以合作压制地主,但不能交流和观察其他玩家的手牌。斗地主分为发牌、叫牌和出牌三个阶段。

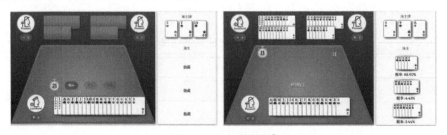

图 7.1 斗地主界面①

---

(1)发牌阶段。从一副 54 张的扑克牌(含大王和小王)中随机选出三张作为底牌,剩余的 51 张牌均分给场上的三名玩家。在确定地主玩家之前,任何玩家不能偷看底牌。

(2)叫牌阶段。随机挑选一名玩家最先叫牌,叫牌只有一轮,玩家按照逆时针的方向顺次叫牌,可以选择不叫,也可以选择叫。若叫牌,则所叫分数大于上一名玩家所叫分数。叫到三分的为地主,若无人叫到三分,则所叫分数最大者为地主,若无人叫牌,则从头进入发牌环节。

(3)出牌阶段。先将三张底牌交由地主玩家,然后由地主玩家将三张底牌亮给其他玩家观看。在出牌环节中,地主玩家具有优先出牌权,场上三名玩家按照逆时针的方向出牌。玩家当然可以选择不出,若出牌,则打出牌张的牌力必定要高于前一名出牌玩家牌张的牌力。出牌牌型分为单牌(单牌不分花色,按分值比大小,依次是:大王>小王>2>A>K>Q>J>10>9>8>7>6>5>4>3)、对子、三条、三带一、三带一对、单牌顺子(顺牌按最大一张牌的分值来比大小)、对子顺子、三条顺子、飞机①带一对(飞机带一对和四带一对按其中的三顺和四张部分来比,带的牌不影响大小)、炸弹和四带一对。

7.2.2　问题复杂度分析

本节主要分析斗地主打牌阶段(地主视角下)的复杂度。

斗地主信息集数量为 10^{83},信息集平均大小高达 10^{23},且几乎无法进行信息抽象,因为每一张卡片都很重要。例如,在历史动作中“牌 2”(不区分花色)数量是至关重要的,因为玩家需要决定他们的纸牌是否会被其他“牌 2”的玩家所压制。因此,状态之间的微小差异对结果会产生巨大影响。学习一种有效的策略是非常具有挑战性的,因为智能体需要准确区分不同的状态。

斗地主的动作空间十分庞大,有 27472 种牌型(表 7.1),多于麻将和德州扑克,且不易抽象表示。例如,对于动作类型“3 带 1”,错误地选择被带的单牌可能会直接造成损失,因为挑选错误的单牌可能会破坏“顺子”。因此,动作空间很难抽象,直面巨大的动作空间也给研究带来很大的挑战。

表 7.1　斗地主空间复杂度

动作类型	动作数量
单牌	15
对子	13
三条	13

---

①斗地主术语,指连在一起的数字一起出牌,每个数字至少要 3 张牌,如 444555。

续表

动作类型	动作数量
三带一	182
三带一对	156
单牌顺子	36
对子顺子	52
三条顺子	45
飞机带单牌	21822
飞机带一对	2939
四带一	1326
四带一对	858
炸弹	13
火箭	1
过牌	1
总计	27472

7.2.3　关键技术分析

1. 自博弈蒙特卡罗树搜索和贝叶斯推理

DeltaDou 是首个达到人类玩家专家水平的斗地主 AI，算法主要基于自博弈蒙特卡罗树搜索（fictitious self-play MCTS, FPMCTS）和贝叶斯推理。

1）自博弈蒙特卡罗树搜索

FPMCTS 在选择动作上使用策略：

$$\pi_{\text{tree}}(u^i) = \arg\max_{a \in A(u^i)} \left[Q(u^i, a) + \pi^i(u^i, a) \sqrt{\frac{\ln N(u^i)}{1 + N(u^i, a)}} \right] \tag{7.1}$$

其中，$A(u^i)$ 是 u^i 处采取的动作集合；$Q(u^i, a)$ 是策略 Q 值；$N(u^i)$ 是 u^i 被访问的次数；$N(u^i, a)$ 是动作 a 被执行的次数。节点的价值用函数 v^j 估计。

区别于通常的 MCTS，FPMCTS 将节点扩展为两级，产生新的决策节点。如图 7.2 所示，每个节点是一个信息集，存储节点的值和访问次数。白底中空节点的边表示农民 D 的选择，箭头表示相应节点中农民 D 的最佳选择。首先，对农民 D 的决策和概率进行测算。此局中，农民 D 的手牌为 JJ555443，共 8 张牌，而另一位农民 E 手中仅剩 3 张牌。此时农民 D 的出牌选择为单张 3 或者一对 4。随着蒙特卡罗模拟的次数不断增多，对动作空间的概率测算也更加准确，接下来完成模拟过程：玩家从之前没有试过的走法开始，快速走到底并记录胜负。最后，将得到的胜负结果回溯合并到之前的 MCTS 结构上。经过 200 次模拟后，农民 D 推测下家农民 E 手里剩下一对 A。此时，FPMCTS 将农民 D 的决策从出单张 3 修正为打出一对 4，从而让下家出牌，取得胜利。

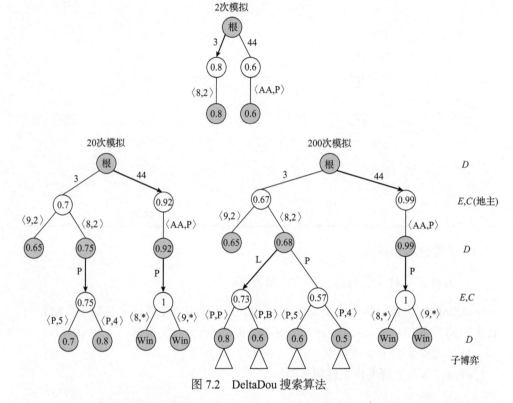

图 7.2　DeltaDou 搜索算法

当用动作网络输出推荐的动作时，斗地主可出牌型众多，造成动作空间巨大。例如，"3 带 1"可以为"333-4"或"333-5"，具有 14 种不同的组合方式（"333-3"除外）。为缩减动作空间，在策略输出中编码牌力和牌型。当策略网络给出指导结果时，使用"3 带 1"网络和一些启发式规则将输出的策略转化为真实的动作。每个位置都只使用一个网络训练，网络的损失函数采用均方差和交叉熵之和，并加入 L_2 正则项防止过拟合。

算法更新流程与 AlphaZero 类似。

2）贝叶斯推理

为了避免非局部性问题，需要在搜索开始前在根节点上选择几个确定节点。最简洁的方式是随机选择，但这种方式往往是不准确的。充分利用已知信息，推理对手和队友的手牌范围，挑选确定节点扩展可以加快算法的效率。对于任意给定状态 s（属于 S），其先验概率表示为 $p(s)$，其历史可表示为 $H(s) = a_1, a_2, \cdots, a_k$。对于状态 $\{s_1, s_2, \cdots, s_k\}$，后验概率 $p(s \mid H)$ 可以采用贝叶斯推理方式计算：

$$p(s \mid H) = \frac{p(s)p(s \mid H)}{\sum\limits_{s' \in S} p(s')p(H \mid Hs')} \tag{7.2}$$

$$p(a_1, a_2, \cdots, a_k \mid s) = \prod_{s_{j, p(s_j) \neq x}} \Pr(a_j \mid s_j) \tag{7.3}$$

然而，随之而来的难题是动作空间大导致的 $p(s \mid H)$ 难计算问题，当对手为非理性时，推理结果不合理。文献[1]设计了一种两阶段推理算法应对以上难题。在第一阶段，大量确定性节点是随机生成的，根据分数过滤保留一小部分生成的节点。分数是由一个 6 层的一维卷积神经网络给出的，该神经网络是通过自博弈训练而来的。在第二阶段，采用贝叶斯方法和策略值网络计算第一阶段生成样本的近似后验概率。

3) 自博弈训练

训练分为两个阶段。在第一阶段，先使用一种手工编码的启发式算法来引导训练过程。启发式算法进行 20 万场自对弈，然后利用游戏结果作为监督学习数据，更新策略值网络参数，获得一个自博弈的初始化策略。在第二阶段，开始自博弈过程，当任何玩家的手牌数量少于 15 张时，应用贝叶斯推理估计对手手牌。

2. 自博弈强化学习

MCTS 方法的实质在于随机模拟，即通过不断地重复实验来估计真实价值。在强化学习领域，MCTS 方法存在两个显著缺点：①不能处理不完整的状态序列；②采样导致方差大，采样效率很低。然而，MCTS 方法应用于斗地主这类典型的多智能体合作序贯博弈具有以下优点。

(1) 斗地主可以很容易产生完整的对局，保证状态序列的完整性。

(2) 很容易对动作进行编码。斗地主的动作与动作之间是有内在联系的。以三带一为例，如果智能体打出 KKK 带 3，并因为带牌带得好得到了奖励，那么其他牌型的价值，如 JJJ 带 3，也能得到一定的提高。这是由于神经网络对相似的输入会预测出相似的输出。动作编码对处理斗地主庞大而复杂的动作空间非常有帮助。智能体即使没有见过某个动作，也能通过其他动作对价值做出估计。

(3) 不受过度估计的影响。最常用的基于价值的强化学习方法是 DQN。众所周知，DQN 会受过度估计的影响，即 DQN 会倾向于将价值估计得偏高，并且这个问题在动作空间很大时尤为明显。不同于 DQN，MCTS 方法可以直接估计价值，不受过度估计影响。这一点在斗地主庞大的动作空间中非常适用。

（4）MCTS 方法在稀疏奖励的情况下可能具备一定优势。在斗地主中，奖励是稀疏的，玩家需要打完整场游戏才能知道输赢。DQN 方法通过下一个状态的价值估计当前状态的价值。这意味着奖励需要从最后一个状态逐渐向前传播，这可能导致 DQN 收敛更慢。与之相反，MCTS 方法直接预测最后一个状态的奖励，不受稀疏奖励的影响。

（5）DouZero 算法的目标是学习一个价值网络。价值网络的输入是当前状态和一个动作，输出是在当前状态做这个动作的期望收益（如胜率）。价值网络在每一步计算出哪种牌型赢的概率最大，然后选择最有可能赢的牌型。

MCTS 方法不断重复以下步骤来优化价值网络。

（1）用价值网络生成一场对局。

（2）记录下该对局中所有的状态、动作和最后的收益（胜率）。

（3）将每一对状态和动作作为网络输入，收益作为网络输出，采用梯度下降策略对价值网络进行一次更新。

DouZero 系统的实现并不复杂，主要包含动作/状态编码、神经网络和并行训练三个部分。

1）动作/状态编码

如图 7.3 所示，DouZero 将所有的牌型编码成 15×4 的由 0 或 1 组成的矩阵。其中每一列代表一种牌，每一行代表对应牌的数量。这种编码方式可适用于斗地主中所有的牌型。

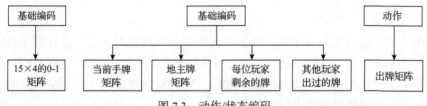

图 7.3　动作/状态编码

DouZero 网络编码如图 7.4 所示。DouZero 提取了多个这样的矩阵来表示状态，包括当前手牌、其他玩家手牌之和等。同时，DouZero 提取了一些 0 或 1 向量来编码其他玩家手牌的数量，以及当前打出的炸弹数量。动作可以用同样的方式进行编码。

2）神经网络

如图 7.5 所示，地主、地主上家和地主下家三个位置分别使用三个价值神经网络模型。其输入是状态和动作，输出是价值。首先，过去的出牌采用 LSTM 神经网络进行历史出牌序列编码，然后 LSTM 神经网络的输出以及其他的表征被送入了 6 层全连接网络，最后输出价值。

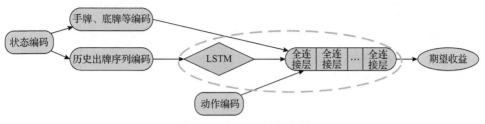

图 7.4　DouZero 网络编码

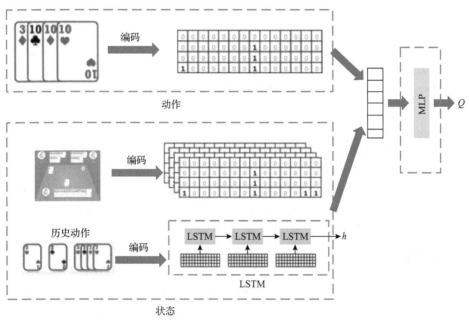

图 7.5　DouZero 网络结构

3）并行训练

系统训练的主要瓶颈在于模拟数据的生成，因为每一步出牌都要对神经网络做一次前向传播。DouZero 采用多 Actor 的架构，在单个 GPU 服务器上，用了 45 个 Actor 同时产生数据，最终数据被汇集到一个中央训练器进行训练。值得注意的是，DouZero 并不需要太多的计算资源，仅仅需要一个普通的四卡 GPU 服务器通过几天训练就能达到不错的效果。这可以让大多数研究人员轻松基于作者的代码进行更多的尝试。DouZero 的核心算法见算法 7.1 和算法 7.2。

算法 7.1　DouZero 动作生成过程

输入： B 个实体共享样本池 B_L、B_U 和 B_D，依概率 ε 探索超参数，折扣因子 γ

初始化局部 Q 网络 Q_L、Q_U 和 Q_D 以及局部样本池 D_L、D_U 和 D_D

For $i=1,2,\cdots$ 直到收敛 **do**

　　按学习过程算法同步 Q_L、Q_U 和 Q_D

　　For $t=1,2,\cdots$ **do**

　　　　基于出牌顺序将 Q_L、Q_U 和 Q_D 中的一个赋值给 Q

$$a_t \leftarrow \begin{cases} \arg\max_a Q(s_t,a), & \text{依概率} 1-\varepsilon \\ \text{随机动作}, & \text{依概率} \varepsilon \end{cases}$$

　　　　执行动作 a_t，获取状态 s_{t+1} 和奖励 r_t

　　　　分别存储样本 $\{s_t,a_t,r_t\}$ 到 D_L、D_U 和 D_D

　　End for

　　For $t=T-1,T-2,\cdots,1$ **do** //获取累计奖励

　　　　$r_t \leftarrow r_t + \gamma r_{t+1}$，在 D_L、D_U 和 D_D 中更新 r_t

　　End for

　　For $p \in \{L,U,D\}$ **do** //多线程优化

　　　　If D_p 的大小超过长度 L **then**

　　　　　　请求并等待 B_p 中的新实体

　　　　　　将 D_p 中 L 大小的 $\{s_t,a_t,r_t\}$ 移至 B_p

　　　　End if

　　End for

End for

算法 7.2　DouZero 的学习过程

输入： B 个实体共享大小为 S 的样本池 B_L、B_U 和 B_D，批次大小 M，学习率 ϕ

初始化全局 Q 网络 Q_L^g、Q_U^g、Q_D^g

For $i=1,2,\cdots$ 直到收敛 **do**

　　For $p \in \{L,U,D\}$ **do** //多线程优化

　　　　If B_p 中的实体数量 $\geqslant M$ **then**

　　　　　　按实体 B_p，从 $\{s_t,a_t,r_t\}$ 采样一个 $M \times S$ 的训练批次，释放实体

　　　　　　用均方误差(MSE)和学习率 ϕ 更新 Q_p^g

　　　　End if

　　End for

End for

7.3　斗地主智能博弈 AI 构建

7.3.1　斗地主 AI 研究历程

尽管很多深度强化学习方法在围棋等完全信息博弈问题中已经实现了近似最优解，但是当应用场景扩展到一些不完全信息博弈问题时，深度强化学习方法的应用还不够成熟。而作为国内熟知度较高的斗地主游戏，由于策略复杂，并且存在多玩家对战和配合的规则，造就了游戏中不同玩家之间的信息不对称，加大了深度强化学习在这类不完全信息博弈游戏中的应用难度，使得应用深度强化学习进行此类问题的研究显得更加充满趣味和挑战。高水平的斗地主 AI 出现时间较晚，其关键技术主要结合了 MCTS 和自博弈算法。

MCTS 的发展：借鉴求解大规模机器博弈——围棋 AlphaGo 的成功经验，MCTS 成为攻克复杂机器博弈问题的第一备选算法。MCTS 通过在决策空间中随机采样构建博弈树，以此寻找最优决策。其变体已经扩展适用于多智能体、不完美信息和及时策略博弈等场景。完全信息博弈中，完美信息蒙特卡罗 (perfect information Monte Carlo, PIMC) 树搜索是求解围棋问题的经典算法。近二十年，各大人工智能顶级会议上一直有相关文章发表，但 PIMC 树搜索依然面临策略混淆和非局部性等问题。应用到不美信息博弈中，由于信息的不对称或部分客观性，构建单一的扩展博弈树成为难点。随后，为将 MCTS 算法迁移到不完美信息博弈中，一些有针对性的改进不断提出。2012 年，信息集 MCTS (information set MCTS, ISMCTS)[2]在每个玩家的信息集上构建统一的博弈树，但仍然存在信息泄露问题。

自博弈方法的发展：借鉴求解大规模机器博弈——围棋 AlphaGo Zero 的成功经验，自博弈类方法不依赖领域知识，具有很强的可迁移性。自博弈方法不断地成功应用于各类大规模的复杂博弈，包括多智能体、序贯策略、即时策略、不完美条件等场景。2015 年，Heinrich 等[3]提出自博弈 MCTS (self-play MCTS, SPMCTS)，在每个玩家各自的信息集上构建博弈树。尽管 SPMCTS 中的节点包含一个信息集，但算法难以收敛。Smooth-UCT 引入光滑动作选择机制 (smoother action choosing scheme) 获得良好的收敛特性。文献[4]和文献[5]尝试引入深度强化学习方法求解。在神经虚拟自博弈 (neural fictitious self-play, NFSP) 框架中，针对假定的对手策略求解最佳响应，再采用深度强化学习方法更新该既定策略。

文献[6]观察到 ISMCTS 很难求解斗地主问题。2019 年，文献[1]实现了能战胜人类专家的 AI DeltDou。DeltDou 结合 SPMCTS 和 NFSP，提出新算法 FPMCTS。采用神经网络拟合策略，用 FPMCTS 计算最佳响应。2021 年，Zha 等在斗地主上取得了突破——DouZero[7]击败人类冠军选手。在数百局对弈中，性能超越

DeltDou，并可以轻量级实现，训练时间大大缩短。

7.3.2　斗地主 AI 实现

1. 实验设置

三人斗地主是典型的竞争与合作混合条件下的多智能体博弈。两个农民玩家合作对抗地主玩家。现有的强化学习库多数都是单智能体环境的（如 OpenAI Gym）。RLCard 专为牌类游戏设计，不仅是一些牌类游戏在强化学习库中的首次实现，也提供了简单直观的接口，便于强化学习研究。RLCard 中实现了八种牌类游戏环境，斗地主就是其中之一。本实验采用 RLCard 三人斗地主环境，不研究叫地主过程，固定农民和地主相对位置，出牌顺序为：地主上家农民、地主、地主下家农民。农民各 17 张牌，地主 20 张牌，三张地主牌所有玩家可观。在 Linux 环境下，部署快手公司的 DouZero-ADP[①]，线程数量为 4，相关训练参数见表 7.2。

表 7.2　训练参数

参数名称	取值	说明
iterations	10^{11}	迭代次数
exp_ϵ	0.01	探索概率
train_batch	32	训练批大小
learning_rate	10^{-4}	学习率
num_buffers	50	共享记忆池大小
max_grad_norm	40.0	最大梯度
ϵ	10^{-5}	RMSProp 学习率
α	0.99	RMSProp 平滑常数

玩家 A 与 B 的性能评比可以使用以下两个指标。

（1）胜率百分比（WP）：胜局数除以总局数，即

$$WP = \frac{\text{Num}_{\text{win}}}{\text{Num}_{\text{toal}}} \tag{7.4}$$

（2）分数平均差（ADP）：玩家 A 和 B 得分之差的平均值。其中，基础分为 1，出现"炸弹"得分翻倍，即

---

① 以 ADP 为奖励训练的 DouZero，ADP 指标本节有解释。

$$ADP = Average(Score(A) - Score(B)) \tag{7.5}$$

2. 结果分析

训练迭代 2000 万次，地主、地主上家农民和地主下家农民的平均奖励值和损失误差见图 7.6 和图 7.7。

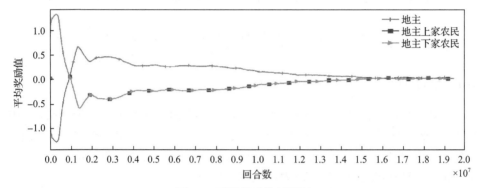

图 7.6　平均奖励值折线图

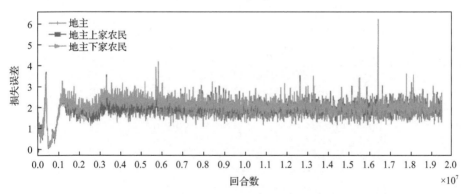

图 7.7　损失误差折线图

使用以 ADP 为训练目标训练好的地主策略网络与两个随机农民 AI 进行 1000 局对抗测试，结果如表 7.3 所示。

表 7.3　地主(DouZero-ADP)对战随机农民(AI)结果图

评价指标	WP	ADP
地主(DouZero-ADP)	0.9837	3.2388
随机农民(AI)	0.0163	−3.2388

使用以 ADP 为训练目标训练好的农民策略网络与 RLCard 库中智能体进行 1000 局对抗测试，结果如表 7.4 所示。

表 7.4　农民（DouZero-ADP）对战 RLCard 地主（AI）结果图

评价指标	WP	ADP
RLCard 地主（AI）	0.1298	−2.454
农民（DouZero-ADP）	0.8702	2.454

从两次对战实验看出，DouZero-ADP 性能远超随机 AI 和简单规则 AI。

7.4　面向桥牌的序贯博弈对抗决策

7.4.1　桥牌规则

桥牌（bridge）是一种扑克游戏（图 7.8），其牌张由去掉大小王两张扑克之后剩下的 52 张扑克牌组成，共分为梅花（C）、方块（D）、红心（H）和黑桃（S）四个花色，每个花色共 13 张牌。该游戏由 4 个人参与，每个人平均分配 13 张牌，分为东、西、南、北四个方位，其中东西为一队，南北为一队。

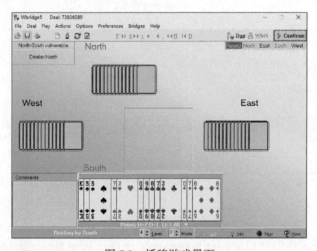

图 7.8　桥牌游戏界面

桥牌分为叫牌和打牌两个阶段。首先由发牌者根据自己的牌力和牌型进行叫牌，也可不叫牌，之后每家轮流叫牌，如果四家都不叫牌，则此轮作废。下一局由庄家的下家重新发牌。当开叫之后，任何一个玩家可在更高花色或更高阶数上争叫。花色从低到高为梅花（C）、方块（D）、红心（H）、黑桃（S）和无将（NT），阶数从 1～7，符号表示为 dC、dD、dH、dS、dNT，其中 $0 \leqslant d \leqslant 7$。定约是指叫牌过程中最后三个"过"之前的叫品。定约方的目的是达到定约中承诺的墩数，而防守方的目的是击垮定约方的定约，使其打不成承诺的墩数而丢分。定约又分为有将定约和无将定约，其中有将定约是指花色定约，即确定 C、D、H、S 中的一门花色为将牌，将牌大于其他任意花色的牌，可以"吃"其他花色的牌。无将定约是指不确定任何花色为将牌，即没有将牌的定约，其只根据该轮第一家出牌的花色中牌的大小来决定该轮次的输赢，出牌者如果没有该花色，则可出别的花色的牌，那么无论牌大小都不能赢，称为垫牌。定约方称为庄家，自己的搭档称为同伴，自己的左手边称为下家，自己的右手边称为上家。

叫牌过程结束后，定约就建立了，由庄家的下家打出第一张牌，称为首攻。首攻后，明手，即庄家同伴的牌将全部摊开，庄家负责出自己和明手的牌。首攻后依次出牌，四家都出一张牌，称为一墩牌。每家必须同该轮首出者出同花色的牌，如果没有则可出将牌（即为非无将定约的定约花色的牌），或"垫牌"（即不是将牌的其他花色的牌）。这一轮中出最大的将牌或者该花色最大的玩家赢得这一墩。下一轮由上一轮赢墩的人首出，依次轮流出牌，直至玩家手中的 13 张牌均出完为止。

7.4.2　问题复杂度分析

如图 7.9 所示，虽然桥牌的信息集数目不多，但信息集平均大小相比德州扑克和围棋较高。本节主要分析定约桥牌（只考虑打牌阶段）的复杂度。

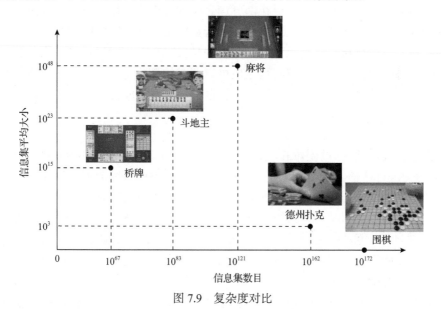

图 7.9　复杂度对比

信息集数目：以 $a^{(t)} = \max\limits_{a(t)} \left[Q(s^{(t)}, a^{(t)}; \theta) + \alpha \sqrt{\dfrac{2\ln T}{T_a}} \right]$ 防守一方为例，按照游戏轮次来计算。第 1 轮，每个玩家只能看到自己的 13 张牌，因此第 1 轮信息集数目

为 $C_{52}^{13} = 6.35 \times 10^{11}$。第 2 轮，每个玩家剩余 12 张牌，玩家只能看到自己的 12 张手牌以及第 1 轮出的四张牌，因此第 2 轮信息集数目为

$$C_{52}^{13} C_{13}^1 C_{39}^1 C_{38}^1 C_{37}^1 = C_{52}^{13} C_{13}^1 A_{39}^3 \tag{7.6}$$

第 3 轮信息集数目为

$$C_{52}^{13} C_{13}^1 C_{39}^1 C_{38}^1 C_{37}^1 C_{36}^1 C_{35}^1 C_{34}^1 = C_{52}^{13} A_{13}^2 A_{39}^6 \tag{7.7}$$

依次类推，第 13 轮信息集数目为 $C_{52}^{13} A_{13}^{12} A_{39}^{36}$。

总的信息集数目为各轮信息集的和，即 $C_{52}^{13} \left(1 + A_{13}^1 A_{39}^3 + \cdots + A_{13}^{12} A_{39}^{36}\right)$。

信息集平均大小：以防守一方为例，第 1 轮，其他选手有 13 张牌，所以每个信息集大小为 $C_{39}^{13} C_{26}^{13} C_{13}^{13}$。第 2 轮，每位对手还剩 12 张牌，因此每个信息集大小为 $C_{39}^{12} C_{24}^{12} C_{12}^{12}$。依次类推，第 13 轮时每个信息集大小为 $C_3^1 C_2^1$。

7.4.3　关键技术分析

在零和游戏中，桥牌是人工智能还没有超越人类专业玩家的游戏之一。桥牌的主要难点在于叫牌阶段，需要在部分信息条件下进行合作决策。叫牌阶段以一系列叫牌过程确定定约，即一队给出叫牌级数协定，另一队认同这个协定，前者成为定约方，最终目的是完成定约，后者则是要阻止对方完成定约。当一队牌力较强时通过叫牌协商，最大限度地达成可以完成的高阶定约，从而获得更多奖励分数；当一队牌力较弱时，可以最大限度地干扰对方达成合适定约。

1. Q 强化学习

创建桥牌叫牌 AI 的困难在于，在游戏阶段结束之前，无法对叫品(单个叫牌动作)行为进行评估。即使引入了双明牌分析，到叫牌阶段完成前仍然无法知道可获得的分数。因此，在开始叫牌和最后叫牌之间，很难进行评价。最合适的做法是，根据最后一个叫品获得的最佳分数对中间叫品进行评分。基于此，文献[8]提出了一种自动桥牌叫牌系统——基于深度强化学习的不依赖领域知识的叫牌系统，使用原始手牌数据自动学习叫牌。利用所提出的强化学习框架(图 7.10)，可以自动学习复杂的叫牌规则。

总框架包含 l 个独立的 Q 网络(l 是叫牌的总长度)。第一个 Q 网络的输入是首叫方(发牌完成后，发牌将作为第一个叫品的玩家，称为首叫方，然后以顺时针的顺序依次叫牌)的 52 维原始手牌数据，进行 one-hot 编码后输入 3 层全连接层，每层 128 个节点。输出是每次的叫品成本，用一个 36 维向量表示。

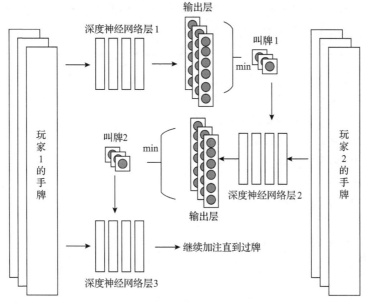

图 7.10　桥牌叫牌 Q 网络框架

其他 Q 网络与第一个 Q 网络相比，其他叫牌方有一个额外的 36 维手牌数据显示了双方的叫品历史。两个参与者中任何一个的出价值为 1，其他的为 0。Q 网络的损失函数是基于非线性 Q 函数定义的。

探索是强化学习达到最优化的关键因素之一。其中如何平衡探索与利用是一个难题。这里将桥牌叫牌问题与上下文赌博机(contextual bandit)问题联系起来。假设每一个可能的叫牌都是一个赌博机，上下文是一个人手中的牌和之前的叫牌。每次叫品的奖励由贯穿贝尔曼方程(penetrative Bellman's equation)计算，即

$$Q^{(i)*}(s,a) = Q^{(i+t)*}(s^{*(t)}, a^{*(t)} \mid s,a) \tag{7.8}$$

其中，$s^{*(t)}$ 和 $a^{*(t)}$ 表示给定 $s^{*(t-1)}$ 和 $a^{*(t-1)}$ 下最可能的动作。通常情况下，两名玩家之间的桥牌叫牌游戏中叫品次数少于 6，因此贯穿贝尔曼方程相对于原始变量来说是相当有效的，而每个动作的成本更准确。

然而，在动作价值方面可能存在不确定性，特别是对于很少使用的叫品。常见的上下文赌博机算法，如上界置信(upper confidence bound, UCB)算法，使用不确定项来平衡探索与利用问题。这里使用 UCB 的变体 UCB1[9]选择动作，如式(7.9)所示：

$$a^{(t)} = \max_{a(t)} \left[Q(s^{(t)}, a^{(t)}; \theta) + \alpha \sqrt{\frac{2\ln T}{T_a}} \right] \tag{7.9}$$

其中，T 是学习整个 Q 函数使用的总样本数量；T_a 是叫品选择 a 的次数。

Q 强化学习算法全流程见算法 7.3。

算法 7.3　　Q 强化学习

输入：$\text{Data} = \{(x_{1i}, x_{2i}, c_i)\}$，$i = 1, 2, \cdots, l$

确定动作 a 代价（方法参考文献[8]算法 P）

确定探索和利用策略（方法参考文献[8]算法 E）

输出：基于学习参数 θ_i 的叫品策略 G

初始化动作值函数 Q_i 和随机权重

For $j = 1, 2, \cdots, l$ **do**

Repeat

　　随机选择数据 (x_{1i}, x_{2i}, c_i)

　　For 阶段 $t = 1$ **to** l **do**

　　　　初始化代价数组 $c(a^{(t)})$

　　　　For 所有可能动作 $a^{(t)}$ **do**

　　　　　　根据算法 P 确定动作代价 $a^{(t)}$，存入 $c(a^{(t)})$

　　　　End for

　　　　保存 $(s^{(t)}, c(a^{(t)}))$ 到数据缓存 D 中

　　　　按照最高估计奖励值和算法 E 的探索策略挑选动作 $a^{(t)}$

　　　　If $a^{(t)} == \text{PASS}$ **then**

　　　　　　Break

　　　　End if

　　　　根据动作 $a^{(t)}$ 更新 $b^{(t+1)}$

　　　　设置 $s^{(t+1)} = (x^{(t+1)}, b^{(t+1)})$

　　End for

　　For 阶段 $t = 1$ **to** l **do**

　　　　从数据缓存 D 中随机采样小批次数据 $(s^{(t)}, c(a^{(t)}))$

　　　　在 $\left[\left(1 - c(a^{(t)})\right) - Q(s^{(t)}, a^{(t)}; \theta)\right]^2$ 执行梯度下降

　　End for

Until 足够迭代次数收敛

End for

---

2. 自博弈强化学习

自博弈强化学习应用广泛，最近研究成果丰硕。目前顶尖的游戏 AI，包括

AlphaGo 系类、AlphaStar 都采用了自博弈强化学习的方法。但针对这类大规模博弈问题,需要消耗巨大的硬件资源。如何在轻量级平台训练出一个性能出色的 AI,成为研究者关注的焦点。2019 年,Facebook 有相关研究,将自博弈强化学习用于解决桥牌这类大规模团队对抗博弈问题上[10],在单 GPU 上进行训练,以较短的时间和资源成本构建出性能出色的桥牌 AI,并战胜了前冠军 AI WBridge5。

　　Facebook 使用改进版大规模分布式机器学习框架(excellent learning framework, ELF)(图 7.11)和 A3C(asynchronous advantage actor-critic)算法对模型进行训练。ELF 是一个快速高效轻量级的并行强化学习训练框架,可以完成 AI 端对端的训练。ELF 通过一些工程上的技巧以降低计算资源的需求,有效统一了 MCTS,自我对弈(self-play)等涉及游戏状态和神经网络之间的复杂交互。ELF 应用到桥牌上,支持重要因子修正的离线策略训练,使训练速度更快。整个训练过程只需要4~5 个 GPU 核时就能收敛。

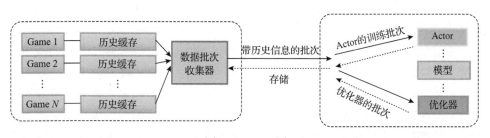

图 7.11　ELF 图

　　ELF 网络结构如图 7.12 所示,该网络由一个初始的全连接层组成,由 4 个全连接层组成残差块。在训练中,并不使用队友的信念信息来进行监督训练。通过分

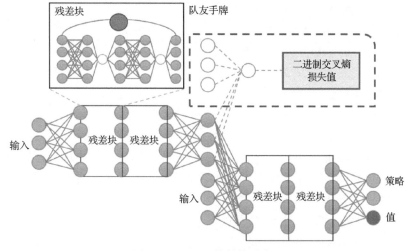

图 7.12　ELF 网络结构示意图

析练信念的影响，发现网络模型并不能从队友的信息中额外获益。

桥牌游戏的状态编码为 267 位向量，见表 7.5。前 52 位表示当前玩家是否持有一张特定的牌。接下来的 175 位编码叫牌历史，分为 5 段，每段 35 位。这 35 位对应 35 个定约叫品。第一段表明当前玩家是否在叫牌历史中做出了相应的叫品。类似地，接下来的 3 段编码了当前玩家的队友、左对手和右对手的叫品历史。最后一段表示相应的定约叫品是否翻倍。叫牌顺序只能是非递减的，所以这些叫牌顺序是隐式传达的。接下来的 2 位编码游戏当前的漏洞，分别对应南北向漏洞和东西向漏洞。最后 38 位表示一个动作是否合法，给定当前的叫牌历史。值得关注的是，编码并没有涉及领域知识。

表 7.5　输入特征编码

自己手牌	叫牌历史					漏洞	合法动作
	自己	队友	左对手	右对手	翻倍指示		
52	35	35	35	35	35	2	38

模型采用 A3C 算法进行训练。A3C 是 DeepMind 提出的一种解决 Actor-Critic 算法不收敛问题的算法。降低数据相关性有两种思路：①DQN 中使用的经验池的方法；②A3C 的异步方法。A3C 会创建多个并行的环境，让多个拥有副结构的智能体同时在这些并行环境上更新主结构中的参数。并行中的智能体互不干扰，而主结构的参数更新受到副结构提交更新的不连续性干扰，所以更新的相关性被降低，收敛性提高。自博弈 A3C 强化学习算法流程如算法 7.4 所示。

算法 7.4　自博弈 A3C 强化学习算法

输入： $Data = \{(x_{1i}, x_{2i}, c_i)\}$，$i = 1, 2, \cdots, n$

确定动作 a 的代价（方法参考文献[8]算法 P）

确定探索和利用的策略（方法参考文献[8]算法 E）

输出： 基于学习好的参数 θ_i 的一个叫牌策略 G

初始化行为值函数 Q_j 和随机权重

For $j = 1, 2, \cdots, l$ **do**

　随机挑选数据 (x_{1i}, x_{2i}, c_i)

　For 阶段 $t = 1$ to l **do**

　　初始化代价元组 $c(a^{(t)})$

　　For 所有可能动作 $a^{(t)}$ **do**

　　　根据算法 P 确定动作 a 的代价 $a^{(t)}$

　　　记录动作的代价值 $c(a^{(t)})$

End for

保存 $\left(s^{(t)}, c(a^{(t)})\right)$ 到样本池 D

按最高估计奖励，用算法 E 确定的策略挑选动作 $a^{(t)}$

If $a^{(t)} == \text{PASS}$ **then**

　　　Break

End if

　　用动作 $a^{(t)}$ 更新 $b^{(t+1)}$

　　设置 $s^{(t+1)} = (x^{(t+1)}, b^{(t+1)})$

End for

For 阶段 $t=1$ **to** l **do**

从 D 中随机采样一个训练批 $\left(s^{(t)}, c(a^{(t)})\right)$

在 $\left[\left(1 - c(a^{(t)})\right) - Q(s^{(t)}, a^{(t)}; \theta)\right]^2$ 上执行一步梯度下降

End for

7.5　桥牌叫牌 AI 构建

7.5.1　桥牌 AI 研究历程

　　桥牌作为不完全信息博弈中典型的多智能体合作序贯博弈问题，具有团队协作、竞争对抗和隐藏信息空间巨大等问题，是非完美信息博弈算法的测试基准之一，目前还未出现类似围棋 AlphaGo 这类完胜人类的 AI。

　　在桥牌机器博弈研究当中，桥牌叫牌阶段比打牌阶段对胜负的影响更大，并且处于第一个阶段，因此研究者通常针对桥牌叫牌阶段进行机器博弈研究。1991 年，Bjorn Gamback 和 Manny Rayner 设计了 Pragma 系统[11]，旨在从机器交流角度克服非完美信息问题，推断出知识、语用、概率和计划等语言体系要素。Pragma 系统采用人类叫牌体系规则为语言环境、随机模拟和神经网络相结合的方法来模拟语言要素，构建同队双方之间的语言交流。然而，由于缺少大量桥牌数据支撑，难以开发出有效的系统语言要素控制功能，并且该系统决策速度过慢，无法运用于实际。叫牌机器博弈研究中，最大的难点在于非完美信息特性导致的信息模糊和不确定。2006 年，Amit 等[12]提出一种面向无争叫牌(指桥牌叫牌过程中牌力较强的同队两个人进行叫牌，另外两名玩家视作不存在，或者只叫"过牌")的决策算法[12]，利用蒙特卡罗采样克服非完美信息难点，预测每个动作的结果。在决策算法的基础上，提出一种基于归纳学习的合作学习

算法，该合作学习框架通过不断地在合作两方之间交换改进策略从而优化它们的选择策略。该算法使用一组桥牌手牌数据进行了经验性质的评估，结果显示该算法使得 AI 水平有了明显提升。但是基于蒙特卡罗原理的算法需要将确定性问题转化为不确定性问题进行模拟，而实战中通常时间有限，模拟的精度很难保障稳定性和一致性，使得 AI 水平的稳定性受到影响。2007 年，Delooze 针对叫牌中的无将定约，提出一种特殊的自组织无监督神经网络结构[13]。自组织无监督神经网络使用大量的人类玩家叫牌数据作为模型输入，根据边界特征可以有效模拟出叫牌过程中的模糊性和不确定性。他们将两个自组织神经网络结合在一起，模拟队友之间的叫牌过程，寻找无将定约最佳策略。自组织无监督神经网络只针对无将叫牌的特点，因而无法运用于实际当中。2015 年，Ho 等[14]提出一种不使用已有叫牌体系规则和知识的面向无争叫牌的学习算法。该学习算法将叫牌过程设计为一个学习过程树，使用上限置信区间算法用于动作探索。2018 年，Yeh 等[8]提出一种面向无争叫牌的深度强化学习算法深度 Q 学习模型。该模型使用深度学习提取复杂特征，并根据原始的手牌数据和叫牌序列数据进行叫牌，最后根据叫牌产生的数据强化模型。2017 年 8 月，中国的桥牌人工智能系统"新睿桥牌"[15]在第 21 届世界计算机桥牌锦标赛中获得亚军。新睿桥牌与赛事冠军 Wbridge 均使用蒙特卡罗采样克服非完备信息难点，机器每决定一步，通常需要进行大量的抽样来模拟叫牌过程，最后根据专家经验对模拟结果进行评估；在面对较为明显和常见的叫牌局面，则直接使用专家经验选择相应动作。2019 年，Gong 等[16]通过纯粹的自博弈(无人类经验知识)来训练桥牌 AI，性能超过 Wbridge5。

7.5.2　叫牌 AI 实现

1. 实验设置

OpenSpiel①是一个拥有众多游戏环境和算法实例的工具包，用于研究游戏中的强化学习和搜索/规划算法。OpenSpiel 支持多玩家(单智能体和多智能体)的零和博弈、合作博弈、一般和博弈、一次博弈、序贯博弈、严格的回合制博弈、同时行动博弈、完美和不完美信息博弈游戏，以及传统的多智能体环境，如(部分可观察和完全可观察)网格世界和社会困境。OpenSpiel 还包括分析学习动态和其他常见评估指标的工具。OpenSpiel 工具包提供了众多强化学习环境接口，包括桥牌出牌和(无竞争性)桥牌叫牌。

本节实验采用监督学习方法提升策略，构建桥牌 AI 示例，为开发桥牌 AI 提

---

① https://github.com/deepmind/open_spiel。

供简单示例，也可以作为强化学习 AI 策略提升的起点。

监督训练数据集可以通过目前较强的桥牌 AI WBridge5[①]产生，也可以直接下载 OpenSpiel 提供的数据集[②]，如图 7.13 所示。

图 7.13　OpenSpiel 下载数据

数据文件 train.py 共有 1158441 组数据，每组数据代表一局出牌轨迹，例如：
6 16 35 2 10 9 40 36 33 0 11 3 26 32 17 8 30 20 48 29 1 51 45 22 41 27 44 7 24 23 14 15 12 18 4 49 13 21 19 31 43 46 28 25 42 38 5 39 34 50 47 37 52 55 52 58 52 59 52 52 62 63 53 52 67 52 52 53 52 52 52 50 14 22 6 21 5 37 41 12 20 40 8 48 36 24 0 44 2 10 16 42 46 4 3 27 11 31 43 1 9 45 49 25 33 18 17 32 28 7 13 38 19 15 26 23 35 39 34 30 51 47 29。

监督训练网络参数如表 7.6 所示。

表 7.6　监督训练网络参数

参数名称	取值	说明
iterations	1000000	迭代次数
eval_every	10000	评估频率
train_batch	128	训练批大小
eval_batch	10000	评估批大小
rng_seed	42	随机种子
network	1024(relu)×4+38(log_softmax)	网络结构
optimiser	Adam(自适应矩估计)	优化器

2. 结果分析

训练迭代 100 万次，每 1 万步评估 1 次测试精度，测试精度收敛到约 93%，收敛过程见图 7.14。

① http://www.wbridge5.com/。

② https://console.cloud.google.com/storage/browser/openspiel-data/bridge。

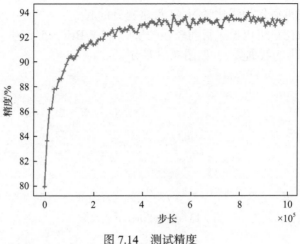

图 7.14　测试精度

监督学习叫牌策略实例如表 7.7 所示。

表 7.7　监督学习叫牌策略实例

玩家位置		西	北	东	南
玩家手牌	梅花	J964	T52	AK3	Q87
	红心	93	62	QT4	AKJ875
	方片	KJ6	T743	A852	Q9
	黑桃	K964	JT72	853	AQ
叫牌历史	第 1 轮		PASS	1D	DB1
	第 21 轮	1S	PASS	1N	2H
	第 3 轮	PASS	PASS	2S	
概率最大的 5 个动作		3H	PASS	4H	3C	DB1
动作概率(2 位小数)		0.88	0.09	0.00	0.00	0.00
最终动作		PASS			

参 考 文 献

[1] Jiang Q Q, Li K Z, Du B Y, et al. DeltaDou: Expert-level Doudizhu AI through self-play[C]. International Joint Conference on Artificial Intelligence, Macao, 2019: 1265-1271.

[2] Cowling P I, Powley E J, Whitehouse D. Information set Monte Carlo tree search[J]. IEEE Transactions on Computational Intelligence and AI in Games, 2012, 4(2): 120-143.

[3] Heinrich J, Silver D. Smooth UCT search in computer poker[C]. The 24th International Joint Conference on Artificial Intelligence, Buenos Aires, 2015: 554-560.

[4] Heinrich J, Lanctot M, Silver D. Fictitious self-play in extensive-form games[C]. International Conference on Machine Learning, Lille, 2015: 805-813.

[5] Heinrich J, Silver D. Deep reinforcement learning from self-play in imperfect-information games[EB/OL]. https://arxiv.org/abs/1603.01121.[2021-10-01].

[6] Powley E J, Whitehouse D, Cowling P. Determinization in Monte-Carlo tree search for the card game Dou Di Zhu[C]. IEEE Conference on Computational Intelligence and Games, Seoul, 2011: 87-94.

[7] Zha D, Xie J, Ma W, et al. DouZero: Mastering doudizhu with self-play deep reinforcement learning[EB/OL]. https://arxiv.org/abs/2106.06135.[2022-02-23].

[8] Yeh C K, Hsieh C Y, Lin H T. Automatic bridge bidding using deep reinforcement learning[J]. IEEE Transactions on Games, 2018, 10(4): 365-377.

[9] Auer P, Cesa-Bianchi N, Fischer P. Finite-time analysis of the multiarmed bandit problem[J]. Machine Learning, 2002, 47: 235-256.

[10] Tian Y, Gong Q, Jiang T. Joint policy search for multi-agent collaboration with imperfect information[C]. Proceedings of the 34th International Conference on Neural Information Processing Systems, Vancouver, 2020, 19931-19942.

[11] Ack B O G, Rayner M, Pell B. Pragmatic reasoning in bridge[EB/OL]. https://www.researchgate. net/publication/2642231_Pragmatic_Reasoning_in_Bridg.[2021-10-01].

[12] Amit A, Markovitch S. Learning to bid in bridge[J]. Machine Learning, 2006, 63(3): 287-327.

[13] Delooze L L, Downey J. Bridge bidding with imperfect information[C]. IEEE Symposium on Computational Intelligence and Games, Honolulu, 2007: 368-373.

[14] Ho C Y, Lin H T. Contract bridge bidding by learning[C]. The 29th AAAI Conference on Artificial Intelligence, Austin, 2015: 1-3.

[15] Ventos V, Costel Y, Teytaud O, et al. Boosting a bridge artificial intelligence[C]. IEEE 29th International Conference on Tools with Artificial Intelligence, Boston, 2017: 1280-1287.

[16] Gong Q C, Jiang Y, Tian Y D. Simple is better: Training an end-to-end contract bridge bidding agent without human knowledge[EB/OL]. https://openreview.net/forum?id=SklViCEFPH. [2021-10-01].

第8章 兵棋智能博弈对抗决策智能体设计

8.1 引　　言

人工智能技术在围棋、德州扑克、桥牌、《星际争霸》等边界确定、规则固定的对抗博弈领域不断取得突破，为求解多智能体对抗博弈问题带来了曙光。但不同于普通的即时策略对抗游戏，兵棋推演问题是直接对战争的模拟，其推演和博弈过程有着极大的不确定性和未知性，多兵种协同与环境耦合的问题凸显，且战争系统具有强非线性和高动态等复杂特性，解析计算和随机逼近最佳策略都存在巨大挑战。本章围绕智能兵棋博弈对抗决策展开：8.2 节介绍兵棋推演基础，在读者对兵棋有一定了解的基础上，举例分析兵棋问题的复杂度，介绍解决兵棋问题的关键技术；8.3 节介绍兵棋 AI 研究历程和兵棋智能博弈系统的构成，在墨子联合作战兵棋推演系统上演示完整的兵棋 AI 开发过程。

8.2　面向智能兵棋的多智能体对抗决策方法

8.2.1　兵棋推演基础

人工智能第三次浪潮推动了智能化战争的进程，未来战争到底怎么打，人工智能提供何种程度的辅助决策，不能凭空想象。当前最常用的辅助筹划和决策工具是兵棋，兵棋推演是一种利用兵棋进行战争预实践的平台，也是研究、应对、设计和实践未来智能化战争的有效手段，受到各主要军事强国的高度重视。指挥员在内嵌规则的智能兵棋系统中根据想定设计参与对手并模拟推演，开发作战概念和作战样式，评估作战方案，提高指挥训练能力[1]。

兵棋系统伴随着信息技术的不断进步发展。1811 年，手工兵棋开始出现，主要利用指挥员总结的经验和规律进行推演分析，是作战推演早期简单的推演工具。随后逐步衍生出第一代兵棋系统(图 8.1(a))，其形式主要表现为棋盘、棋子和规则，固定的作战地域，以陆、海、空为主的作战行动，对弈双方通过"回合制"完成全部推演过程，并通过规则表和骰子来决定推演的走向及结果；二战结束后，计算机的出现，使得兵棋推演平台发生了变化，第二代兵棋系统，即计算机兵棋开始出现(图 8.1(b))，依托计算机强大的计算能力和基础数据，以"数学模型+程序计算"[2]为核心，基本实现对作战全要素和全过程的模拟；经过几十年的发展，计算机兵棋系统与实战演练及训练的深度融合形成用于现代化战争的智能兵棋推演系统(图 8.1(c))，推动实时战争模拟的长足进步，并为作战决策、实战训练和军事教育提供有力支撑。智能兵棋推演系统中融入计算机仿真技术，吸收武器装备仿真的最新理论和方法，融合现代作战模拟仿真和通信手段，所模拟的实体、行动及效果越来越逼真，系统功能更加完善、计算更加准确和智能，支持基于数据的在线推演、多专业人员联合推演、基于 AI 的智能推演、多级指挥机构联合推演等不同推演方式。

目前的智能兵棋系统具有功能完善、计算准确、模拟逼真、支持多种推演方式等功能。例如，墨子联合作战兵棋推演系统具有想定管理与编辑、指挥控制、态势显示、统计分析、数据采集、效能分析评估工具、基础数据管理工具和人工智能开发接口等功能模块，系统十分完善。其还支持联合作战背景下航空装备参与制空作战、反水面作战、对地打击作战、反潜作战、两栖投送和登陆作战等多

(a) 手工兵棋

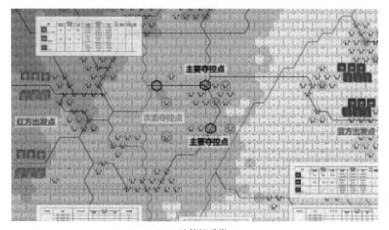

(b) 计算机兵棋

(c) 智能兵棋推演系统

图 8.1　兵棋系统

种作战样式的想定设定和仿真推演。

控制计算机兵棋对战与进行即时策略游戏(如《星际争霸》)并无本质区别,都是对真实场景进行简化,将作战单元(图 8.2)作为执行器,执行所有具体命令。其作战目标都是在规定时间内,通过摧毁敌方单元、保全己方单元来获取更高的得分。

图 8.2　作战单元及相关属性(阿利·伯克级导弹驱逐舰)

8.2.2　问题复杂度分析

为了便于分析,本节以铁甲突击群兵棋推演系统中的"城镇居民地想定"为例[3]，具体分析连级兵棋的复杂度，如图 8.3 所示。城镇居民地想定的六角格地图大小为 66×51。红蓝双方各有 2 个坦克算子、2 个战车算子和 2 个人员算子。每个算子的属性包括当前位置、班组数、机动力、是否射击、是否压制、是否掩蔽等。完整连级想定共包含 5 个推演回合，每个回合 4 个阶段。

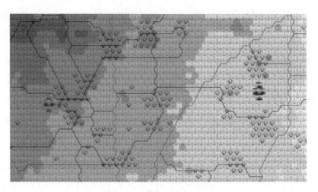

图 8.3　连级兵棋想定

对于状态空间复杂度，暂且考虑地图大小（66×51）、机动力（6）、班组数（3）、射击（2）、压制（2）、隐蔽（2）、行军（2）、夺控等要素（以两个夺控点为例的夺控状态。0 代表当前夺控点未被占领，1 代表当前夺控点被红方占领，2 代表当前夺控点被蓝方占领，两个夺控点 9 个状态分别为 00、01、02、10、20、11、22、12、21）：

$$(66\times51\times6\times3\times2\times2\times2\times2)^{12}\times9\approx6.2\times10^{72}$$

对于博弈树复杂度，为计算简单，我们只考虑机动动作空间，忽略射击、夺控等动作。在每个决策点，单个棋子每机动 1 格有 6 个方向，最多有 6 个可机动棋子，最少有 1 个可机动棋子，为计算简单，平均候选动作个数按 $(6\times6+6)/2=21$ 计算。决策点的个数按 $(6+6+3)\times2\times20=600$ 计算，其中 6、6、3 分别表示坦克、战车、人员的最大机动力，2 表示各棋子类型的个数，20 表示可机动阶段数。因此，连级兵棋的博弈树复杂度为

$$21^{(6+6+3)\times2\times20}\approx10^{793}$$

粗略地将兵棋问题的信息集数目等价于博弈树复杂度空间。对于兵棋问题的信息集平均大小，我们考虑位置、机动力等，不考虑随机因素：

$$(66\times51\times6\times3\times2\times2\times2\times2)^{6}\approx8\times10^{35}$$

其中，指数 6 表示敌方不可见算子总数，最多为 6 个。

8.2.3　关键技术分析

在计算机博弈中,知识驱动的方法通常是研究初期的首选路线,兵棋 AI 的开发也进行了类似的尝试。通过理解兵棋设计者或指挥员的知识和经验,抽取作战规则、条令条例等非结构化信息,建立结构化数据库,让 AI 按照确定性规则或依照某一概率分布进行推理决策,能够实现初步的自主决策。知识库的完备程度越高,自主决策能力越强。在解决决策规则表示和专家样本生成问题的前提下,基于规则推理、案例推理、模糊推理、集成推理等推理机的指挥决策模型,应用在以局部战斗为特点的小型推演中,可以基本满足作战仿真对抗的指挥决策需求。但知识驱动的方法缺点十分明显,即使不计知识提取的艰难过程和其中的各项成本,仅靠机械、教条的规则,难以归纳指挥决策的复杂思维规律,也无法应对规则之外的情形。再者,知识驱动推理型 AI 的上限是指挥员(领域专家)的个人经验,难以超越人类的智力水平,缺点是容易被对手发现利用。因此,知识驱动的兵棋 AI 往往成为 AI 水平测试的比较对象。

随着机器学习、大数据的发展,兵棋研究也从以知识和推理为重点,转向以学习为重点。机器学习模拟指挥员的学习工作方式,依靠算法和强大的算力,从海量数据中学习知识。不仅灵活性高,数据学习型 AI 可以通过不断优化学习,探索未知战术战法,展示出一定的智能性。

数据学习型兵棋 AI 是基于大量数据及与环境的交互,通过深度学习、强化学习等方式不断学习训练得到的决策模型。因此,数据生成、采集和存储尤其关键。秉着可重用、可扩展、高性能、完备性、再获取易用性和安全性的仿真数据采集原则,按照上游、下游、中游、主动、被动、同步、异步等多种采集模式,需要合理的采集机制,才能在大型兵棋推演系统中,既保证足够的数据而又不给系统带来过多的性能压力[4]。在获得高质量数据的基础上,融合多模态数据,充分挖掘数据背后的潜在规律,立足多源数据的层次化态势理解,推动对抗决策与行动规划。通过无监督学习、有监督学习和半监督学习等方式处理数据,为解决数据智能中的"感-知"环节提供支撑。对手意图的识别与本书第 6 章相关方法类似,此处不再赘述。

借鉴作战指挥结构天然的层次性特点,面对兵棋推演中超长视野的复杂决策和众多智能体分工协作,兵棋对抗决策方法分为宏观动作(多任务协作)和微观动作(战术机动决策)。宏观动作和预设的硬编码规则(行为树)有效避免了学习算法陷入微观决策中,同时压缩了动作空间,使强化学习产生高层对抗策略成为可能。如图 8.4 所示,层次化的学习架构来源于作战分层指挥分域控制原则,为基于深度强化学习的对抗策略优化提供启发。

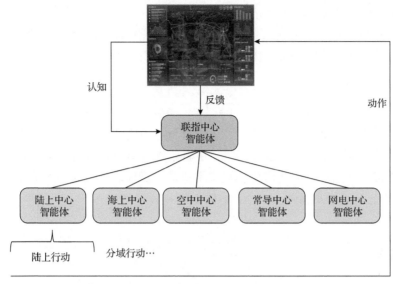

图 8.4 基于兵棋推演系统的宏观动作分层学习构架

微观动作以兵棋战术机动策略研究为主，集中在目标点选取和路径规划两个方面。规划路径求解依靠路径寻优算法，相关的研究已比较成熟[5,6]。目标位置确定主要基于知识筹划思想和数据挖掘思想。知识的筹划面向特定作战想定设置固定的机动位置。采用数据挖掘方法统计特定地图位置变换的概率，如文献[7]结合棋子历史位置概率使用多属性综合评价算法优选机动终点位置。战术机动策略学习整体流程如图 8.5 所示，主要包括数据预处理、标签数据集构建、特征数据集构建、模型输入、模型学习和模型测试。

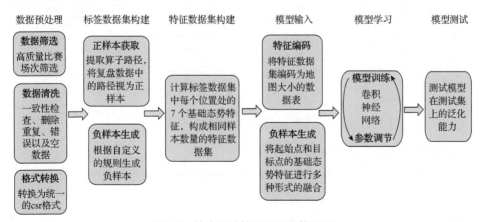

图 8.5 战术机动策略学习整体流程

多智能体系统作为一种群体智能的体现方式，十分适合兵棋推演智能的需求，容易适应兵棋推演系统中复杂的决策环境，目前的研究偏重决策模型协同框架、协作关系建模、智能体内部决策建模。

本节主要介绍异步优势 A3C 算法、分布式近端策略优化算法和基于 MAXQ 分层强化学习的行为树多节点优化算法等多智能体算法。

1. A3C 算法

A3C 算法可以创建多个并行的子线程，每个子线程中管理一个 Actor-Critic 学习器和环境交互学习、互不干扰。子线程与主线程中的网络结构相同，子线程计算出来的梯度用来更新主线程网络，更新后再将参数同步给子线程上的网络。更新的相关性降低，收敛性提高。A3C 算法的异步训练框架如图 8.6 所示，其中 s 表示状态，$\pi(s)$ 表示策略，$v(s)$ 表示值函数。

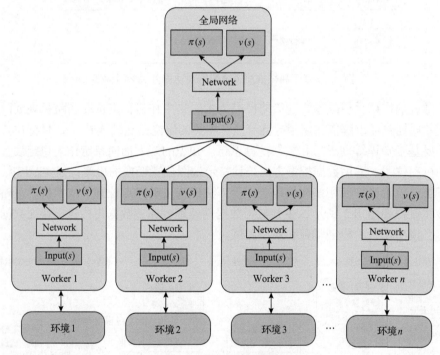

图 8.6　A3C 算法异步训练框架

A3C 算法流程如算法 8.1 所示。

算法 8.1　A3C 算法

初始化线程迭代 step $= 1$

Repeat

　　重置梯度 $\mathrm{d}\theta \leftarrow 0, \mathrm{d}\theta_v \leftarrow 0$

异步线程明确参数 $t \leftarrow t+1, T \leftarrow T+1$

$t_{\text{start}} = t$

获取状态 s_t

Repeat

　　根据策略 $\pi\left(a_t \mid s_t; \theta'\right)$ 执行动作 a_t

　　获取奖励 r_t 和状态 s_{t+1}

　　$t \leftarrow t+1, T \leftarrow T+1$

Until　　到达终止状态 s_T 或者 $t - t_{\text{start}} == t_{\max}$

$$R = \begin{cases} 0, & s_t \in s_T \\ V(s_t, \theta'_v), & s_t \notin s_T \end{cases}$$

　　For　$i \in \left\{t-1, \cdots, t_{\text{start}}\right\}$　**do**

　　　　$R \leftarrow r_i + \gamma R$

　　　　$\mathrm{d}\theta \leftarrow \mathrm{d}\theta + \nabla_\theta \log \pi\left(a_i \mid s_i; \theta'\right)\left(R - V\left(s_i, \theta'_v\right)\right)$

　　　　$\mathrm{d}\theta_v \leftarrow \mathrm{d}\theta_v + \partial\left(R - V\left(s_i, \theta'_v\right)\right)^2 / \partial\theta'_v$

　　End for

　　根据 $\mathrm{d}\theta$ 步更新 θ 和 θ_v

Until　　$T > T_{\max}$

2. 分布式近端策略优化算法

分布式近端策略优化(distribution proximal policy optimization, DPPO)算法是一种同步并行的近端策略优化算法,这里先简要介绍 PPO 算法。PPO 是一种策略梯度算法,借鉴自置信域策略优化(trust region policy optimization, TRPO)算法,使用一阶优化,在采样效率、算法的表现上,以及实现和调试的复杂度之间取得新的平衡。PPO 算法会在每一次迭代中尝试计算新的策略,以使损失函数最小化,并且控制每一次新计算出的策略和原策略的"距离"。PPO 算法包含三个网络:一个评价网络,两个策略网络。参数更新过程与策略梯度类似,不同的是评价网络和策略网络会对采样一个批次的数据进行多次学习。策略网络的损失值如式(8.1)所示:

$$L^{\text{CLIP}}(\theta) = \hat{E}_t\left[\min\left(r_t(\theta)\hat{A}_t, \text{clip}\left(r_t(\theta), 1-\varepsilon\epsilon, 1+\varepsilon\epsilon\right)\right)\right] \tag{8.1}$$

其中,$\hat{E}_t$ 为期望;$r_t(\theta)$ 为比例函数;$\hat{A}_t$ 为优势值函数;$\text{clip}(\cdot)$ 为截断函数;ε、ϵ 为参数。

DPPO 算法通过多线程方式更新网络参数，更新流程见图 8.7。DPPO 算法框架中含有一个主线程和多个子线程。多个子线程之间并行运行，从而达到分布式计算的目的。全局只有一个共享梯度区和共享 PPO 模型，而不同的子线程中还有自己局域 PPO 模型和局域环境。DPPO 算法将网络参数存在一个服务器上，并且在每一个梯度步长后同步地更新子线程参数，将 PPO 算法组装起来，共同实现强化学习任务。

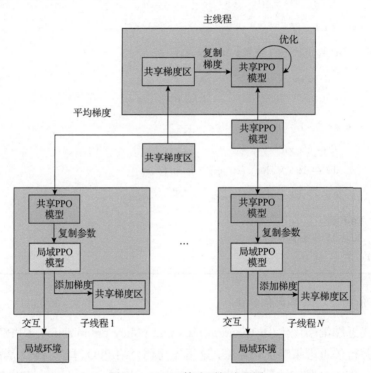

图 8.7 DPPO 算法更新流程图

将唯一的共享 PPO 模型传入主线程和子线程中。该模型的作用是根据得到的梯度使用优化器更新参数。而每个子线程中有一个自己的局域 PPO 模型，该模型的作用是，使用 PPO 策略和局域环境进行互动，得到经验，并在更新中计算梯度。共享梯度区的作用是存储所有子线程在更新中计算得到的梯度和，然后将梯度对应取平均，赋值给共享 PPO。

算法的具体流程为：首先局域 PPO 和环境互动，使用 K 步奖励方法计算奖励；然后计算优势；最后将经验存储到本地。在更新步骤中，使用 PPO 更新的两种方法(KL 散度惩罚或者截断)计算策略目标函数。计算策略梯度，并将其加入到共享梯度区，之后等待主线程的信号。共享梯度区在等待一定数目的子线程传送梯度之后，在主线程中将梯度传递给共享 PPO。共享 PPO 使用梯度更新，然后通知各个子线程中的局域 PPO 从共享 PPO 中复制网络参数。局域 PPO 开展和环境之间下一阶段的互动。其中，W 为子线程的个数；D 为更新网络的子线程个数的阈值，即如果有一定数量的子线程的梯度是可利用的，就同步更新全局网络参数，这一全局网络参数就是各个子线程梯度的均值；M 为每一个 episode 中策略网络更新的次数；B 为每一个 episode 价值网络更新的次数；T 为一个子线程在每次更新前要收集的数据的总组数；K 为 K 步奖励。算法具体代码流程如算法 8.2 所示。

算法 8.2　分布式近端策略优化算法（主线程）

For $i \in \{1,\cdots,N\}$ **do**
　　For $j \in \{1,\cdots,M\}$ **do**
　　　　等待，直到关于 θ 的梯度值至少有 $W-D$ 个
　　　　计算平均梯度并更新全局参数 θ
　　End for
　　For $j \in \{1,\cdots,B\}$ **do**
　　　　等待，直到关于 ϕ 的梯度值至少有 $W-D$ 个
　　　　计算平均梯度并更新全局参数 ϕ
　　End for
End for

3. 基于 MAXQ 分层强化学习的行为树多节点优化算法

1）行为树

在任务规划中，传统的有限状态机（finite state machine, FSM）最为经典，但需要转换连接状态，失去了模块性。而行为树作为替代有限状态机的方式具有可重复性和可适应性，完美地替代了有限状态机的不可重复性和开发的不便捷性，成为当前机器人软件开发的主流方式。行为树是一棵具有层级结构的树，主要用来控制智能体的决策，树的末端（动作节点）就是智能体实际要去做的事情。连接叶子节点的每一个树权（组合节点），决定了一个行为树如何从根节点连到某一个动作节点，并执行相应的命令操作。

2）基于 Q 学习的行为树选择节点优化

行为树的选择节点本质上描述了一组针对节点所对应任务的决策规则，即按照从左到右的优先级执行可选择动作。其中所隐含的专家经验是，在大多数状态空间下，优先级越高的动作具有越高的效应值。学习中考虑更详细的不确定战场环境态势，刻画不同战场态势和可选择动作之间的决策映射关系，且决策过程通常考虑执行动作后的长远效益。该学习任务是一个典型的强化学习任务，通常被

描述为 MDP。

在 MDP 中，智能体的目标是学习最优策略 π，使得在任意系统状态 s 下，按照最优策略 π 执行动作所获得的期望的折扣奖励值最大化：

$$V^\pi(s) = E_\pi \left\{ \sum_{t=0}^\infty \gamma^t R(s_{t+1} \mid s_t, \pi(s_t)) \mid s_0 = s) \right\} \tag{8.2}$$

其中，$\pi: S \times A \rightarrow [0,1]$ 表示一个智能体的决策策略；E_π 表示在策略 π 下的期望累计奖励；$\gamma \in (0,1]$ 表示折扣因子，用来刻画未来奖励对当前动作选择的重要性；s_t 表示在时刻 t 时智能体所处的系统状态。

对于固定的策略 π，上述值函数满足贝尔曼方程：

$$V^\pi(s) = \sum_{s'} P(s' \mid s, \pi(s)) \Big[R(s' \mid s, \pi(s)) + \gamma V^\pi(s') \Big] \tag{8.3}$$

那么对于最优策略 π^*，其值函数可以表示为

$$V^*(s) = \max_a \sum_{s'} P(s' \mid s, a) \Big[R(s' \mid s, a) + \gamma V^*(s') \Big] \tag{8.4}$$

如果通过显式地存储每一状态动作对的期望折扣累计奖励来反映上述目标，则式(8.4)可以等价地表示为

$$Q^*(s,a) = \sum_{s'} P(s' \mid s, a) \Big[R(s' \mid s, a) + \gamma \max_{a'} Q^*(s', a') \Big] \tag{8.5}$$

广泛使用的最经典的模型无关强化学习方法是 Q 学习，它采用下面的时序差分更新规则对上述最优 Q 值进行迭代逼近：

$$Q_{t+1}(s,a) = (1 - \alpha_t) Q_t(s,a) + \alpha_t \Big[R(s' \mid s, a) + \gamma \max_{a'} Q^*(s', a') \Big] \tag{8.6}$$

其中，α_t 是 t 时刻的学习率。

显然，将一个行为树选择节点优化问题描述为强化学习任务，则可以通过模型无关强化学习方法 Q 学习进行问题求解。首先采用 MDP 对子任务建模，其状态包括与决策子任务相关的计算机生成兵力(computer-generated force, CGF)状态和感知到的战场环境状态等变量，通常对相关变量进行离散化处理；动作空间为选择节点下的子节点，奖励函数为根据子任务目标所设定的稀疏奖励值。那么，当该行为树控制节点激活时，根据从环境所获取的当前状态，按照一定随机策略选择某一子节点作为动作，若 ε 贪婪，获得即时奖励值，则收集到样本 $\langle s, a, s', r \rangle$。通过大量的交互，按照公式递推更新，获得在该选择节点时最优策略的状态动作

映射 Q 表，指导动作选择，最终收敛到最优策略。

3) 基于 MAXQ 分层强化学习的行为树多节点优化

在作战行动中，分层的行为树往往代表了任务计划的分层组织，领域专家通过层次任务的抽象完成了对复杂大规模问题空间的分割。在行为树表示的任务策略优化中，往往可能存在多个需要学习优化的选择节点任务，这些任务之间存在一定的交互耦合。如果将每一个选择节点任务作为单独的强化学习任务，多个任务同时学习，会导致以下两个问题：一是具有层次或时序依赖关系的多个学习任务同时学习，每个学习任务都在进行随机选择采样，导致学习环境始终处于动态变化中，学习收敛困难；二是由于作战环境的复杂多样，为每个选择节点任务设计单独的子目标奖励信号往往比较困难，加之作战行动效果延迟奖励的影响，需要从整个任务的决策策略出发寻找最优解。

标准 MDP 要求动作的执行时间必须在一个时间步内完成，而实际应用中，被选择动作可能在可变的多个时间步内完成，这需要将 MDP 扩展描述为 SMDP。在 SMDP 中，令 τ 表示状态 s 下执行动作 a 需要的可变的时间步。那么状态转移函数 P 将被扩展成 τ 个时间步后到达 s' 的联合概率分布 $P(s',\tau|s,a)$，同样，奖励函数将扩展成 $R(s',\tau|s,a)$。因此，最优的 V 值和 Q 值分别为

$$V^*(s) = \max_a \sum_{s',\tau} P(s',\tau|s,a)[R(s',\tau|s,\ a) + \gamma^\tau V^*(s')] \tag{8.7}$$

$$Q^*(s,a) = \sum_{s',\tau} P(s',\tau|s,a)[R(s',\tau|s,\ a) + \gamma^\tau \max_{a'} Q^*(s',a')] \tag{8.8}$$

基于 SMDP 框架，已有部分分层强化学习方法用来处理多层次强化学习问题，如 Option、MAXQ 及 HAM 等。MAXQ 是其中被广泛使用的分层强化学习方法之一。与其他学习方法不同，MAXQ 通过构建分层的任务图，将整个学习问题分解为层次化的子问题，通过调用子问题的解来求解整个问题，依次递推，直到子问题可以通过原子动作或原子任务来直接解决，该过程允许多个子问题进行同时学习。例如，分层强化学习问题中经典的出租车载客问题，载客任务的子任务包含接客和送客，接客由动作上车和导航子任务构成，导航子任务由四个方向的机动动作组成。那么对要求解的整体载客任务 M，有一个任务图的层次分解 $\{M_0, M_1, \cdots, M_n\}$，其中 M_0 代表整体任务 M 本身，后续的 M_i ($i=1,2,\cdots,n$) 为按照宽度优先顺序对任务的层次分解，即接客、送客、上车、导航、下车、向上、向下、向左、向右等一系列子任务，每个子任务有对应的任务层次。对应该层次分解有一个分层策略 $\pi = \{\pi_0, \pi_1, \cdots, \pi_n\}$，其中为 π_i 对应子任务 M_i 的动作选择策略，如子任务的策略决定了如何在不同的状态选择上车和导航子任务。根据效应决策理论，令 $V^\pi(i,s)$ 表示在状态 s 处按照策略 π_i 完成子任务 M_i 的累计奖励值，

那么 $V^\pi(i,s)$ 可以定义为

$$V^\pi(i,\ s) = \begin{cases} \sum_{s'} P(s'|s,a)R(s'|s,\ i), & M_i \in \mathrm{Primitive} \\ Q^\pi(i,s,\pi_i(s)), & M_i \in \mathrm{Composite} \end{cases} \quad (8.9)$$

当 M_i 为原子动作(即 $M_i \in \mathrm{Primitive}$)时,$V^\pi(i,s)$ 为状态 s 处执行动作 M_i 的期望奖励值;否则(即 $M_i \in \mathrm{Composite}$),$V^\pi(i,s)$ 为子任务 M_i 在状态 s 处按照策略 π_i 执行动作 $M_{\pi_i(s)}$,并按照该策略执行至子任务 M_i 结束的期望奖励。

子任务之间的值函数效应评估同样可以采用值函数分解的方法来处理:

$$Q^\pi(i,s,\pi_i(s)) = V^\pi(\pi_i(s),s) + C^\pi(i,s,\pi_i(s)) \quad (8.10)$$

装饰节点是一类特殊的控制流节点。根据使用需要,按照自己预定目标进行设置,自定义相关规则以及相应子节点的返回值:

$$C^\pi(i,s,\pi_i(s)) = \sum_{s',\tau} P_i^\pi(s',\tau|s,\pi_i(s))\gamma^\tau V^\pi(i,s') \quad (8.11)$$

P_i 是任务 M_i 按照策略 π^i 执行的转移函数。按照式(8.9)~式(8.11),可以按照层次递归的方式计算每一个子任务的值函数。任务 M_i 根据值函数 $Q^\pi(i,s,a)$ 的最优策略即

$$M_i : \pi_i^*(s) = \arg\max_a Q(i,s,a) \quad (8.12)$$

4)行为树与 MAXQ 任务图的关系及转换

根据 MAXQ 方法的基本原理,本节介绍所提出的 MAXQ-BT 方法,将行为树与分层强化学习方法 MAXQ 结合,支持多节点同时优化。首先,论证 MAXQ 任务图与行为树之间的关系。基于对此的认识,将改进 MAXQ 的学习规则使其适应于可定制约束的行为树的分层学习。

一个行为树可以被认为是一个有着固定层次策略的 MAXQ 任务图。对行为树策略的优化,本质是改变已有选择节点从左向右的优先级决策规则,而采用强化学习所得的马尔可夫决策模型的状态动作映射关系进行新的决策。具体来说,我们需要求解状态动作映射对的具体评估值,在每一状态时,选择最大化评估值的动作。为了应用 MAXQ 学习方法进行多个行为树节点的分层学习,对于每一类节点,可以采用 MAXQ 的学习规则进行效应评估。

在行为学习中,主要目标是改进选择节点的决策策略,因此对于需要学习的选择节点任务,我们将改变已有的按照从左至右优先级的选择规则,而根据新的

选择策略进行学习采样，如 ε 贪婪。当然，如果设计者不需要该选择节点进行学习，则按照选择节点原始的传播规则进行选择；对于其他节点如序列节点，其传播规则不变。

那么对于需要学习的行为树选择节点，其评估的值函数和完成函数需满足

$$V(i,s) = \max_{c_j} Q(i,s,c_j) \tag{8.13}$$

$$C(i,s,c_j) = [1-\alpha(i)]C(i,s,c_j) + \alpha(i)\gamma^\tau V(i,s') \tag{8.14}$$

对于无须学习的选择节点或序列节点，默认的行为策略是按照从左向右方式执行。无论返回状态是成功还是失败，选择节点所表示的任务都将在最后一个节点执行完成后结束：

$$V^\pi(i,s) = Q(i,s,c_1) \tag{8.15}$$

最后一个节点的完成函数值总是 0，其他节点的完成函数值基于式 (8.16) 按照从左到右的序贯选择策略计算所得，即

$$C(i,s,c_j) = [1-\alpha(i)]C(i,s,c_j) + \alpha(i)\gamma^\tau V(i,s',c_{j+1}) \tag{8.16}$$

对于并发节点，假设其子任务的执行和奖励值评估是独立的，则每一个子任务的完成函数值均为 0，状态 s 处的评估值为

$$V(i,s) = \sum_{j=1}^{m} V(c_j,s) \tag{8.17}$$

对于动作节点，可以看成是原子任务，其子节点集为空。该原子任务总是在行为树动作节点执行后结束。因此，其完成函数值为 0，对其的期望值函数评估可以通过公式累计获得

$$V = [1-\alpha(i)]V(i,s) + \alpha(i)R(s',\tau|s,c_j) \tag{8.18}$$

其中，R 是 τ 时间内执行该动作内累计的折扣奖励。

5) 行为树拓扑结构重组

通过学习将获得以下知识：反映任务中各层次动作选择效益的值函数 Q 表和 V 表。对于每一个非叶子节点，相应的 Q 表存储每一种环境状态下，执行某一子节点的决策效应值。V 表存储每一环境状态时，一个节点的综合评估效应值。

Q 表存储了选择节点任务中每一状态下的最优策略，因此可以根据 Q 表来重组初始的行为树。对于一个学习选择节点，可以获得一个 Q 表存储每一状态动作对的期望评估值。那么对于 Q 表中的每一个状态，可以选择得到最高 Q 值的子节点，构建一个最优状态列表。每个状态列表将会被添加作为相应的动作子节点的

条件节点。最后，根据所形成条件节点状态列表的状态数目大小，从多到少重新调整选择节点的优先级顺序。至此，学习选择节点按照重组后的优先级选择节点来执行。

如果学习任务的评估函数不变，那么对于内部结构不变的行为子树，该子树所代表的子任务的评估是不变的且可以重用的。这样，基于已有的子树组合生成新的行为树时，可以快速进行知识的转移学习。

8.3　墨子兵棋 AI 构建

8.3.1　兵棋 AI 研究历程

国外多年来一直注重计算机兵棋推演及其系统的应用，各类兵棋系统的建设呈现多样化发展趋势，在推演方法和系统设计等方面进行了各种探索和尝试。2020年美国兰德公司发布了《思维机器时代的威慑》报告[8]，讨论的核心问题是兵棋推演中人工智能和自主技术如何随着事件的发展影响局势升级和威慑方式。2020年，美国国防高级研究计划局战略技术办公室提出"兵棋突破者"项目[9]，旨在开发人工智能并将其应用于现有的即时策略兵棋之中，以打破复杂的模型所造成的不平衡。欧洲防务局开展的一项为期 1 年的研究，将 AI 和大数据应用于训练和模拟中，专门利用数据挖掘和兵棋推演来分析如何解决如混合战这样的复杂想定，以满足快速发展的军事思维需求。同年，美国空军大学举办的"未来能力推演"也采用了多专业人员联合推演方法，来自国防部、美国政府机构、同盟国军队成员和高端智库的多专业人员出席了该推演活动。2021 年美国与英国、澳大利亚等合作在兵棋推演生态建设方面展开布局，开展了面向智能化兵棋推演的"自主性战略挑战赛"和"联盟战争计划"，以打造更加完善和贴合真实情况的推演生态，为智能认知决策技术的发展提供试验田。美国陆军战争学院（U.S. Army War College）和海军陆战队战争学院（Marine Corps War College）等高级工程院校都在其课程中扩展了基于游戏的学习，包括教育性的兵棋。

国内兵棋系统起步较晚，但兵棋活动逐渐活跃，研赛结合，通过借鉴国外成熟的兵棋技术并与我军实际相结合，在兵棋系统研发与运用方面也取得了较快的发展。2017 年，在国内举办首届全国兵棋推演大赛。中国科学院自动化研究所的 CASIA-先知 1.0 系统，在人机对抗中击败了军队和地方选手，获得了 7:1 的胜利[10]。随后中国科学院自动化研究所又相继推出分队级 AI "Alphawar V1.0"以及群队级 AI "紫冬智剑 V1.0"，一直在探索如何将人工智能技术应用于复杂场景下不完全信息博弈的兵棋推演领域[11]。2019 年，由指控学会和华成防务共同推出的专业级兵棋"智戎·未来指挥官"[12]，作为墨子联合作战兵棋推演系统的民用版本，在第三、四届全国兵棋推演大赛中成为官方指定平台。2020 年，"庙算·智胜"战术兵棋即时策略人机对抗平台上线[13]，为相关科研人员研究兵棋 AI 提供了良好的平台环境。此外，2020 年，国内举办联合作战智能博弈挑战赛，采用了陆海空一体的联合战役级的兵棋系统。这些比赛都极大促进了智能博弈技术在兵棋推演中的应用，取得了良好的效果。

8.3.2　兵棋智能博弈系统

墨子联合作战兵棋推演系统（以下简称墨子系统）[①]为兵棋推演提供了一个良好的实验环境。墨子系统平台包括墨子系统服务端、墨子人工智能软件开发包、通信与控制接口及相关支持软件，目前主要支持 Python 及 Lua 两种开发语言，其中 Python 语言适配目前几种主要的人工智能开发框架；Lua 语言人工智能则是基于墨子 Lua 子系统的直接二次开发，主要适合基于规则的人工智能应用开发，如决策树、行为树等。支持用户开展深度学习、机器学习、对抗博弈、多智能体、行为树等多种模式的人工智能研究，以期在战术战法研究、效能评估、智能蓝军、规则学习与策略更新等多个应用领域产生突破性的成果。

完整的墨子人工智能平台主要包含服务端（MoziServer）、Python 人工智能客户端（Python Client）以及服务器智能体（ServerAgent）。这三部分之间存在两类接口组件，即墨子 Python API 和 gRPC 及 WebSocket 通信接口。平台组件调用关系如图 8.8 所示。

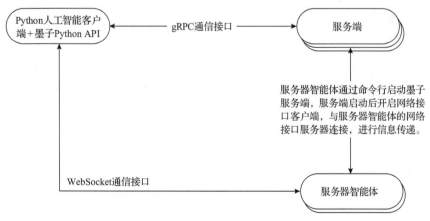

图 8.8　平台组件调用关系

（1）服务端：即墨子系统服务端程序（也称墨子系统单机版），通过配置文件，并重启系统后，服务端将打开一个服务端口，开启人工智能伺服模式，等待客户

① http://www.hs-defense.com/。

端的连接与控制。

(2) Python 人工智能客户端：部署了 Python 人工智能开发环境的终端，通过调用墨子 Python API，可以建立起面向服务端的控制连接，并驱动服务端创建及编辑推演、添加或修改单元及任务、执行动作命令并获得反馈及实时态势，从而开展军事人工智能训练或相关应用。

(3) 服务器智能体：是一个自启动的后台服务，用于在一个(组)硬件平台上，控制多个服务端的启动、初始化及关闭，用于硬件资源负载均衡、支持并行训练以及监控服务端运行状态。在每个操作系统上，可以运行一个服务器智能体，每个服务器智能体可以控制 1~N 个服务端。

(4) 墨子 Python API：该 API 是一组由 Python 脚本组成的开发包，它提供三方面功能：①实现对墨子系统的对象类及其方法的封装；②利用 Python 语言转发函数调用墨子系统 Lua 子系统扩展函数；③利用 gRPC 实现通信交互控制。

(5) 通信接口：Python 客户端到服务端的通信接口采用了基于 HTTP2.0 的 gRPC 开源协议，支持跨语言跨平台，启动简洁并易于扩展。Python 客户端与服务器智能体的通信采用了基于 TCP 的全双工通信协议 WebSocket，能够较好地节省服务器资源和带宽。

8.3.3　兵棋 AI 实现

1. 模型建立

采用墨子兵棋推演中的"海峡风暴"想定，兵力部署如表 8.1 所示。

表 8.1　想定兵力部署

兵力部署	红方	蓝方
福特级航空母舰	1	1
阿利·伯克级导弹驱逐舰	1	1
F-35C 舰载战斗机 (8 架反舰，8 架空战飞机)	16	16

红蓝双方初始位置如图 8.9 所示。任务类型包括水面防空、空舰突击、制空争夺。

作战区域划分如图 8.10 所示。

类型采用独热(one-hot)方式编码，单元数量先采用归一化处理，再采用取对数方式处理。状态特征编码如表 8.2 所示。

原子动作包含五个要素，见表 8.3。例如，动作 1：编号为 9 的空战飞机在推演 10min 后，去区域 1 巡逻，全程不开启雷达，开启干扰机。共设计 70 种动作类型，外加一个"空"（NOOP）动作（表示不做任何动作）。

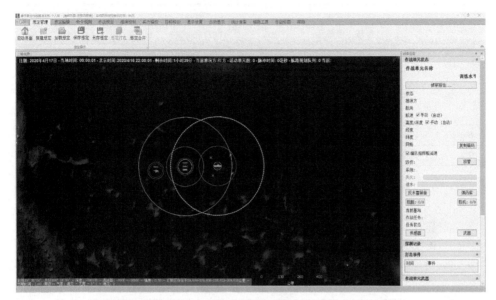

图 8.9　初始态势图

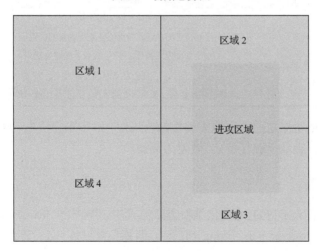

图 8.10　作战区域划分

表 8.2　状态特征编码

序号	类型	编码	维度
1	推演进度	—	60
2	空闲单元	001001	(6+4+2)×4=48
3	损失单元	001010	(6+4+2)×4=48
4	任务单元	001100	(6+4+2)×4=48

续表

序号	类型	编码	维度
	区域 1 中单元	00110000001	
	区域 2 中单元	00110000010	
5	区域 3 中单元	00110000100	(11+4+2)×4×5= 340
	区域 4 中单元	00110001000	
	可视区域中单元	00110010000	
6	消耗的武器	01001	(5+4+2)×4=44
7	任务中的所有单元剩余的武器类型	01010	(5+4+2)×4=44
8	探测到的敌方单元类型	100	(3+3+2)×4=32
	区域 1 中敌方单元	1000001	
9	区域 2 中敌方单元	1000010	(7+3+2)×4×4 = 192
	区域 3 中敌方单元	1000100	
	区域 4 中敌方单元	1001000	

表 8.3　原子动作要素

要素	说明
任务类型	巡逻任务或反舰任务
目标位置	巡逻任务的区域或者反舰任务中舰艇的位置
任务单元	由什么单元来执行任务(空战或者反舰飞机)
任务时间	任务启动时间
怎么执行	修改任务参数、条令、电磁管控、武器使用规则等

　　在模型预测动作之前需要检查动作的合法性,对于不合法的动作(例如,没有反舰飞机的时候启动反舰任务),做硬约束操作。

2. 实验设置

　　红方采用基于 DPPO 的强化学习方法。其中,学习器(learner)的网络结构为多层感知机(multilayer perceptron, MLP),训练参数见表 8.4。蓝方采用预置基于规则的 AI。

表 8.4　训练参数

参数名称	参数值	说明
batch_size	32	批次大小
game_steps_per_episode	43200	每局时间步长
clip_range	0.1	裁剪范围
discount_gamma	0.998	折扣因子

参数名称	参数值	说明
lambda_return	0.95	奖励
learner_queue_size	1024	学习器队列大小
learning_rate	10^{-5}	学习率
unroll_length	128	回滚长度
vf_coef	0.5	系数

3. 结果分析

对抗过程中红方采用基于 DPPO 算法学习到的相应策略应对蓝方的随机策略，对抗过程如图 8.11 所示，通过墨子系统内部的评分系统得到对抗结果。

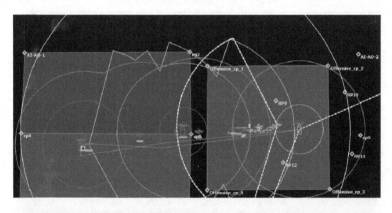

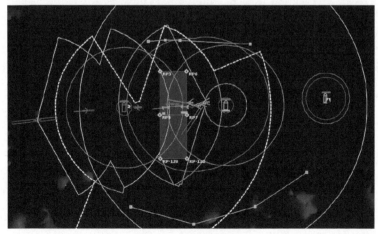

图 8.11　对抗过程图

对抗过程中各方装备损耗情况作为评分的指标，具体如表 8.5 所示，其中红方和蓝方制导武器统计情况如表 8.6 和表 8.7 所示。

表 8.5　各方装备损耗情况

序号	损耗装备型号	红方	蓝方
1	F-35C 型战斗机	4	11
2	AGM-154C 联合防区外武器	14	4
3	AIM-120D 型中程空空导弹	40	17
4	AN/ALE-70 型光纤拖曳式诱饵装置	2	3
5	RIM-162A 型"海麻雀"舰对空导弹	6	21
6	通用箔条	8	27

表 8.6　红方制导武器统计情况

序号	装备型号	消耗数量	命中数量及占比	故障数量及占比	脱靶或自毁数量及占比	被拦截数量及占比	被抛弃数量及占比	在空数量及占比
1	AGM-154C	14	0, 0%	0, 0%	0, 0%	9, 64.29%	0, 0%	5, 35.71%
2	AIM-120D	40	11, 27.5%	0, 0%	29, 72.5%	0, 0%	0, 0%	0, 0%
3	RIM-162A	6	4, 66.67%	0, 0%	2, 33.33%	0, 0%	0, 0%	0, 0%

表 8.7　蓝方制导武器统计情况

序号	装备型号	消耗数量	命中数量及占比	故障数量及占比	脱靶或自毁数量及占比	被拦截数量及占比	被抛弃数量及占比	在空数量及占比
1	AGM-154C	4	0, 0%	0, 0%	0, 0%	4, 100%	0, 0%	0, 0%
2	AIM-120D	17	4, 23.53%	0, 0%	13, 76.47%	0, 0%	0, 0%	0, 0%
3	RIM-162A	21	12, 57.14%	0, 0%	9, 42.86%	0, 0%	0, 0%	0, 0%

利用墨子系统内部的评分系统所得分数为 2677 分，对抗结果评定为红方"大胜"。

参 考 文 献

[1] 胡晓峰, 齐大伟. 智能化兵棋系统: 下一代需要改变的是什么[J]. 系统仿真学报, 2021, 33(9): 1997-2009.
[2] 李丽娟. 兵棋推演人机博弈决策技术研究[D]. 北京: 中国科学院自动化研究所, 2020.
[3] 崔文华, 李东, 唐宇波, 等. 基于深度强化学习的兵棋推演决策方法框架[J]. 国防科技, 2020, 41(2): 113-121.
[4] 张俊恒. 计算机兵棋中兵力机动路径规划研究[D]. 长沙: 国防科技大学, 2010.
[5] 胡伟. 计算机兵棋中兵力机动路径优化研究[D]. 长沙: 国防科技大学, 2010.

[6] 刘满, 张宏军, 郝文宁, 等. 战术级兵棋实体作战行动智能决策方法[J]. 控制与决策, 2020, 35(12): 2977-2985.

[7] Lauren M K, Stephen R T. Map-aware non-uniform automata(MANA)—A new zealand approach to scenario modelling[J]. Journal of Battlefield Technology, 2002, 5: 27-31.

[8] Wong Y H, Yurchak J, Button R, et al. Deterrence in the age of thinking machines[R]. Los Angeles: RAND Corporation Santa Monica, 2020.

[9] Atherton K. DARPA wants wargame AI to never fight fair[EB/OL]. https://breakingdefense. com/2020/08/darpa-wants-wargame-ai-to-never-fight-fair/.[2021-10-01].

[10] 黄凯奇, 兴军亮, 张俊格, 等. 人机对抗智能技术[J]. 中国科学: 信息科学, 2020, 50(4): 540-550.

[11] 程恺, 陈刚, 余晓晗, 等. 知识牵引与数据驱动的兵棋 AI 设计及关键技术[J]. 系统工程与电子技术, 2021, 43(10): 2911-2917.

[12] 中国指挥与控制学会. 号外! 由 CICC 与华成防务联合打造的国防科普兵棋推演系统来了! [EB/OL]. https://www.sohu.com/a/319369465_358040.[2021-10-01].

[13] 中国指挥与控制学会. 庙算·智胜 战术兵棋即时策略人机对抗平台[EB/OL]. https://www.sohu.com/a/429019674_358040.[2021-11-25].

第9章 智能博弈对抗元理论

9.1 引　　言

本章主要从元宇宙、元博弈、元认知和元学习四个视角对智能博弈对抗策略的学习相关元理论进行简要介绍和分析。9.2 节主要介绍 DeepMind 关于游戏元宇宙的相关知识；9.3 节主要介绍元博弈相关理论；9.4 节主要介绍元认知相关理论；9.5 节主要介绍元学习方法。

9.2 元宇宙：开放式学习环境

元宇宙概念始于 1992 年尼尔·斯蒂芬森的科幻小说《雪崩》提出的 metaverse，它由 meta 和 verse 两个词根组成，meta 表示"超越""元"，verse 表示"宇宙"（universe），意在构造一个高度仿真的数字世界。电影《头号玩家》和《失控玩家》等均被贴上元宇宙标签。Facebook、微软和英伟达等公司纷纷布局元宇宙业务，国内字节跳动、腾讯等公司也聚焦此类任务。

在人工智能博弈对抗领域，DeepMind 研究人员创建了一个巨大的游戏环境，称为 XLand[1]。DeepMind 为 AI 打造的这个"元宇宙"，宣称通过强化学习训练的 AI 能玩全宇宙的游戏。这个"元宇宙"的创建是为了让智能体在不断扩展、升级的开放世界中学习，AI 的新任务（训练数据）是基于旧任务不断生成的。如图 9.1 所示，XLand 包含数十亿个任务，跨越不同的游戏、世界和玩家。从简单到复杂的游戏，AI 智能体在学习过程中不断完善训练任务。简单的如"靠近紫色立方体"，复杂一点的如"靠近紫色立方体或将黄色球体放在红色地板上"。这些智能体甚至还可以和其他智能体玩耍，如捉迷藏和夺取旗帜。每个小游戏正如宇宙中的颗颗繁星，拼成了一个庞大的物理模拟世界。

这个世界的任务由三个要素构成，即任务=游戏+世界+玩家。根据三个要素的不同关系，来决定任务的复杂度。现有以下四个维度：竞争性、平衡性、可选择性、探索困难性。基于这四个维度，一个任务空间的、超大规模的"元宇宙" XLand 就诞生了，而几何地球也只是这个元宇宙的一个小角落，只是这四维空间的一个点。XLand 解决了 AI 训练的数据问题，研究人员发现，目标注意网络（GOAT）可以学习更通用的策略。在如此广阔的环境下，动态任务生成允许智能体的训练任务的分布不断变化，生成的每个任务既不太难也不太容易，但正好适

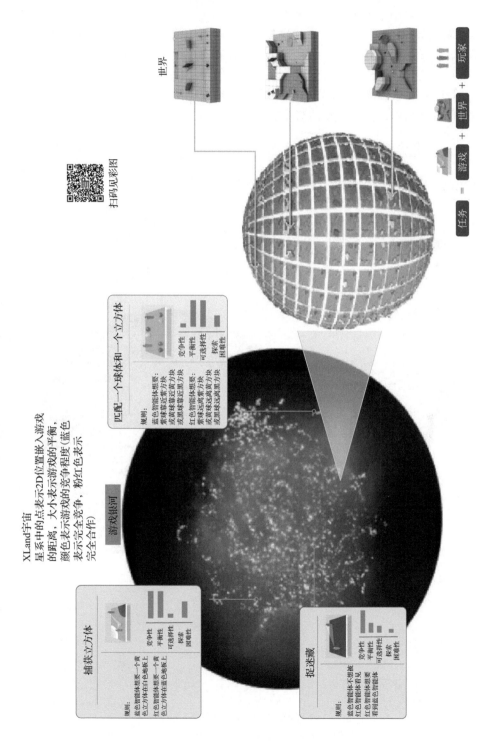

图9.1　DeepMind的XLand环境

合训练。然后利用基于种群的训练方法来调整基于动态任务生成参数，以提高智能体的综合能力。如图 9.2 所示，将多个训练运行连接在一起，这样每一代智能体都可以引导上一代智能体，结果显示智能体在泛化能力上有很好的表现，只需对一些新的复杂任务进行 30min 的集中训练，智能体就可以快速适应，经过 5 代训练，智能体在 XLand 的 4000 个独立世界中玩大约 70 万个独立游戏，共 340 万个独立任务的结果，最后一代的每个智能体都经历了 2000 亿次训练。

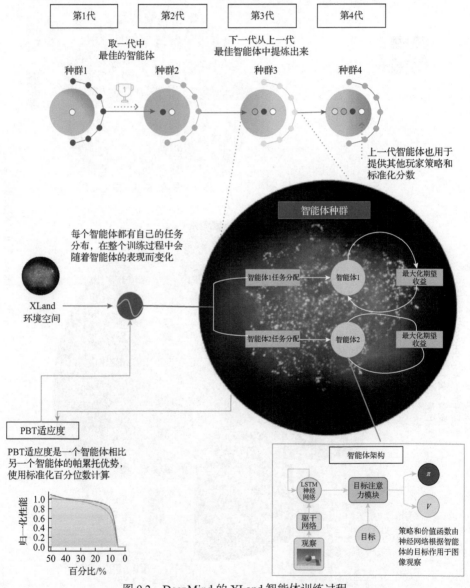

图 9.2　DeepMind 的 XLand 智能体训练过程

PBT: population based training，基于种群训练

9.3　元博弈：博弈的博弈理论

9.3.1　元博弈理论

根据决策者的偏好刻画，博弈论分析方法分为：①基于基数偏好(cardinal preference)的定量博弈，如正则式博弈、扩展式博弈、合作博弈等；②基于序数偏好(ordinal preference)的非定量博弈，如元博弈(偏对策、亚对策)、超博弈(超对策、误对策)、软博弈(软对策)等。其中元博弈即博弈的博弈。在人工智能领域，Pell[2]早在 1993 年就提出运用元博弈方法设计对称的棋类(国际象棋、跳棋、中国象棋和日本将棋等)对抗 AI，元博弈是一种实证博弈理论分析工具[3]，围绕元博弈理论的博弈对抗策略学习框架，采用迭代式的策略学习方法(策略评估与策略提升)为多智能体博弈对抗策略的学习提供了通用训练途径[4]。元博弈可应用于博弈对抗策略选择[5]、博弈策略动态分析[6]和在线对手剥削[7]等领域。Tuyls 等[6]证明了元博弈的纳什均衡是原始博弈的 2ε 纳什均衡，并利用 Hoeffding 给出了批处理单独采样和均匀采样两种情况下的均衡概率收敛的有效样本需求界。Viqueria 等[8]利用 Hoeffding 界和 Rademacher 复杂性分析了元博弈，得出基于仿真学习到博弈均衡以高概率保证是元博弈的近似均衡，同时元博弈的近似均衡是仿真博弈的近似均衡。Balduzzi 等[9]研究提出任何一个泛函式博弈可以做直和分解成传递压制博弈和循环压制博弈两部分，如图 2.5 所示。此外，通过分析 40 个智能体种群的博弈对抗策略空间，如图 9.3 所示，根据元博弈收益矩阵及其舒尔(Shur)分解的前两维投影可知，近乎传递压制策略对角线两侧颜色分明，Shur 分解投影近似为一条直线，近乎循环压制的策略彼此循环压制，Shur 分解投影为椭圆形。

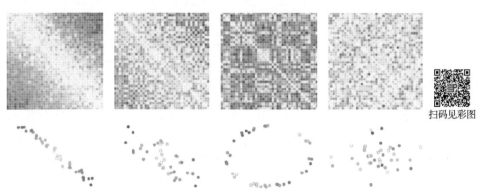

扫码见彩图

图 9.3　博弈策略收益矩阵及其舒尔分解投影[9]

至于如何度量博弈策略的非传递性，Czarnecki 等[10]指出可以采用计算策略集邻接矩阵 A 的对角线元素个数的方式 $\mathrm{dia}(A^3)$、纳什聚类(Nash clustering)的方法分析循环压制环的长度。Sanjaya 等[11]利用真实的国际象棋比赛数据度量了人类玩家策略的非传递性。

9.3.2　开放式学习框架

基于元博弈理论,Lanctot 等[12]最早提出了面向多智能体强化学习的策略空间响应预言机(policy space response oracle, PSRO)统一博弈学习框架。Tuyls 等[13]面向多人常和博弈,提出了基于 α-Rank 和 PSRO 的通用学习方法框架,但这些框架仍是迭代式同步策略更新框架。为了与分布式强化学习等框架配合使用,一些新型的并行化框架相继被提出。如图 9.4 所示,Stephen 等[14]提出要采用并行化 PSRO 的方法来加快策略分层与提升。此外,Zhou 等[15]设计了满足种群多智能体强化学习的 MALib 并行学习框架,并提出了有效的 PSRO 方法[16]。

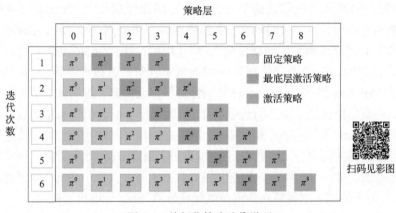

图 9.4　并行化策略迭代学习

9.4　元认知:认知行为框架

9.4.1　快与慢

Kahneman[17]指出,人类的决策通常由两种系统合作完成:系统 1 可以做直觉、不精确、快速且通常是无意识的决定("快思考"),系统 2 可以处理复杂情况,需要逻辑和理性思考("慢思考"),如图 9.5 所示。系统 1 主要由直觉引导而不是深思熟虑,可以快速给出简单问题的答案,但由于无意识的偏见、依赖于启发式或其他捷径,这样的答案有时是错误的。同时,由系统 1 建立的世界模型可以通过因果推理填补知识空白,使得我们能够合理应对日常生活中的许多刺激。当问题过于复杂时,系统 2 可以访问额外的计算资源,进行复杂的逻辑推理来解决它。想要解决复杂的算术计算或多准则优化问题，人类能够认识到问题超出了认知容易度的阈值，需要激活更全面和准确的推理机制，在这个过程中，元认知(metacognition)是必不可少的。当一个新且难的问题出现时，通常由系统 2 处理。然而，随着时间的推移，某些问题的求解可以直接传给系统 1，这是由于系统 2 用于寻找此类问题的解决方案的过程知识被系统 1 积累下来，以后可以毫不费力地使用这类经验。

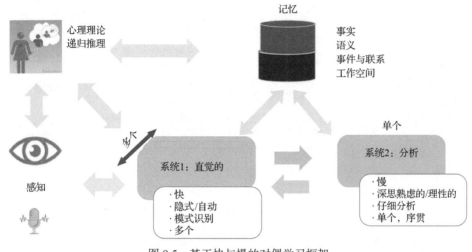

图 9.5　基于快与慢的对偶学习框架

9.4.2　元认知

在漫长的人类进化过程中，人类拥有概括、适应、因果分析、抽象、常识推理、伦理推理，以及由隐性和显性知识支持的学习和推理能力。对人类拥有这些能力的机制进行更好的研究，可以帮助我们理解如何给人工智能系统赋予这些能力。根据 Kahneman 的"快与慢"思维理论，Ganapini 等[18]提出了一种多智能体 AI 元认知框架，如图 9.6 所示，其中传入的问题由系统 1 智能体解决，这些智能体仅利用过去的经验做出反应，或者由系统 2 智能体做出反应，当需要推理和搜索超出系统 1 智能体预期的最佳解决方案时，这些智能体被故意激活。这两种智能体都有一个包含环境领域知识的世界模型和一个包含系统过去行为和解决者技能信息的"自我"模型支持。考虑到需要在这两种类型的解决者之间进行选择，使用了一个元认知智能体，执行自省和仲裁角色，并通过考虑资源限制、解决者的能力、过去的经验和正确解决给定问题的预期奖励来评估使用系统 2 解决者的需求。为了以一种有资源意识的方式实现这种平衡，元认知智能体包括两个连续的阶段，第一个阶段更快、更接近，第二个阶段(如果需要)更仔细。

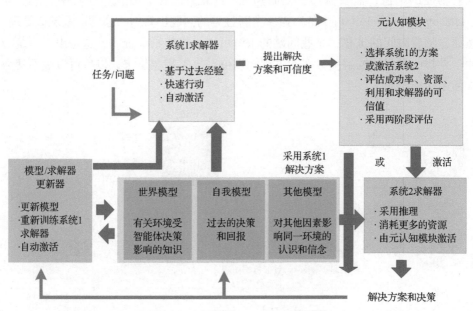

图 9.6　多智能体 AI 元认知框架[18]

　　许多现实生活中的场景存在序贯决策问题。根据系统 1 和/或系统 2 求解器的可用性，它们可以处理单个决策或一系列决策，这种多智能体 AI 体系结构在每个决策中使用元认知智能体，或者对整个序列只使用一次。第一种模式提供了额外的灵活性，因为元认知智能体的每次调用可以选择不同的求解器来做出下一个决定，而第二种模式允许在求解器中利用额外的领域知识。

9.4.3　认知行为建模

　　智能体认知行为建模是构建通用智能体的基础，是人工智能由计算智能、感知智能向认知智能演化的重要研究方向。如何在感知能力和计算能力已经超越人类的情况下，进一步赋予智能体学习和推理的认知能力，是推动人工智能技术发展的关键。根据 Kotseruba 等[19]的调研分析，截止到 2020 年，可通过公开文献及学术信息源确认的认知框架有近 195 种，根据研究目标的不同，这些认知框架可以分为人脑认知建模、智能体行为建模以及人类行为建模三类。如图 9.7 所示，卡内基梅隆大学的 Anderson 等[20]提出了人类联想记忆理论和自适应思维控制(adaptive control of thought, ACT)理论，Laird[21]提出的 Soar 框架是在密歇根大学领导的团队维护开发的，可用于问题求解、规划、决策和自然语言处理等问题的研究。

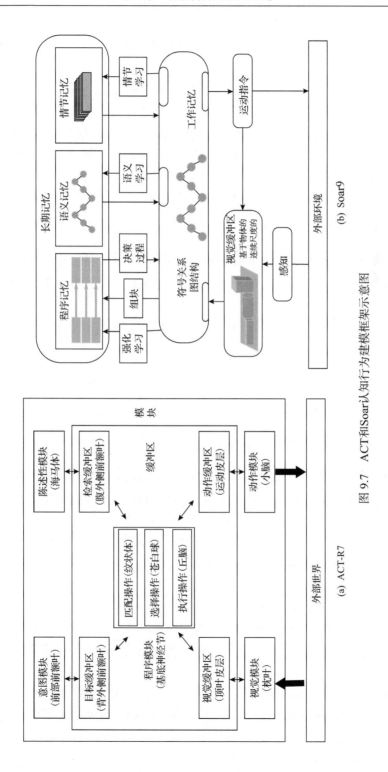

图 9.7　ACT 和 Soar 认知行为建模框架示意图

9.5　元学习：双层优化方法

元学习 (meta learning)，直译即为学会学习 (learning to learn)，是一种"能力习得"途径。它是由 Schmidthuber 于 1987 年提出的[22]，他认为智能体与环境之间的相互作用可以促进智能体自我完善，使其能够快速、准确地适应动态环境条件。元学习模拟了人类的学习方式。早期的元学习研究从解释人们学习新概念过程的认知科学实验中获得灵感和动机。当前关于元学习方法的相关研究主要有度量学习方法、分层优化方法、贝叶斯方法等。

9.5.1　度量学习方法

度量学习方法的核心思想类似于最近邻等聚类方法，依靠相似性度量来分析新任务与最相关的已知模型的相关性，寻找模型训练经验参考，如图 9.8 所示。

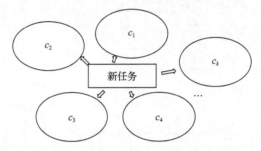

图 9.8　基于度量的元学习框架

简单神经注意力学习 (simple neural attentive learning, SNAIL)[23]方法包括一个注意块，它从记忆中识别出最相关的项目。使用软注意功能的注意块用于从过去的经验中识别关键特征并对其进行分类。注意机制被嵌入神经网络中，以识别最相关的先前状态来计算当前状态。注意块通常由两部分组成，即特征提取神经网络和深度度量神经网络，用于测量任务相似度。元参数在特征提取块中，利用监督深度度量学习训练度量参数。

关系网络 (relation network, RN)[24]方法包含特征提取神经网络中的元参数和距离度量中的元参数。使用受监督的深度度量学习来训练高维输入的提取特征之间的相似性度量。对特征提取模型和距离测度进行联合调整，以表示任务之间的相似度。

原型网络 (prototypical network)[25]方法用一个嵌入函数把每个输入编码为一个特征向量，然后分析特征嵌入与不同类别质心之间的距离，取所有集合样本的特征向量的平均值作为类的原型特征。

9.5.2　分层优化方法

分层优化方法由不同泛化能力的基础学习器和元学习器组成。如图 9.9 所示，基础学习器包含两部分参数：特定任务参数和元参数。基础学习者更新特定于任务的参数以适应不同的任务。元学习器从多个任务中积累经验，挖掘它们的共享特征，最小化验证数据的损失函数以最小化泛化误差，并更新基础学习器中的元参数。

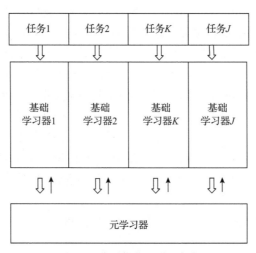

图 9.9　分层优化元学习框架

模型无关元学习(model-agnostic meta learning, MAML)[26]方法是一种基于梯度的元学习方法。元参数是每个任务特定参数的初始值。元学习器中的元参数通过最小化验证数据的损失函数来更新。通过最小化训练数据的损失函数，在基础学习器中更新特定任务参数。MAML 在基础学习器和元学习器中都包含了随机梯度下降更新，因此引入了损失函数的二阶导数，消耗了计算时间。

元长短期记忆(meta-LSTM)网络[27]方法使用长短期记忆网络作为元学习器，也兼容任何依托随机梯度下降优化的学习器。由于 LSTM 网络包含记忆细胞、自连接递归神经元、乘法门和遗忘门，确保梯度在反向传播时不会爆炸或消失，并且可以解释序列数据中的长期依赖性。记忆细胞包含重要的过去模型训练经验和遗忘门，以确保记忆不爆炸。LSTM 网络可以对任意复杂的任务相似性进行建模，自连接递归神经元可以在元训练过程中进行自我完善。

岭回归微分判别器(ridge regression differentiable discriminator, R2-D2)和逻辑回归微分判别器(logistic regression differentiable discriminator, LR-D2)方法[28]考虑使用广泛适用的基础学习器，如岭回归和逻辑回归。这些基础学习器不像深度模型那么复杂，但它们也被广泛应用于现实生活中。元学习器是一种对任意复杂任务相似度具有较高表征能力的神经网络模型。利用低复杂度的基础学习器和高复杂度的元学习器是构建分层元学习模型的有效途径。基础学习器快速训练每个少量的任务，元学习器慢慢发现所有任务的共享特征并更新元参数。

9.5.3　贝叶斯方法

从概率的角度来看，元学习可以利用贝叶斯推理框架。贝叶斯推理提供了对少量元预测中不确定性的有效估计，并扩展了方法学以使其应用更广泛。

神经统计学家(neural statistician, NS)[29]方法应用变分自编码器来近似特定任务情境的后验分布。给定后验分布，最大后验概率对应的情境是输入数据的预测标签。通过后验分布，还可以得到输入数据上未知标签的置信区间。

轻量拉普拉斯近似元适配(lightweight Laplace approximation for meta-adaption, LLAMA)[30]方法将 MAML 重新定义为分层贝叶斯模型中的概率推理。对于对数似然函数中的高斯分布，采用一阶和二阶拉普拉斯近似。对于其他数据分布，如多模态分布、高偏态分布或长尾分布，拉普拉斯近似并不适用。

贝叶斯模型无关元学习(Bayesian MAML, BMAML)[31]方法使用 Stein 变分梯度下降法代替 MAML 中的随机梯度下降法，其中 Stein 变分梯度下降是马尔可夫链蒙特卡罗和变分推理相结合的一种高效贝叶斯推理方法。该方法利用 Stein 变分梯度下降和贝叶斯快速自适应方法更新任务特定参数。

参 考 文 献

[1] Open Ended Learning Team, Stooke A, Mahajan A, et al. Open-ended learning leads to generally capable agents[EB/OL]. https://arxiv.org/abs/2107.12808.[2021-10-10].

[2] Pell B D. Strategy generation and evaluation for meta-game playing[D]. Cambridge: University of Cambridge, 1993.

[3] Wellman M P. Methods for empirical game-theoretic analysis[C]. Proceedings of the 21st National Conference on Artificial Intelligence, Stanford, 2006: 1552-1555.

[4] Muller P, Omidshafiei S, Rowland M, et al. A generalized training approach for multiagent learning[C]. International Conference on Learning Representations, Addis Ababa, 2020: 1-14.

[5] Tavares A, Azpurua H, Santos A, et al. Rock, Paper, StarCraft: Strategy selection in real-time strategy games[C]. The 12th AAAI Conference on Artificial Intelligence and Interactive Digital Entertainment, Burlingame, 2016: 93-99.

[6] Tuyls K, Perolat J, Lanctot M, et al. Bounds and dynamics for empirical game theoretic analysis[J]. Autonomous Agents and Multi-Agent Systems, 2020, 34(1): 1-30.

[7] Ganzfried S, Sandholm T. Safe opponent exploitation[J]. ACM Transactions on Economics and Computation, 2015, 3(2): 587-604.

[8] Viqueira E A, Greenwald A R, Cousins C, et al. Learning simulation-based games from data[C]. Proceedings of the 18th International Conference on Autonomous Agents and Multi-agent Systems, Montreal, 2019: 1778-1780.

[9] Balduzzi D, Garnelo M, Bachrach Y, et al. Open-ended learning in symmetric zero-sum games[C]. International Conference on Machine Learning, Vancouver, 2019: 434-443.

[10] Czarnecki W M, Gidel G, Tracey B, et al. Real world games look like spinning tops[J]. Advances in Neural Information Processing Systems, 2020, 33: 17443-17454.

[11] Sanjaya R, Wang J, Yang Y. Measuring the non-transitivity in Chess[EB/OL]. http://arxiv.org/abs/2110.11737.[2021-08-01].

[12] Lanctot M, Zambaldi V, Gruslys A, et al. A unified game-theoretic approach to multiagent reinforcement learning[J]. Advances in Neural Information Processing Systems, 2017, 30: 4190-4203.

[13] Tuyls K, Perolat J, Lanctot M, et al. A generalised method for empirical game theoretic analysis[C]. Proceedings of the 17th International Conference on Autonomous Agents and Multi-agent Systems, Richland, 2018: 77-85.

[14] Stephen M, John L, Roy F, et al. Pipeline PSRO: A scalable approach for finding approximate Nash equilibria in large games[EB/OL]. https://arxiv.org/abs/2006.08555.[2021-10-10].

[15] Zhou M, Wan Z Y, Wang H J, et al. MALib: A parallel framework for population-based multi-agent reinforcement learning[EB/OL]. https://arxiv.org/abs/2106.07551.[2021-10-10].

[16] Zhou M, Chen J X, Wen Y, et al. Efficient policy space response oracles[EB/OL]. https://arxiv.org/abs/2202.00633.[2021-10-10].

[17] Kahneman D. Thinking, Fast and Slow[M]. New York: Farrar, Straus and Giroux, 2011.

[18] Ganapini M B, Campbell M, Fabiano F, et al. Thinking fast and slow in AI: The role of metacognition[EB/OL]. https://arxiv.org/abs/2110.01834.[2021-10-10].

[19] Kotseruba I, Tsotsos J K. 40 years of cognitive architectures: Core cognitive abilities and practical applications[J]. Artificial Intelligence Review, 2020, 53: 17-94.

[20] Anderson J R, Bower G H. Human Associative Memory[M]. Washington D.C.: VH Winston and Sons, 1973.

[21] Laird J E. The Soar Cognitive Architecture[M]. Cambridge: MIT Press, 2019.

[22] Schmidthuber J. Evolutionary principles in self-referential learning[D]. München: Technische Universität München, 1987.

[23] Li A X, Huang W R, Lan X, et al. Boosting few-shot learning with adaptive margin loss[C]. Proceedings of the IEEE/CVF Conference on Computer Vision and Pattern Recognition, Seattle, 2020: 12576-12584.

[24] Sung F, Yang Y X, Zhang L, et al. Learning to compare: Relation network for few-shot

learning[C]. Proceedings of the IEEE/CVF Conference on Computer Vision and Pattern Recognition, Salt Lake City, 2018: 1199-1208.

[25] Snell J, Swersky K, Zemel R S. Prototypical networks for few-shot learning[C]. Proceedings of the 31st International Conference on Neural Information Processing Systems, Los Angeles, 2017: 4080-4090.

[26] Finn C, Abbeel P, Levine S. Model-agnostic meta-learning for fast adaptation of deep networks[C]. International Conference on Machine Learning, Sydney, 2017: 1126-1135.

[27] Ravi S, Larochelle H. Optimization as a model for few-shot learning[C]. International Conference on Learning Representations, Toulon, 2017: 1-11.

[28] Bertinetto L, Henriques J, Torr P H, et al. Meta-learning with differentiable closed-form solvers[C]. International Conference on Learning Representations, New Orleans, 2019: 1-12.

[29] Edwards H, Storkey A. Towards a neural statistician[C]. International Conference on Learning Representations, Toulon, 2017: 1-12.

[30] Grant E, Finn C, Levine S, et al. Recasting gradient-based meta-learning as hierarchical Bayes[C]. International Conference on Learning Representations, Vancouver, 2018: 1-12.

[31] Kim T, Yoon J, Dia O, et al. Bayesian model-agnostic meta-learning[J]. Advances in Neural Information Processing Systems, 2018: 7343-7353.

第 10 章　智能博弈对抗前沿应用

10.1　引　　言

智能博弈对抗技术的发展为人工智能，特别是认知智能领域的发展注入了新活力。传统的机器学习通过各种优化方法拟合最优模型，获得损失小的最优解，当前，在博弈对抗理论的指引下，基于深度强化学习和蒙特卡罗树搜索方法已成为寻求博弈均衡解的钥匙[1]。本章主要从三种博弈模型（微分博弈、攻防博弈和平均场博弈）出发，10.2 节主要介绍微分博弈与视觉欺骗；10.3 节主要介绍攻防博弈与复杂网络攻防；10.4 节主要介绍平均场博弈与无人机集群对抗。

10.2　微分博弈与视觉欺骗

10.2.1　微分博弈

1. 多人微分博弈

微分博弈理论将最优控制和经典博弈论结合用于分析连续对抗系统的变化规律。对于多人微分博弈，使用哈密顿力学对其博弈动力学方程进行分析，根据 Helmholtz 分解，其两阶导雅可比矩阵可以分解成一个对称矩阵（对应势博弈部分）和一个反对称矩阵（对应哈密顿博弈部分）[2]，即 $J(w) = S(w) + A(w)$，其中 $S \equiv S$，$A + A^{\mathrm{T}} \equiv 0$。Balduzzi 等[3]指出，可以使用辛梯度调节（symplectic gradient adjustment, SGA）方法寻找博弈的稳定不动点，该方法适用于生成对抗网络（generative adversarial network, GAN）模型的训练。

2. 生成对抗网络

运用两人零和博弈理论，Goodfellow 等[4]于 2014 年创建了机器学习领域的生成对抗网络模型，该模型由一个生成器与一个判断器组成。该模型是一种全新的非监督式架构，模型训练需要两个生成模型与判别模型持续交互对抗。判别模块的目的是能判别出样本的真假，假如输入的是真样本，网络输出就接近 1，假如输入是假样本，网络输出接近 0；生成模块主要负责生成样本，它的目的就是使得自己生成样本的能力尽可能强，争取让判别模块无法判断真假。

3. 可信任机器学习

可信任(trustworthy)机器学习的研究范畴主要包括可解释、鲁棒、安全、对抗等机器学习范式[5]，其中对抗(adversarial)机器学习的研究主要围绕对抗样本的生成与检测方法的展开。目前在对抗样本的各种模态中，对抗补丁(adversarial patch)的出现使得很多对抗分类器无法正确分类。由于对抗补丁在媒体素材的面积占比小，多种类型的分类器无法兼顾这种尺度的对抗攻击，对抗样本可能用于军事上对分类器进行攻击，使得对方做出错误决策。目前一些研究已将此类技术运用于飞机隐形补丁、舰船舷号隐形补丁的相关研究，故关于对抗补丁的检测方法值得深入研究。

10.2.2　视觉欺骗

1. 欺骗基础理论

人工智能技术的发展经历了计算智能、感知智能和认知智能三个阶段[6]，对抗以各种不同的形态贯穿其中。马金生[7]在《军事欺骗》一书中指出，在军事对抗中，任何一方要达成己方的目的，可能使用各种欺骗方法。欺骗分为蒙蔽式、迷惑式和诱导式，欺骗方法主要包括隐式法、示形法和诈骗法。视觉欺骗作为一类典型的视觉图灵测试方式[8,9]，是感知领域认知对抗的前沿范式。在人工智能领域，我们经常听到关于对抗性攻击的消息，如自动驾驶汽车将停车标志识别成限速标志，大熊猫被识别成长臂猿，通过视频、音频和图像的深度伪造(deepfake)来操纵众人的感知与信念等。一些主要的人工智能会议也开设了讨论人工智能欺骗的主题。随着人工智能技术的发展，人工智能智能体可能会自行学会欺骗，我们十分需要开展防御技术的研究[10]。

近年来，DARPA等国外研究机构陆续展开了针对数据欺骗的相关项目探索研究。美国国防部于2017年成立方法跨职能小组[11]，推动美国国防部加速运用跨媒体等智能关键技术，旨在从海量数据中快速获取、精准提炼有用的战略目标信息。美国海军于2018年开启"利用恶意样本欺骗计算视觉分类器"项目[12]，旨在更好地理解欺骗计算机视觉分类的机制，以预测和对抗敌人对己方分类器的伪装和误导。DARPA从2019年陆续开展了"媒体取证"[13]和"语义取证"[14]项目，旨在开发应对虚假媒体信息操纵的识别技术，开发新一代防御对抗欺骗机器学习模型的"确保人工智能抵御欺骗的鲁棒性"[15]项目。2021年，该项目从三个方面推进：一是开发一个通用框架，用于对机器学习进行欺骗相关攻击，量化机器学习方法自适应欺骗的脆弱性；二是开发采用多传感器数据源的防御系统，降低对欺骗攻击的脆弱性；三是扩展评估框架，用于测试并实现基于多传感器的机器学习反欺骗技术。2020年，美国国防部发布首份《数据战略》[16]，目标是确保数据可信。其原因一是对数据缺乏信任可能导致决策不及时，或在需要决策时无法做出决策，二是当获取的数据不可信时，可能导致错误的决策进而造成不可估量的损失。美国陆军于 2021 年开发出深度伪造检测技术 DefakeHop[17]，大幅领先业界先进水平，解决了数个面部生物识别难题，基于此的 Geo-DefakeHop 技术[18]，被用于地理空间目标数据伪造图像检测。

随着科技的不断发展，智能化和信息化程度也越来越高，各种侦察装备与方法也不断改进。深度伪造技术已经发展为包括视频伪造、声音伪造、文本伪造和微表情合成等多模态视频欺骗技术，由最初的操纵单模态媒体（包括音频、图像、视频和文本）向操纵多模态媒体转变。与此同时，军用欺骗技术随着科技发展也不断提高，军用迷彩设计的水平不断改进，迷彩伪装效果日益增强。目标分析人员对大量目标数据进行快速准确的分析，有利于指挥员做出正确决策，然而，对抗环境下，大量目标数据中可能存在多种欺骗，多种模态数据以及真假目标掺杂在一起，都给目标分析人员进行大量目标数据分析带来了一定的挑战。

2. 欺骗基本形态

《孙子兵法》曰："兵者，诡道也。"其中诡道十二法，即"故能而示之不能，用而示之不用，近而示之远……"。可以看出，军事斗争中诡诈是一种常见的方式，目的是通过多种欺骗方法，干扰敌方的认知，使敌方在获取错误的信息后做出错误的决策，使战场态势朝着有利于己方的方向发展。《现代汉语词典》中，对欺骗的解释为：用虚假的言语或行动来掩盖事实真相，使人上当。Bell[19]认为"欺骗是一种错误认知"，Barton[20]给出了一个通用的欺骗理论，将欺骗定义为为了追求利益而故意扭曲目标的感知，或者更简单地说，对感知现实的扭曲。所有的欺骗都是"隐真"或"示假"的某种组合。

军事对抗既是孕育欺骗的温床，又是欺骗施展身手的舞台。在对抗中，任何一方要达到自己的目的，都需要人为地制造出许多假象，以掩盖真实的意图。军事上的欺骗自古有之，如"明修栈道，暗度陈仓"、美国的"星球大战"计划等。示形、用佯、诡诈、诳骗之类的活动贯穿于对抗的全过程，使诡道逻辑成为对抗普遍适用的法则。典型的天基、空基地面目标信息分析中，欺骗目标分析不管是对人眼、信息采样设备，还是人工智能程序都充满挑战，典型欺骗目标检测过程及效果如图 10.1 所示。

其实，欺骗策略在军事、经济、网络安全等诸多领域都有研究，可以分为信息对抗和策略对抗两个层面。典型的信息对抗，如电磁信号欺骗与反欺骗，涉及雷达与雷达对抗等专业，体现在空地对抗等不同的作战样式中。典型的策略对抗，如网络安全中的主动欺骗防御，相比被动的攻击侦测，主动的蜜罐欺骗防御策略明显具有更高的防御效能。Heckman 等[21]根据欺骗的对象（事实与谎言），将网络

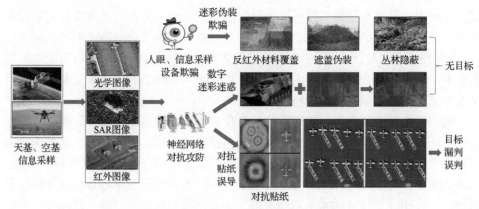

图 10.1　典型欺骗目标检测过程及效果

SAR：synthetic aperture radar，合成孔径雷达

空间的欺骗方法分为误导性欺骗与混淆性欺骗两大类，如表 10.1 所示。

表 10.1　网络空间欺骗性方法

欺骗对象	误导性欺骗	混淆性欺骗
事实	曝光事实： 友军信息的非必要因素 发布真实网络信息 向目标揭露真实信息	隐藏事实（掩饰）： 友军信息的必要因素 隐藏真实信息 拒绝访问系统资源
谎言	曝光谎言（模拟）： 虚假信息的必要因素 向目标曝光错误信息 允许曝光虚假信息	隐藏谎言： 不曝光欺骗信息 向目标隐藏错误信息 将模拟信息隐藏在蜜罐中

视觉欺骗目的是欺骗他人的视觉观测，绝大部分目标分析都与视觉有关，因此视觉欺骗是一种非常重要的欺骗方式。通常欺骗主要包括示假和隐真两个方面，示假的目的是将虚假的信息传递给对方，而隐真的目的是将真实的信息隐藏，不被敌方发现。如表 10.2 所示，示假主要包括伪造、模仿、虚构与诱饵等，隐真主要包括伪装、掩盖、换装与混淆等。

表 10.2　示假与隐真类表现形式

示假（show the false）	隐真（hide the truth）
伪造（forgery）：制造虚假目标	伪装（camouflaging）：使目标与周围环境相似
模仿（mimicking）：模仿真目标	掩盖（masking）：使真目标不可见
虚构（inventing）：用代替物伪造假目标	换装（repackaging）：将真目标包装成其他物体
诱饵（decoying）：吸引注意力的假目标	混淆（dazzling）：制造干扰

欺骗中示假和隐真两个方面包含的多种表现形式如图 10.2 所示。

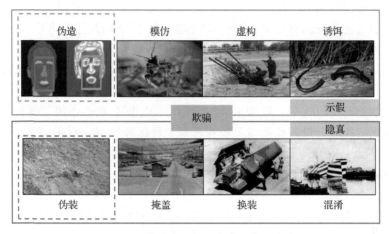

图 10.2　欺骗中示假和隐真的典型方式

3. 视觉欺骗对抗

视觉欺骗一直是战争传统而重要的工具，视觉上的欺骗能够给人直观的感受，使人们更愿意相信所见"欺骗"是"真实"的。视觉欺骗中通常会有针对性地改变外观、行为等并让对方察觉，以期望达到欺骗目的，因此，在有针对性的对抗环境中，眼见不一定为实。视觉欺骗包含伪造、伪装、对抗补丁等欺骗方法，其中伪造(示假)和伪装(隐真)的方法主要是欺骗人的视觉，对抗补丁主要是对人工智能检测方法进行攻击。如图 10.3 所示，在重要的目标分析领域中，欺骗与反欺骗对抗广泛存在大量文本、音频、图像和视频等目标数据中，其中部分目标信息中存在有价值的信息，如果能够对其进行正确处理分析，则能对相关问题做出正

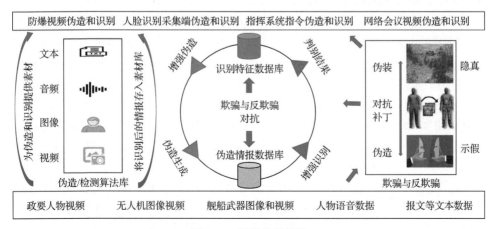

图 10.3　视觉欺骗对抗

确的决策，但是当这类数据信息在对抗环境下采用欺骗的方法，容易对认知产生干扰，导致做出错误的决策。

在欺骗与反欺骗的对抗中，各种真实数据为生成欺骗数据提供了基础的素材，通过伪造数据方法可以产生各种伪造欺骗数据；通过对伪装目标检测结果评估伪装效果，可以促进伪装材料的设计和迷彩的改进。大量欺骗数据又为欺骗检测方法提供了训练数据，使得欺骗检测的效果不断提高，两者相互影响相互促进。在欺骗与反欺骗对抗过程中，欺骗生成与检测方法发挥着核心作用。各种侦察手段的大量应用将获取大量目标图像和视频等视觉目标数据，一方面，欺骗性质的视觉数据使得目标分析人员对目标分析的速度和质量下降；另一方面，视觉欺骗数据容易造成分析人员数据分析错误，进而干扰决策者的认知并做出错误决策。

10.3　攻防博弈与复杂网络攻防

10.3.1　攻防博弈

对抗环境下的决策主要体现在博弈双方的交互式对抗上，其中攻防建模是军事和安全领域一个长期而关键的问题，现实当中很多包含对抗和竞争的问题可以用攻防对抗进行建模。博弈模型已然成为复杂对抗领域中问题建模的一种标准方法，可以很好地表示攻防对抗中两个参与方在策略上的交互，根据不同类型的参与方与环境设置，攻防对抗模型可分为：①马尔可夫/随机博弈，其中博弈双方可同时采取行为；②贝叶斯博弈，其中防御方需要应对多种类型的攻击方；③施塔克尔贝格博弈(Stackelberg game)[22]，其中博弈双方分别为领导方(leader)与追随方(follower)，防守方充当领导者角色，首先采取行动，攻击方充当追随者角色，针对领导方的行动做出最佳响应。

不同的博弈对抗场景结合，呈现出不同的博弈对抗形态，相关的博弈模型有：①阻断博弈(interdiction game)[23]，即博弈双方为阻断方(interdicter)和逃避方(evader)；②追逃博弈(pursuit-evasion game)[24]，即博弈双方为追捕方(pursuer)和逃避方；③搜索博弈(search game)[25]，即博弈双方为搜索方(searcher)和隐藏方(hinder)；④埋伏博弈(ambush game)[26]，即博弈双方为警戒方(guard)和逃避方；⑤渗透博弈(infiltration game)[27]，即博弈双方为警戒方和逃避方；⑥巡逻博弈(patrolling game)[28]，即博弈双方为攻击方(attacker)和巡逻方/防御方(patroller/defender)。

此外，近年来基于施塔克尔贝格博弈模型的安全博弈(security game)模型应用范围极为广泛[29]，在现代社会中，保护各种关键公共基础设施和目标是各国安全机构面临的一项非常有挑战性的任务。一些社会安全问题(如偷猎物、合作抓捕、走私)也常常被建立成多智能体博弈问题。面对这些恐怖袭击和安全威胁，在人群聚集且具有经济、政治、文化价值的目标，如博物馆、港口、机场等，安全机构部署有限的防护资源，在入口处或者外围路网设置安检口进行警力的巡逻防控。防御者预先部署防御并向市民群众公开承诺防御策略，攻击者伺机攻击重要目标，形成公共基础设施防护中的安全博弈。安全博弈技术已然被广泛应用到缉毒、武器走私、非法融资、野生动物保护、林业保护、城市犯罪、导弹防御和网络安全等不同博弈情景。

10.3.2　复杂网络攻防

复杂网络上攻防博弈对抗呈现出多种形态，其中网络信息流阻断、复杂网络瓦解和复杂网络防御是当前的研究前沿方向。

1. 网络信息流阻断

阻断是指对抗和停止某种活动的行为。阻断模型可以提供策略和对策来阻止依托于一定系统运行的对手的活动。尤其是当相关系统可以由网络建模，面临网络本身的预期用户与想要干扰该用途的另一个参与方之间的竞争时，网络阻断更是适当的。网络阻断问题是网络攻防对抗博弈的典型应用，尤其适合竞争和对抗性强的领域。网络阻断领域的最基本模型是"K 段最重要弧"问题，由于攻击方的行为可以采用网络信息流模型进行建模，根据采用的流模型，可以将网络阻断问题的研究划分为以下三类：最大流网络阻断、网络监控阻断与最短路网络阻断。过去几十年来，网络阻断问题的研究发展迅速，可广泛地用于军事、国家安全、反恐行动、安全执法、计算机安全、商业计划和疾病控制等领域。当前阻断被广泛运用到各个领域：①网络阻断，主要用于阻断各类依托复杂网络结构的信息流、行为流博弈对抗中[30]；②规划阻断，主要用于阻断对方规划方案[31]；③决策阻断，主要采用阻断对方的马尔可夫决策过程[32]。近年来，一些研究者从"计划行动与意图识别"[33]范式出发，通过"行为识别与动态网络阻断"[34]这个模块，成功地将 OODA 指挥循环中的观察与规划连接起来，为基于行为识别的预先决策提供了研究指引，如基于实时目的识别的动态最短路径网络阻断模型[35]。

2. 复杂网络瓦解

网络瓦解问题的核心就在于找到一个最优的关键节点集合。研究证明网络瓦解问题属于典型的 NP 难问题，如果网络包含的节点数较大，直接探讨当前网络的最优瓦解策略会极其困难。目前复杂网络瓦解的研究主要集中在同质网络中，根据方法原理的不同可以分为五种：①基于节点中心性的方法利用节点的中心性排序来求解网络瓦解策略，即首先定义各种节点的中心性指标，接着根据中心性指标的排序来挖掘当前网络中的关键节点，最后按照优先移除这些高中心性指标节点的方式来瓦解网络，主要有高度数自适应方法[36]。②基于最优破环的方法是用最少的节点移除网络中所有的环，这样网络会被瓦解成小的模块，主要有三阶Min-Sum方法[37]。③基于图分割的方法主要思想是用最少的点将图分成大小相等的两块或多块，然后用相同的方法继续分解，最终将图完全分割，主要有 Hagen等[38]提出的"比率割"方法。④基于元启发式方法将网络瓦解问题看成不同目标函数和约束条件的组合优化问题，主要有基于禁忌搜索的最优瓦解策略[39]。⑤基于网络重构的方法通过链路预测方法对网络进行恢复，然后采用网络瓦解方法对其进行瓦解，例如，谭索怡[40]使用链接预测恢复一些缺失的网络信息以建立网络瓦解模型。

　　3. 复杂网络防御

　　与复杂网络瓦解问题相对，日益频繁的突发事故以及蓄意的攻击对于关键基础设施网络、社交网络等有益网络的安全运行提出了严峻的挑战。如何才能提高网络的防御能力是我们迫切需要解决的问题。针对这一问题，当前复杂网络防御主要从以下四个方面展开研究：①基于博弈的方法。对于防守方如何根据攻击方的不同攻击策略采取最优的防御部署，可以采用博弈论框架解决这一问题，如基于施塔克尔贝格博弈的非对称信息下主动欺骗防御动态博弈模型[41]。②基于网络修复的方法。主要思想是利用资源对被攻击节点进行修复，例如，Majdandzic等[42]提出从结构功能角度出发对复杂网络进行修复的方法。③基于优化网络结构鲁棒性的方法。许多学者尝试通过优化网络结构提高鲁棒性，增强复杂网络的防御能力，例如，以色列巴伊兰大学的 Yehezkel 等[43]提出增加链接的防御方法。④基于隐藏欺骗的方法。在现实世界中，攻击者能够获得的网络信息是不完全的。隐藏欺骗方法是利用不完全信息特点改变"攻防不对称"劣势的创新思路，成为当前网络防御研究的重要研究方向之一，如任保安[44]基于观测信息伪装的攻击迁移模型提出的主动欺骗观测网络生成方法。

10.4　平均场博弈与无人机集群对抗

10.4.1　平均场博弈

　　平均场博弈(mean-field game, MFG)使用大量非合作的理性智能体来模拟建模，这个革命性的模型已经被数学家深入研究并应用于描述复杂的多智能体动态系统。多智能体强化学习方法可以利用不精确的概率模型运行，但是在具有无限多智能体的环境中采用多智能体强化学习方法是不切实际的。平均场博弈可以有效地模拟大量智能体的行为，但通常博弈动态方程不可解。

　　对于存在大量智能体的环境，可以使用马尔可夫博弈对问题进行建模，这种方法可以解决多智能体强化学习方法在大规模场景下的可扩展性问题。运用基于平均场多智能体强化学习方法进行问题求解，将多智能体之间的复杂交互过程简化为智能体与邻近智能体平均作用之间的双边交互。结合传统离线 Q 学习方法以及在线 Actor-Critic 方法，可以将平均场 Q 学习方法以及平均场 Actor-Critic 方法应用到大规模智能体博弈对抗仿真环境中。

10.4.2　无人机集群对抗

1. 无人机集群作战

随着科技的快速进步及跨学科融合的日益加深，深度融合了电子、通信、人工智能、机械制造等多学科关键技术的无人系统日益多见，并愈发受到关注。无人潜航器、无人水面艇、无人地面车、无人飞行器等以无人技术为主导的新型智能化无人系统正改变着未来战争的作战形态。智能无人系统的出现打破了有人系统受限于人类生理极限的约束，为科学技术开启了第二次机器时代，催生新的作战装备体系，开创了新的战争形态。无人平台正逐渐取代人类执行枯燥、乏味、危险的任务，在军事和民用领域得到广泛应用。如图 10.4 所示，在民用领域，无人机集群可以应用于农业植保、智能交通、抢险救灾、资源监测等场景；在军用领域，无人机集群可用于执行通信中继、协同察打、干扰压制、巡逻搜救等任务。

(a) 农业植保　　　　　　　　　　　　(b) 抢险救灾

(c) 通信中继　　　　　　　　　　　　(d) 协同察打

图 10.4　无人机集群典型应用

智能无人系统未来将走向战场，充当察打一体的"侦察队"、长途突袭的"突击队"、出其不意的"敢死队"、隐藏耐久的"伏击队"。无人机集群由多架无人机组成，通过无人机间的局部交互实现机群整体行为从而完成全局性协作任务。无人机集群与单架无人机相比，具有更高的容错性和鲁棒性，可以提高集群整体的载荷、感知和执行能力。并且，无人机集群系统将功能高度集中、造价高昂的武器系统分解为若干低成本的无人飞行器，具有更高的经济可承受性，可以实现更大的经济效益。随着无人机集群技术的快速发展，其灵活、规模可扩展等优势越发突出明显，运用越来越频繁广泛。无人机集群系统在近几场局部战争中频频亮相，取得了令人震惊的作战效能，并且战场上应用无人机可以避免人员伤亡、迅速布防兵力、减少战争支出，世界各军事强国均致力于开展无人机集群的作战研究。其中，美军开展了诸多工作，研究如何将无人机集群技术应用于实际作战，取得了极大成果。美军典型的无人机集群作战研究项目如图 10.5 和表 10.3 所示。

(a) "山鹑" 项目　　　　　　　　(b) 低成本无人机集群技术项目

(c) "小精灵" 项目　　　　　　　(d) "进攻性蜂群战术" 项目

图 10.5　无人机集群作战研究项目

表 10.3　美军无人机集群作战项目

项目名称	项目重点	主导部门	启动时间	目前进度
"山鹑" 项目	无人机高速发射	SCO	2014 年	2017 年 1 月，美国海军 3 架 FIA-18F 超级 "大黄蜂"战斗机以 0.6 马赫速度投放了 103 架 "山鹑" 无人机，演进了先进的群体行为
低成本无人机集群技术项目	大量小型无人机快速释放，自组网及自主协同技术	ONR	2015 年	2016 年 5 月完成最终试验
"小精灵" 项目	小型无人机集群的空中发射和回收	DARPA	2015 年	2021 年 11 月 6 日，成功将一架 "小精灵" 无人机回收到一架运输机，是从 "空中母舰" 部署无人机集群的一个里程碑
"进攻性蜂群战术" 项目	协同使用小型无人机系统和小型无人地面系统	DARPA	2016 年	2020 年 9 月，项目完成第四次外场试验，跨域无人机集群系统在城市环境中对目标进行侦察

"山鹑"项目：美军战略能力办公室(Strategic Capabilities Office，SCO)支持的一个试验项目，用于开发能够自主执行空中监视任务的微型无人机群。该项目由商用货架组件建造，对于一次性无人机来说足够便宜，可以在不改变硬件的情况下升级机载软件。安装在战斗机上的一个特殊容器被释放到空中，通过降落伞减速，机翼被展开以自主飞行。一群"山鹑"通过数据链路 AD hoc 组网，形成了一个去中心化的蜂群，共享一个分布式的集体"大脑"，依靠群体智能技术进行集体决策、自适应编队和自主修正，集体决定是否完成任务，比地面遥控反应更快。体积小可以轻松避免普通的火力攻击，机队可以适应无人机数量的变化。"山鹑"机群可以在低空扫描特定区域，使用人工智能/面部识别技术识别敌方战斗人员和高价值目标，并要求指挥从附近武器平台发射的导弹进行攻击。"山鹑"机群还具有防御能力，可以作为诱饵保护战斗机，或在步兵遭到伏击时监视地面。

低成本无人机集群技术项目：为了实现快速释放无人机，通过自组网以及协同技术形成无人机集群，异构无人机携带多种载荷，以数量的压倒性优势取得战争胜利，美国海军研究办公室(Office of Naval Research, ONR)主持了低成本无人机集群技术(low-cost UAV swarming technology，LOCUST)项目。项目完成了小型无人机的快速连续发射试验，验证了无人机集群的协同机动能力。集群中部分无人机具备吸引敌方火力的能力，其他无人机可以有效执行其他任务，保证了作战人员的安全。

"小精灵"项目：美国国防高级研究计划局(Defense Advanced Research Projects Agency, DARPA)主持了"小精灵"项目[18]，项目的主要研究内容是小型无人机发射与回收装置的开发，在空中能够实现无人机的发射与回收，以便快速部署廉价、可重复使用的无人机集群。目前，项目已经通过实验验证了自主编队飞行以及保障飞行安全方面的技术，成功将一架 X-61"小精灵"无人机回收到运输机，这对项目研究具有重要意义。

"进攻性蜂群战术"项目：目的是开发验证空中机器人与地面机器人共同协同的蜂群战术，同时研究设计无人机与无人车，希望大量单个无人系统间实现信息共享，共同完成各项任务，尤其是可以满足城市作战环境的需求。在该项目最新的野外实验中设置了交互式城市突袭场景，无人系统蜂群可以从设施建筑物中找到多个感兴趣的模拟物品。

2. 集群对抗关键技术

近年来，越来越多的无人系统被投入军事作战实践中。由异构平台构建的无人系统可以在强对抗、高动态与多威胁的条件下，执行枯燥、恶劣、危险和纵深的任务。对抗环境中多无人系统协同作战面临诸多挑战，主要表现在针对对抗环境的平台故障、平台受损、链路时延突变、通信链路中断，针对多无人系统的异

构多平台协同、传感器异构信息融合、多任务同步及协同、通信拓扑与路由管理
等。主要技术难点在于问题建模与计算复杂性，信息不确定性与不一致性，平台/
任务组合多样性，对抗决策规划时间的紧迫性，作战效能评估及时性、多任务协
调管理、任务重分配与规划时效性等。在未来战争中，利用大量具有自主作战能
力且成本低廉的无人系统集群突破敌方防御体系，对目标实施饱和打击以及对入
侵机群进行空中拦截是无人集群作战的重要手段。无人系统集群对抗需要研究的
关键技术问题主要包括：①无人集群探测与识别；②无人集群对抗态势感知与评
估；③集群协同决策与对抗自主决策；④无人集群智能控制与编队控制；⑤无人
集群通信技术等。

3. 集群对抗方法区分

无人机集群对抗可拆解为协同搜索和饱和攻击两个阶段。无人机集群系统中
的每架无人机在作战过程中对未知区域进行搜索，定位、监视敌方无人机，为后
续任务的有效推进做准备。当无人机集群发现敌方目标时，就可以通过恰当的作
战单位分配来实现对敌方高价值目标的精确打击。

无人机集群协同搜索：无人机集群在执行任务过程中，首先进行未知区域搜
索、定位敌方目标。现有协同搜索方法一般基于全局搜索图，采用中心化或分布
式方法，对集群中所有无人机的航线进行规划，同时还要考虑无人机实时避障、
防撞等。此外，对于未知环境，可以采用同步定位与构图方法构建三维动态地图，
进而搜索己方可行搜索路径。

无人机集群饱和攻击：无人机集群发现敌方目标后，即可开展饱和攻击准备，
其关键在于任务分配。通常，在一定约束下合理地将多个攻击任务分配给任务子
群，就可实现高效的目标精确打击。

参 考 文 献

[1] 蒋胤傑, 况琨, 吴飞. 大数据智能: 从数据拟合最优解到博弈对抗均衡解[J]. 智能系统学报,
2020, 15(1): 175-182.

[2] Domingo E C. Games in machine learning: Differentiable n-player games and structured
planning[D]. Barcelona: Universitat Politècnica de Catalunya, 2019.

[3] Balduzzi D, Racanière S, Martens J, et al. The mechanics of n-player differentiable games[C].
International Conference on Machine Learning, Sanya, 2018: 354-363.

[4] Goodfellow I, Pouget-Abadie J, Mirza M, et al. Generative adversarial nets[J]. Advances in
Neural Information Processing Systems, 2014: 27.

[5] Liu H C, Wang Y Q, Fan W Q, et al. Trustworthy AI: A computational perspective[EB/OL].
https://arxiv.org/abs/2107.06641v3. [2021-10-26].

[6] 谭铁牛. 人工智能: 用 AI 技术打造智能化未来[M]. 北京: 中国科学技术出版社, 2019.

[7] 马金生. 军事欺骗[M]. 北京: 军事科学出版社, 2019.

[8] Donald G, Stuart G, Neil H, et al. Visual turing test for computer vision systems[J]. Proceedings of the National Academy of Sciences of the United States of America, 2015, 112(12): 3618-3623.

[9] 黄凯奇, 赵鑫, 李乔哲, 等. 视觉图灵: 从人机对抗看计算机视觉下一步发展[J]. 图学学报, 2021, 42(3): 339-348.

[10] Heather R. AI deception: When your artificial intelligence learns to lie[EB/OL]. https://spectrum.ieee.org/ai-deception-when-your-ai-learns-to-lie. [2021-10-26].

[11] DobKin A. DOD Maven AI project develops first algorithms, starts testing[EB/OL]. https://defensesystems.com/articles/2017/11/03/maven-dod.aspx. [2021-10-26].

[12] Fooling computer vision classifiers with adversarial examples[EB/OL]. https://www.navysbir.com/n18_2/N182-127.htm. [2021-10-26].

[13] Uppal R. DARPA Media forensics to detect fake photos and videos on social media to support National Security[EB/OL]. https://idstch.com/cyber/darpa-media-forensics-detect-fake-photos-videos-social-media-support-national-security/. [2021-10-26].

[14] Semantic Forensics (SemaFor) [EB/OL]. https://researchdevelopment.vpr.virginia.edu/grant-funding-opportunities/semantic-forensics-semafor.[2021-10-26].

[15] Guaranteeing AI Robustness against Deception (GARD) [EB/OL]. https://www.grants.gov/web/grants/view-opportunity.html?oppId=312845.[2021-10-26].

[16] Executive summary: DoD data strategy unleashing data to advance the national defense strategy [EB/OL]. https://media.defense.gov/2020/Oct/08/2002514180/-1/-1/0/DOD-DATA-STRATEGY.PDF. [2021-10-26].

[17] Chen H S, Rouhsedaghat M, Ghani H, et al. DefakeHop: A light-weight high-performance deepfake detector[EB/OL]. http://arxiv.org/abs/2103.06929.[2021-10-26].

[18] Chen H S, Zhang K, Hu S, et al. Geo-DefakeHop: High-performance geographic fake image detection [EB/OL]. http://arxiv.org/abs/2110.09795.[2021-10-26].

[19] Bell J B. Toward a theory of deception[J]. International Journal of Intelligence and Counter Intelligence, 2003, 16(2): 244-279.

[20] Barton W. Toward a general theory of deception[J]. Journal of Strategic Studies, 1982, 5(1): 178-192.

[21] Heckman K E, Stecn F, Thomus R K, et al. Cyber Denial, Deception and Counter Deception: A Framework for Supporting Active cyber Defense[M]. Berlin: Springer Publishing Company, Incorporated, 2015.

[22] Sinha A, Fang F, An B, et al. Stackelberg security games: Looking beyond a decade of success[C]. International Joint Conference on Artificial Intelligence, Stockholm, 2018: 5494-

5501.

[23] Cormican K J, Morton D P, Wood R K. Stochastic network interdiction[J]. Operations Research, 1998, 46(2): 184-197.

[24] Vidal R, Shakernia O, Kim H J, et al. Probabilistic pursuit-evasion games: Theory, implementation, and experimental evaluation[J]. IEEE transactions on Robotics and Automation, 2002, 18(5): 662-669.

[25] Kikuta K. A search game on a cyclic graph[J]. Naval Research Logistics, 2004, 51(7): 977-993.

[26] Boidot E. Ambush games in discrete and continuous environments[D]. Atlanta: Georgia Institute of Technology, 2017.

[27] Auger J M. An infiltration game on k arcs[J]. Naval Research Logistics, 1991, 38(4): 511-529.

[28] Alpern S, Morton A, Papadaki K. Patrolling games[J]. Operations Research, 2011, 59(5): 1246-1257.

[29] 王震, 袁勇, 安波, 等. 安全博弈论研究综述[J]. 指挥与控制学报, 2015, 1(2): 121-149.

[30] Gutin E, Kuhn D, Wiesemann W. Interdiction games on Markovian PERT networks[J]. Management Science, 2015, 61(5): 999-1017.

[31] Vorobeychik Y, Pritchard M. Plan interdiction games[J]. Adaptive Autonomous Secure Cyber Systems, 2020: 159-182.

[32] Panda S, Vorobeychik Y. Scalable initial state interdiction for factored MDPs[C]. International, Joint Conference on Artificial Intelligence, Stockholm, 2018: 4801-4807.

[33] Mirsky R, Keren S, Geib C. Introduction to Symbolic Plan and Goal Recognition[M]. Vermont: Morgan and Claypool Publishers, 2021.

[34] Xu K, Xiao K M, Yin Q J, et al. Bridging the gap between observation and decision making: Goal recognition and flexible resource allocation in dynamic network interdiction[C]. The 26th International Joint Conference on Artificial Intelligence, Melbourne, 2017: 4477-4483.

[35] Xu K, Zeng Y X, Zhang Q, et al. Online probabilistic goal recognition and its application in dynamic shortest-path local network interdiction[J]. Engineering Applications of Artificial Intelligence, 2019, 85: 57-71.

[36] Pastor-Satorras R, Vespignani A. Epidemic spreading in scale-free networks[J]. Physical Review Letters, 2000, 86(14): 3200-3203.

[37] Braunstein A, Dall'Asta L, Semerjian G, et al. Network dismantling[J]. Proceedings of the National Academy of Sciences of the United States America, 2016, 113(44): 12368-12373.

[38] Hagen L W, Kahng A B. New spectral methods for ratio cut partitioning and clustering[J]. IEEE Transactions on Computer-aided Design of Integrated Circuits and Systems, 1992, 11(9): 1074-1085.

[39] Deng Y, Wu J, Tan Y J. Optimal attack strategy of complex networks based on tabu search[J]. Physica A: Statistical Mechanics and Its Applications, 2016, 442: 74-81.

[40] 谭索怡. 复杂网络链路预测及其在网络瓦解中的应用[D]. 长沙: 国防科技大学, 2018.

[41] Zeng C Y, Ren B, Liu H F, et al. Applying the Bayesian Stackelberg active deception game for securing infrastructure networks[J]. Entropy, 2019, 21(9): 909.

[42] Majdandzic A, Podobnik B, Buldyrev S V, et al. Spontaneous recovery in dynamical networks [J]. Nature Physics, 2014, 10(1): 34-38.

[43] Yehezkel A, Cohen R. Degree-based attacks and defense strategies in complex networks[J]. Physical Review E: Statistical, Nonlinear and Soft Matter Physics, 2012, 86(6): 066114.

[44] 任保安. 复杂网络重构与瓦解方法及其应用研究[D]. 长沙: 国防科技大学, 2019.